“十三五”江苏省高等学校重点教材（编号：2020-2-188）

C 程序设计与案例教程

蒋秀莲　乔淑云　主　编
吴国民　汤丽娟　副主编
曹　杰　主　审

科学出版社
北　京

内 容 简 介

本教材以学生为中心设计教学内容，落实新时代立德树人根本任务，通过案例循序渐进地引导学生掌握C语言程序设计的思想、方法和技能，提升自主学习能力、探索创新能力。全书分9章，内容涵盖C语言基础知识、顺序结构、选择结构、循环结构、数组、函数、指针、结构体与共用体、文件。每章配有思维导图、学习任务、案例、答疑解惑、习题和实验项目等内容，教学内容蕴含课程思政元素，具有润物细无声的教学效果。

本教材面向程序设计初学者，适合作为高等院校程序设计通识课以及计算机专业、大数据专业、信息管理与信息系统及相关专业的教学用书，也可作为C语言程序设计爱好者、程序设计培训、考研辅导、软件应用开发人员、编程自学人员以及计算机等级考试的参考书。

图书在版编目(CIP)数据

C 程序设计与案例教程/蒋秀莲，乔淑云主编. —北京：科学出版社，2021.11

“十三五”江苏省高等学校重点教材

ISBN 978-7-03-070452-8

Ⅰ. ①C… Ⅱ. ①蒋… ②乔… Ⅲ. ①C 语言–程序设计–高等学校–教材 Ⅳ. ①TP312.8

中国版本图书馆 CIP 数据核字(2021)第 222620 号

责任编辑：许 蕾/责任校对：宁辉彩

责任印制：张 伟/封面设计：许 瑞

科学出版社 出版

北京东黄城根北街 16 号

邮政编码：100717

http://www.sciencep.com

北京凌奇印刷有限责任公司 印刷

科学出版社发行 各地新华书店经销

*

2021年11月第 一 版 开本：787×1092 1/16

2022年 8 月第二次印刷 印张：22 3/4

字数：570 000

定价：89.00 元

(如有印装质量问题，我社负责调换)

前　言

随着信息技术的发展、智慧时代的到来，当代大学生不仅要学会使用计算机获取知识，而且要学会使用计算机编程，利用信息技术在专业领域智能地解决问题。

C 语言是一种长期流行且被广泛使用的程序设计语言，也是一门模块化、程序化、高效性和可移植性好的编程语言，集低级语言和高级语言特点于一体，数据类型丰富、表达能力强，运算灵活、代码紧凑、结构简单，功能强大、易于调试和维护，不仅适合开发系统软件而且适合开发应用软件。

高校普遍开设的“C 语言程序设计”课程是一门培养计算思维能力、逻辑思维能力、实践应用能力及创新精神特色鲜明的课程，课程配套使用的教材应与时俱进，不仅要用易于理解的方式阐述程序设计的原理、方法与案例，而且最重要的是要能够激发学习者的主动性、探究性和创新性。

本教材基于以学生为中心的理念设计教学内容，强调“做中学、学中思”，精心组织教学内容为学生搭建可塑性的知识框架，建立理论知识与实践项目双向联动的“知行体系”，把深奥的编程理论简单化，枯燥的代码五彩缤纷化。每章知识导入循序渐进，重点突出，设计的案例经典化、生活化、情景化且蕴含思政元素，引导学生树立远大的理想和正确的价值观，培养良好的职业道德，使学生具备利用 C 程序求解问题的知识可迁移能力和实践创新能力，并具有家国情怀。

本教材融入学科前沿知识与技术，特别是计算机领域的新思想、新理念、新知识、新技术、新成果。全书共分 9 章，系统阐述 C 语言基础知识、顺序结构、选择结构、循环结构、数组、函数、指针、结构体与共用体、文件等内容，每章配有思维导图、学习任务、案例、例题、答疑解惑、习题和实验项目，例题与习题改编于近年全国和江苏省计算机二级 C 语言考试真题，实验项目使读者理论联系实际，深入理解 C 语言的知识内涵、程序功能、调试技术方法。此外，本教材还配有多媒体课件、教案、教学视频等数字资源，可联系编者获取。

本教材教学内容丰富、案例经典、结构新颖、层次清晰、语言凝练，理论与实践结合紧密，利于教师备课、学生自学。任课教师可根据学生的知识背景、专业需求、教学大纲要求等因素选用。

本教材由蒋秀莲、乔淑云担任主编，负责策划、统稿，吴国民、汤丽娟担任副主编，曹杰教授担任主审。乔淑云编写第 1～3 章和 7～9 章，蒋秀莲编写第 4～5 章，乔淑云、吴国民、汤丽娟共同编写第 6 章和附录。本教材获评“江苏省高等学校重点教材”，并得到徐州工程学院国家级一流本科专业“信息管理与信息系统”和“电气工程及其自动化”建设点项目资助。

在本教材编写过程中，参阅了大量国内外文献和资料，在此向这些文献和资料的作者表示诚挚的谢意！科学出版社对本教材的成稿和出版提供了大力支持和帮助，在此表示感谢！

本教材编者力求完美，但难免存在不足之处，热诚欢迎各界专家同仁及广大读者给予宝贵建议。联系方式：qsy@xzit.edu.cn。

编　者

2021年5月

目　录

第1章　走进C语言世界

本章思维导图

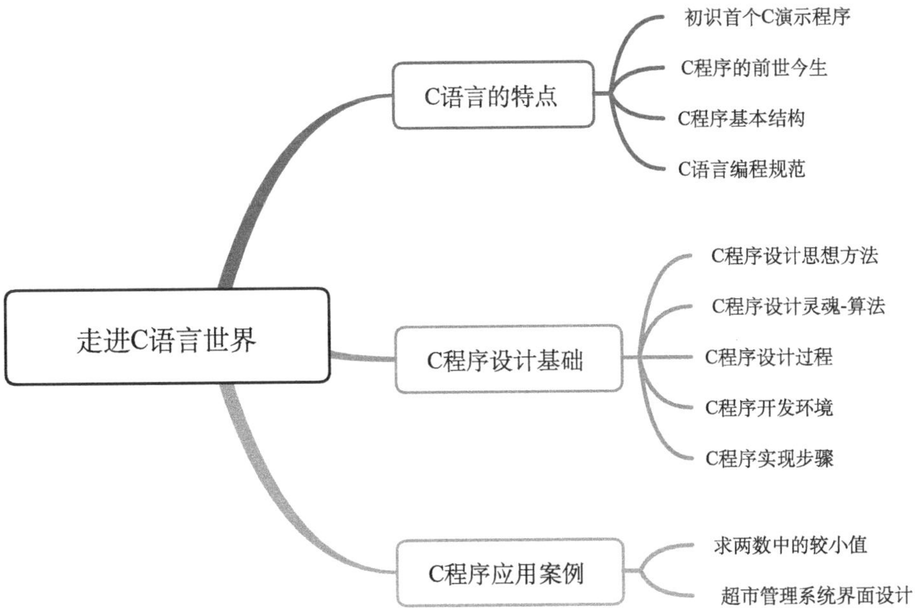

学习任务

1. 了解C语言的特点与应用领域；
2. 掌握C程序的基本组成与书写规范；
3. 初步掌握C程序设计的基本思想方法；
4. 初步掌握C程序设计的算法；
5. 掌握C程序的开发环境与调试步骤；
6. 能读懂简单的C程序。

1.1 初识常春藤式的C语言

1.1.1 范例：全球首个C演示程序

在计算机发展史上，没有哪一种程序设计语言能像C语言这样充满魅力。著名的计算机科学家Brian W. Kernighan与C语言开发者Dennis M. Ritchie合著*The C Programme Language*于1978年出版，成为C语言方面最权威的经典教材之一。该书将“hello, world”（小写，中间用逗号分隔）作为开篇第一个程序，虽然之后几乎没流传下来这个最初的格式，但从此在学习一门新语言的时候用“Hello World!”作为起步已成为计算机程序界的一个传统。

“Hello World!”程序如下：

```
#include<stdio.h>                  /*编译预处理命令*/
#include<stdlib.h>
void  main()                       /*主函数 */
 {                                 /*函数体开始 */
   printf("Hello World! ");       /*输出一行问候语 Hello World! */
   system("pause");                /*显示运行结果可暂停，按任意键继续 */
 }                                 /*函数体结束 */
```

程序运行结果如图1-1所示。

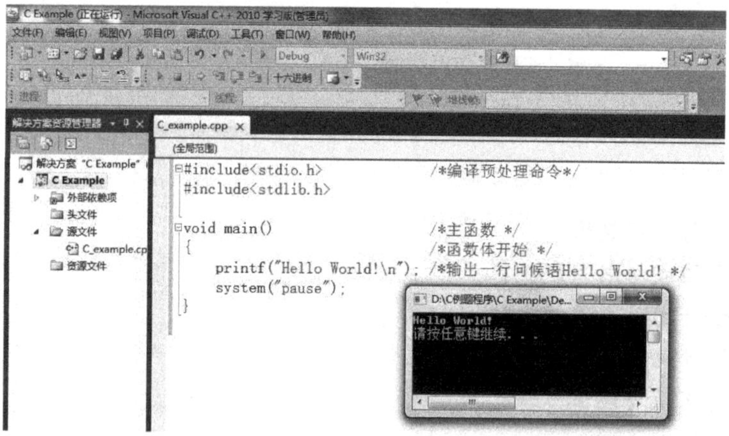

图1-1 “Hello World!”C语言演示程序的运行结果

➪【试一试】编写程序，使运行结果如下：

我爱你，C语言！
我走进了大学校园！！
我更加爱你，中国！！！

1.1.2 C语言的前世今生

20世纪60年代末至70年代初，美国计算机科学学者Kenneth L. Thompson在贝尔实验室工作期间，以BCPL（basic combined programming language）为基础，设计出更

当我编出一个程序，便能立即看到自己的思想实现！所有的事情以一种非常有趣的方式联系在了一起，正是这一类的东西促使我进入这一领域。

——Dennis M. Ritchie

接近硬件的 B 语言（取 BCPL 的首字母），并使用 B 语言编写一个游戏 “Space Travel”，他想使用当时空闲的一台机器 PDP-7 玩这个游戏，但是这台机器没有操作系统，于是他用 B 语言为 PDP-7 开发了操作系统，随后与同在贝尔实验室的另一位高级研究员 Dennis M. Ritchie 合作开发，该系统命名为 Unix。Dennis M. Ritchie 也很想玩“Space Travel”，于是进一步改进 B 语言，取 BCPL 第二个字母作为新语言的名字，称为 C 语言。1972 年 C 语言的诞生是程序设计语言发展过程中的一个重要里程碑，此后，C 语言一直在系统编程、嵌入式编程等领域占据着主宰地位。其后新生的语言如 C++、Java、C#、Python 等都借鉴了 C 语言的思想与语法，并在各自领域大获成功。美国国家标准学会（ANSI）于 1983 年专门成立 C 语言标准委员会，完成 C 语言的标准 C89、 C90 以及后续出现 C99、C11 标准。

1. C 语言的应用领域

世界上编程语言有几百种，其中 C 语言是一门通用的、模块化、程序化、高效性和可移植性的编程语言，不仅适合开发操作系统而且适合开发应用软件。例如，Linux、Windows、macOS、Unix、Vxworks 等操作系统的内核都用 C 语言编写，一些应用软件如 WPS、Photoshop、Media Player 也用 C 语言开发。伴随着嵌入和实时系统的兴起，人工智能（AI）、机器人、自动驾驶、智能电器等用到的芯片驱动以及应用程序绝大部分是用 C 语言实现的。利用 C 语言可以开发很多游戏，比如推箱子、贪吃蛇等。C 语言的应用领域如图 1-2 所示。

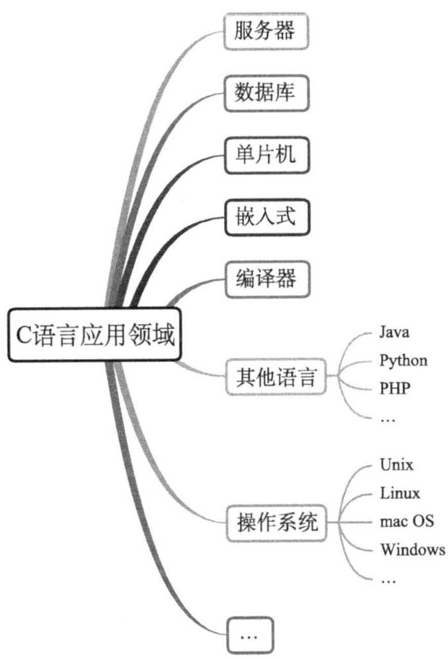

图 1-2　C 语言的应用领域

学会 C 语言可以做到以一法通万法，这是它经久不衰的主要原因。

常春藤式的C语言近40年来一直位居TIOBE排行榜前列，表 1-1 给出了 1986～2021 年计算机编程语言 TIOBE 排名前 10 的语言。

图灵奖是计算机领域的国际最高奖项，被誉为“计算机界的诺贝尔奖”。1983 年，Unix 设计者 Kenneth L. Thompson 与 C 语言开发者 Dennis M. Ritchie 成为第十八届图灵奖共同获得者。

➪【搜一搜】1966 年由美国计算机协会（ACM）设立图灵奖以来迄今（2021 年）为止，华裔科学家中唯有姚期智于 2000 年获此殊荣，其杰出贡献有哪些？

表 1-1 计算机编程语言 TIOBE 排名（1986～2021 年）

编程语言	2021	2016	2011	2006	2001	1996	1991	1986
C	1	2	2	2	1	1	1	1
Python	2	5	6	8	20	27	-	-
Java	3	1	1	1	2	14	-	-
C++	4	3	3	3	3	2	2	5
C#	5	4	4	7	12	-	-	-
Visual Basic	6	13	-	-	-	-	-	-
JavaScript	7	7	10	9	9	20	-	-
PHP	8	6	5	5	10	-	-	-
Assembly language	9	10	-	-	-	-	-	-
SQL	10	-	-	-	36	-	-	-

➪【查一查】你所在的专业领域通常使用哪些编程语言？C 语言与 C++、Java、C#和 Python 之间是什么关系？

2. C 语言的特点

C 语言按模块化方式组织程序，结构层次清晰，运行效率高，易于调试和维护。C 语言主要有 6 方面的优点：

（1）C 语言集低级语言和高级语言特点于一体。

C 语言具有低级语言的特点：可以直接对计算机硬件进行操作，允许直接访问内存的物理地址，进行位（bit）一级的操作。例如，数组 int arr[5]，经过编译以后变成了（基地址＋偏移量）的方式。对于计算机来说，没有比加法更快的运算，没有任何一种方法比（基地址＋偏移量）的存取法更快。

C 语言具有高级语言的特点：程序的编写符合人们的思维习惯，书写形式自由，一行可以写一条或多条语句。

（2）C 语言允许在编译之前使用预处理命令，提高编程效率。C 语句简练、紧凑，使用方便、灵活。

（3）C 语言具有固定的关键字和灵活定义的标识符，以及丰富的运算符和数据类型。C 语言定义标识符时严格区分大小写字母，例如，pi 与 PI 是 2 个不同的标识符；具有 32 个关键字，如：int、char、float、for、do、case、switch 等；有 34 种运算符，如：算术、赋值、逻辑、关系、强制类型转换等；有多种数据类型，如：整型、实型、字符型、数组、指针、结构体、共用体等，尤其是指针类型数据，使用十分灵活和多样化；还有 9 种控制语句，如：if-else，switch( )、while( )、do-while( )、for( )、continue、break、goto（不提倡使用）、return。

（4）C 语言是一种典型的结构化程序设计语言。C 语言具有三种基本结构：顺序结构、选择结构（分支结构）、循环结构（重复结构）。

（5）C 语言是一种模块化程序设计语言。C 语言程序由一系列函数构成，由函数实现模块功能，模块间通过函数调用实现数据通信。

（6）C 语言可移植性好，生成的目标代码质量高。由于 C 语言本身不依赖于机器硬件，因此可以被广泛地移植到各种类型的计算机上。

C 语言也有缺点，例如，C 语言因其程序设计自由的特点，同时也意味着容错性差，出现的错误往往难以察觉，数组下标越界不报错，不检查常识性、逻辑性错误，操作硬件出错有时不报错，可能会造成难以预测的后果。

1.1.3 C 程序基本结构

一个完整的 C 程序有且仅有一个主函数 main( )和若干个函数，特殊情况仅由一个 main( )函数构成。

【例 1-1】用 C 语言编程计算矩形的面积。

程序代码如下：

```
// 计算矩形的面积
#include<stdio.h>
void main()
{
  int length, width, area;
  length=7;
  width=3;
  area= length * width;
  printf("length=7, width=3\n" );
  printf("area=%d\n",area);
}
```

解析：此程序仅由主函数 main( )构成，使用了编译预处理命令#include<stdio.h>。

#include 命令一般放在程序的开头。C 语言提供两类函数：自定义函数和库函数，其中，用户在 C 程序中自行编写的函数，称为自定义函数；以库的形式存放在系统中的，称为库函数。使用库函数时，要用编译预处理命令#include 将有关的“头文件”包含到用户源文件中，例如，使用标准输入 scanf( )、输出 printf( )库函数时，要用到 stdio.h 头文件，该文件后缀中的 h 是 head 的缩写。stdio 是 standard input & output 的缩写，它是以标准的输入输出设备作为输入输出对象。所有 C 标准库头文件都应该位于编译器安装目录的“include”子目录下。

主函数 main( )是程序的入口处，不论把 main( )写在程序的开头、中间还是最后位置，一个 C 程序总是从 main( )开始执行，并在 main( )结束时而结束。

主函数 main( )的书写形式有以下几种：

```
main( )
void main( )
int main(void)
```

“main( )”中括号( )内可以不带任何参数，也可以用关键字 void 明确表示不带参数。

若main( )之前的指定关键字为void，表示主函数不给操作系统返回任何信息；若指定关键字为 int，则表示主函数返回一个整数值给操作系统，且程序的最后一行必须是语句“return 0;”。

【读一读】C语言中的自定义函数与注释语句

用户自定义的函数通常由函数说明部分和函数体两部分组成。

函数说明部分：包括函数名、函数类型、函数形式参数（形参）名、形参的类型。

函数体：指函数说明部分下面的花括号{ }里的内容。如果一个函数内有多层花括号，则最外层的一对{ }为函数体的范围。

函数体一般包括：

◆变量定义。如例1-1中main( )函数体中的“int length, width, area;”。

◆执行部分。由若干个语句组成。

为提高C程序的可读性，对程序中的组成部分进行解释，称为**注释**。注释仅用来向用户提示或解释程序的意义。

C语言的注释符有 // 和 /*……*/ 两种格式，通常用 // 格式表示注释语句单独成为一行，用 /*……*/ 格式表示在一行语句的最右侧添加注释。

注释可出现在程序中的任何位置，通常出现在源程序的开头、函数的开头或程序的中间。程序编译时，不对注释作任何处理，所以可以用汉字或中英文字符表示。初学者要养成在程序适当的地方加注释的良好编程习惯。在调试程序中对暂不使用的语句也可用注释符括起来，使编译跳过不作处理，待调试结束后再去掉注释符。

【例1-2】编写程序，计算从键盘上输入的两个整数之和，要求调用自定义函数。

程序代码如下：

```
#include<stdio.h>
int main( )
{    int add(int num1,int num2); /*声明被调用函数add( )*/
     int x,y,sum=0;              /*定义变量x,y,sum为整型，并为sum赋初值0*/
     printf("请输入整数x与y的值：");
     scanf ("%d%d",&x,&y);       /*从键盘上输入变量x、y的值*/
     sum=add(x,y);               /*调用函数add( )，将返回值赋给sum*/
     printf("x+y=%d\n",sum);     /*输出x、y之和sum的值*/
     return 0;
}
     //计算两整数之和的函数
int add(int num1,int num2)    /*定义函数add( )，形式参数num1, num2为整型 */
{  int total=0;
   total = num1+ num2;
```

```
    return (total);            /*从add( )函数返回调用处，total为函数的返回值*/
}
```

解析：此程序由主函数 main( )和被调函数 add( )构成，程序执行主函数 main( )时为 3 个变量 x、y、sum 分配存储空间，并为 sum 赋初值 0，如图 1-3 所示。

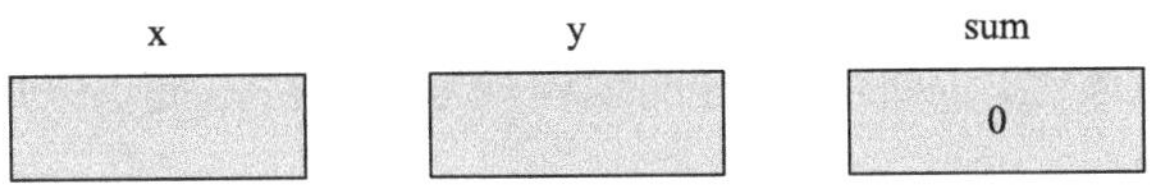

图 1-3　变量的存储

执行“scanf ("%d%d",&x,&y)”语句时，从键盘上输入 x、y 的值若分别为 21、–5，数据存储示意图如图 1-4 所示。

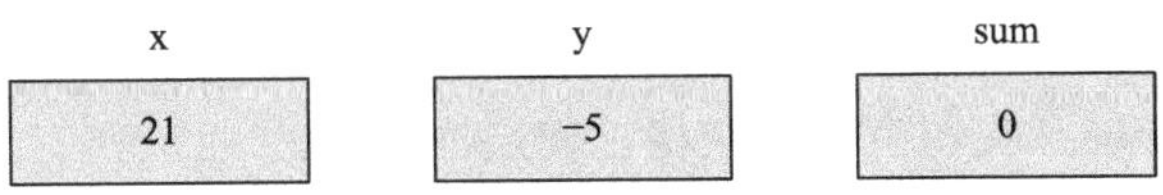

图 1-4　整型数据的输入与存储

调用函数 add( )，将返回值 16 赋给 sum，数据的存储如图 1-5 所示。

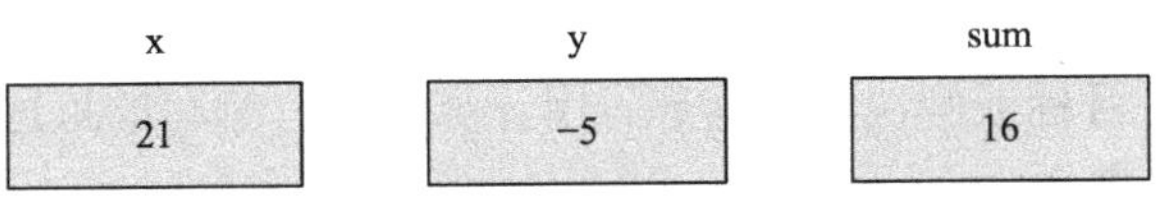

图 1-5　加法运算后数据的存储

➪【试一试】将例 1-2 程序功能变为：求三个整数之积。

通常，C 程序的基本结构如图 1-6 所示。

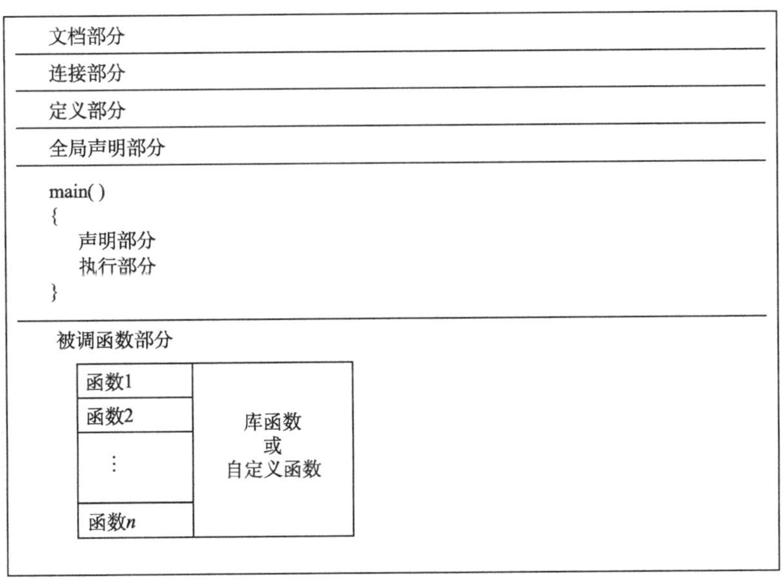

图 1-6　C 程序基本结构

1.1.4 C语言编程规范

程序的可读性，不仅仅是对自己可读，也要对他人可读。一段只有自己能读懂的代码，可以说价值很低，而且这样的代码随着时间的推移往往自己也读不懂。而可读性强的代码，不仅方便移植与交流，更给调试带来了便利。

为提高程序的可读性，应形成良好的编程规范与风格，提倡采用以下6条约定编写C程序：

（1）在定义变量的同时尽可能对其初始化；

（2）关键字与变量之间最好留一个空格；

（3）每条C语句单独书写一行；

（4）函数名之后不留空格，应紧跟圆括号“()”；

（5）程序的分界符“{”和“}”成对出现，最好独占一行，结构清晰；

（6）程序的每一层开头留有一个空格，使层次清晰。

对照例1-2，自行规范化编写程序。

1.2 C程序设计基础

程序（program）是为实现特定目标或解决特定问题，用计算机语言编写的可连续执行并能完成一定任务的指令序列的集合。

程序设计语言（programming language）是人与计算机进行交流的语言工具，是一系列对计算机进行操作的语法规则，程序设计语言像日常生活中使用的自然语言一样，具有规定的语法、语义和使用环境。

程序设计语言种类繁多，从其发展及功能角度大致划分三类：机器语言、汇编语言、高级语言，其中高级语言分为面向过程的程序设计语言和面向对象的程序设计语言。

程序设计（programming design）根据计算机要完成的任务设计算法，选择适当的数据结构，编写代码，上机测试运行，得到正确的结果。程序设计可用下列算式描述：

程序设计 = 算法 + 数据结构 + 程序设计方法

1.2.1 C程序设计思想方法

通常把一个复杂的大问题分解为若干相对独立的小问题。对每个小问题编写一个功能上相对独立的子程序（函数），再把各子程序组装成为一个完整的程序。

C语言程序设计的基本思想：自顶向下、模块划分、逐步求精、结构化编码。

模块划分的原则：模块划分的“划”是规划的意思，是指把一个给定问题合理地划分为一系列功能独立的部分又能合作完成系统的需求。把一个问题的解决步骤分为很多个小步骤，每个小步骤就是一个子模块。划分子模块时应注意模块的独立性，各子模块遵循高内聚、低耦合原则，应尽量不依赖于其他子模块来工作，即独立性高和关联性弱。

C语言结构化程序设计方法：

（1）采用顺序结构、选择结构、循环结构三种基本的程序控制结构编写程序，使程序具有良好的结构；

（2）程序设计自顶向下、模块划分、逐步求精；

（3）用结构化程序设计流程图表示算法。

1.2.2　C 程序设计灵魂——算法

算法（algorithm）是程序设计的灵魂，是指完成一个任务所采取的一组明确的、有一定顺序的方法和步骤；是一系列解决问题的清晰指令，能够对一定规范的输入，在有限时间内获得符合要求的输出。

算法设计的基本思路是：把每一个复杂问题的求解过程分阶段进行，每个阶段处理的问题都控制在人们容易理解和处理的范围内。

1. 算法分类

计算机进行问题求解的算法可分为数值和非数值两类。

数值算法：主要解决数值求解问题。

非数值算法：主要解决需要用分析推理、逻辑推理才能解决的问题，如查找、分类以及人工智能中的许多新问题。

2. 算法特性

（1）有穷性（finiteness）。一个算法必须在有限步骤之后终止。

（2）确定性（definiteness）。算法的每一个步骤必须有确切的定义，不能存在歧义性或二义性。

（3）可行性（effectiveness）。算法的所有操作都能有效执行，即每一个计算步都可以在有限时间内完成（又称为有效性）。例如，在实数范围内求一个负数的平方根，属于无效的操作。

（4）输入项（input）。一个算法有 0 个或多个输入项。所谓 0 个输入是指算法本身给出初始条件，不需要从外界输入数据，例如，求 5!。而有些算法则必须输入数据，例如，求 n!，因这里 n 是未知数，需要从键盘输入具体的数值。

（5）输出项（output）。一个算法有一个或多个输出，反映对输入数据加工后的结果。没有输出的算法是毫无意义的。

一般地，可用算法特性以及时间复杂度和空间复杂度来衡量算法的正确性。

➪【搜一搜】自主探索算法的时间复杂度和空间复杂度。

3. 描述算法的常用方法

（1）自然语言。自然语言是人们日常交流用的语言，如汉语、英语、数学符号等，通俗易懂，符合人们的思维习惯，但在内容描述上容易引起歧义性，不易直接转化为程序，一般用于比较简单的情况描述。

（2）流程图。流程图也称程序框图或传统流程图，是一种描述程序的控制流程和指令执行情况的有向图，是算法的一种比较直观的表示形式。常用的流程图形状见

图 1-7。

图 1-7　常用的流程图形状

用传统流程图描述算法的优点是流程图可以直接转化为程序，形象直观，各种操作一目了然，不会产生歧义，易于理解和发现算法设计中存在的错误；缺点是允许用流程线，可以任意转向，会造成修改和阅读上的困难。

图 1-8 为顺序结构、选择结构、循环结构的传统流程图。

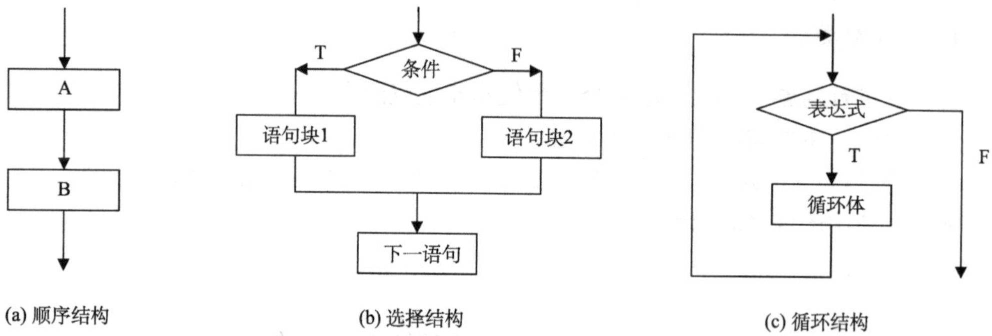

图 1-8　传统流程图

（3）N-S 结构化流程图。N-S 结构化流程图是由美国学者 I. Nassi 和 B. Schneiderman 于 1973 年提出的，并以两位学者名字的首字母命名。它的特点是全部取消了流程线，这样迫使算法只能从上到下顺序执行，从而避免算法流程的任意转向，保证程序的质量。图 1-9 为顺序结构、选择结构、循环结构的 N-S 结构化流程图。

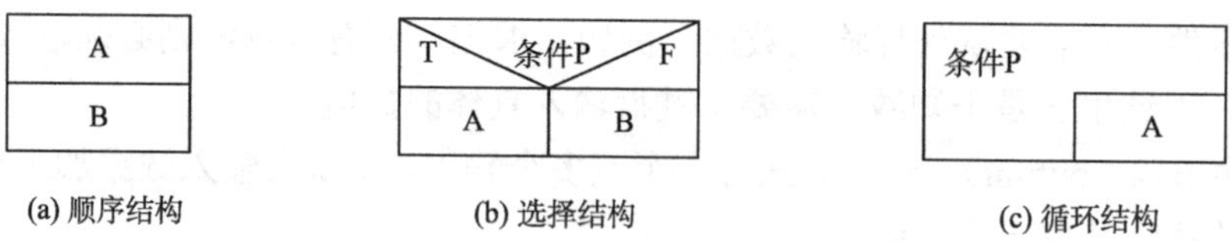

图 1-9　N-S 结构化流程图

（4）伪代码。伪代码是介于自然语言与计算机语言之间的一种文字和符号的描述方法，其最大优点是与计算机语言比较接近，易于转换为计算机程序，书写无固定格式和规范，比较灵活。

【例 1-3】 交换两个变量的值。

（1）分析问题：

当两个变量想要交换各自的值时，初学者第一反应就是定义两个变量，算法如下：

⇨【想一想】设计这个算法是否有问题？

```
int m=70, n=99;
m=n;
n=m;
```

交换前如图 1-10（a）所示，交换后如图 1-10（b）所示。

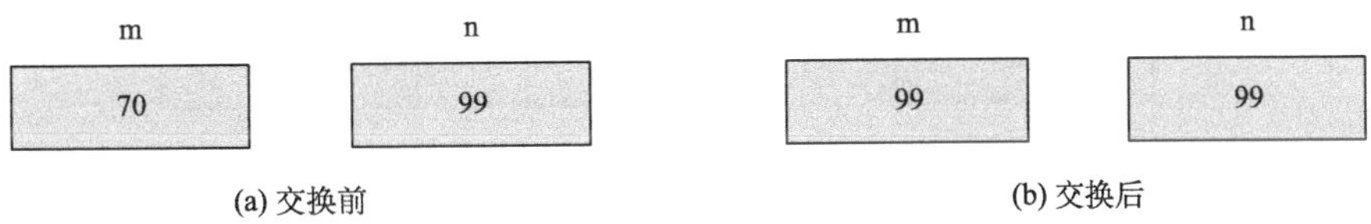

图 1-10　两个变量的值交换前后对比

（2）解决方法：

基本思路：借助中间变量法，即利用第三方变量来实现交换。类比一杯红茶与一杯绿茶相互交换，用第三个空杯子来当中转。

定义第三个变量 temp，用于暂时保存两个变量中某一个变量的原值，算法如下：

```
int x =38;y=59;
int temp;
temp=x;
x=y;
y=temp;
```

（3）编写程序：

```
#include<stdio.h>
int main()
{
  int x, y, temp=0;
  scanf("%d %d",&x,&y);       /* 利用scanf( )函数输入x和y的值,设为38,59 */
  temp=x;                     /* 把x的值赋值给temp */
  x=y;                        /* 把y的值赋值给x */
  y=temp;                     /* 把temp的值赋值给y */
  printf("x=%d y=%d",x,y);   /* 输出x, y值 */
  return 0;
}
```

交换过程如图 1-11 所示。

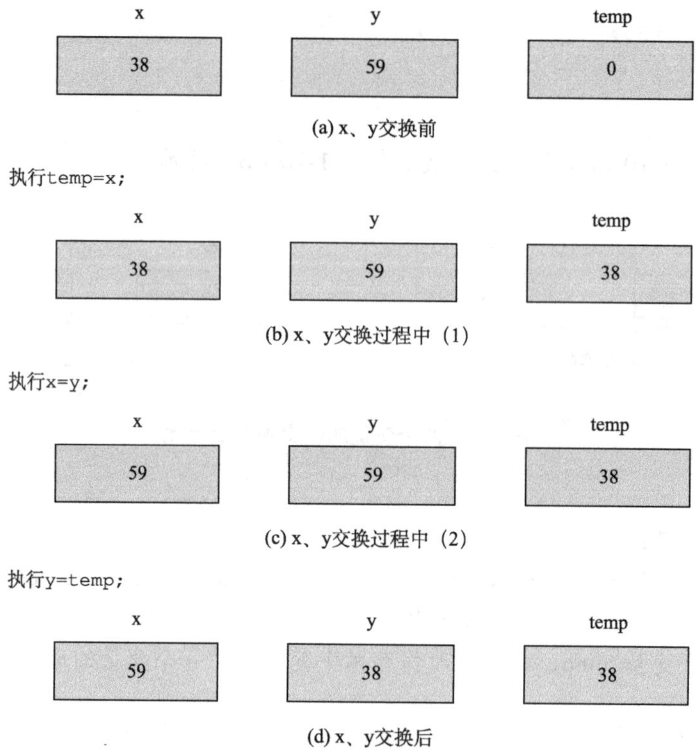

图 1-11　两个变量交换前后对比示意图

1.2.3　C 程序设计过程

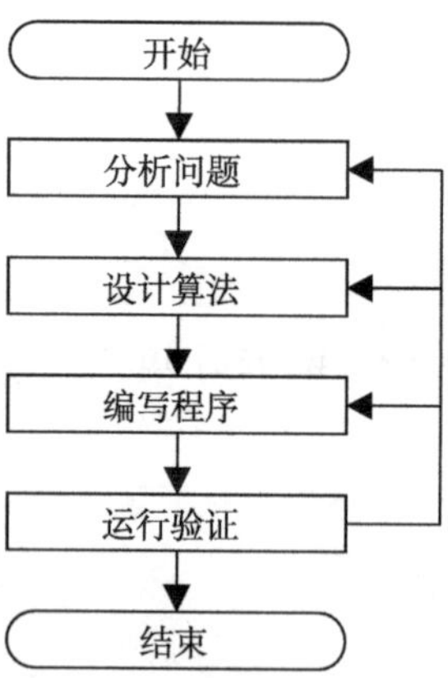

图 1-12　C 程序设计过程

C 程序设计过程主要分 4 个阶段：分析问题、设计算法、编写程序、运行验证，如图 1-12 所示。

（1）分析问题。确定问题是什么，正确描述问题，分析需求，理解用户需求所处的环境以及可使用的资源。

（2）设计算法。明确解决问题的思路和方法，即设计算法、解决问题需要哪些模块、各个模块的功能及相互之间的联系。

（3）编写程序。用 C 语言代码解决这些问题，实现各模块功能，满足用户需求。

（4）运行验证。在规定的条件下对程序进行操作，以发现程序错误，并对其是否满足设计要求进行验证。

说明：这 4 个阶段不是孤立的，不一定严格按这个顺序出现，也可以反复出现。

1.2.4　C 程序开发环境

C 语言常用的开发工具有：Turbo C++、Win-TC、C-Free、GNU Compiler Collection（GCC）、CodeBlocks、Microsoft Visual C++ 6.0、Microsoft Visual C++ 2010 Express 学习

版（简称 VC2010）等，VC2010 属于 Microsoft Visual Studio 2010（简称 VS2010）的一个组件。工欲善其事，必先利其器，本教材选 VC2010 作为开发环境。

VC2010 安装步骤如下：

下载、安装软件 Microsoft Visual Studio 2010 Express 完成后，在开始菜单中找"Microsoft Visual Studio 2010 Express"文件夹，单击展开 Microsoft Visual Studio 2010 Express，找到包含的 Microsoft Visual C++ 2010 Express，如图 1-13 所示。

图 1-13 "Microsoft Visual C++ 2010 Express"文件夹

（1）创建工程

启动 Microsoft Visual C++ 2010 Express 学习版软件，如图 1-14 所示。

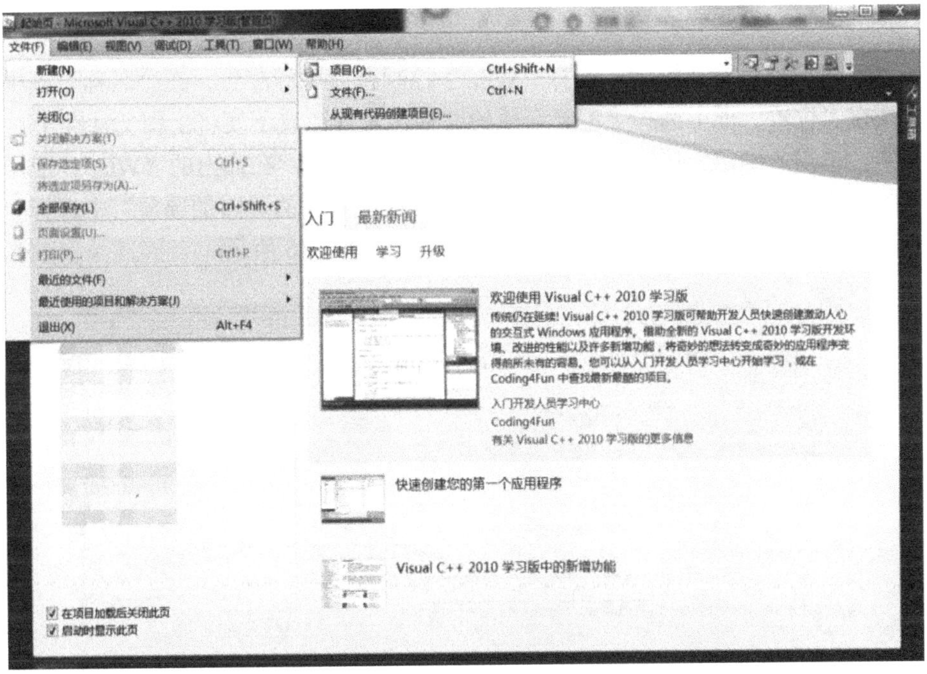

图 1-14 VC2010 起始页

在图 1-14 中，选择"文件"→"新建"→"项目"，弹出"新建项目"对话框，如图 1-15 所示。

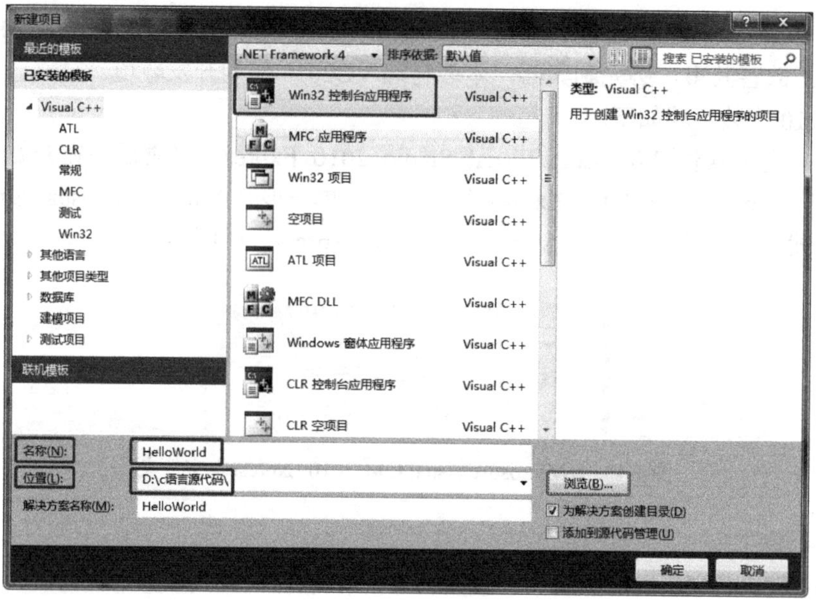

图 1-15　新建项目

在“新建项目”对话框中，选择“Win32 控制台应用程序”，在“名称”框中输入工程名。在“位置”框中选择工程要存放的文件位置（建议不要将工程文件存于 C 盘），输入完毕，单击“确定”按钮，进入创建空工程项目界面，在弹出的“Win32 应用程序向导”中单击“下一步”按钮，在“应用程序设置”界面的“附加选项”中选择“空项目”，单击“完成”按钮，空工程项目创建完成，如图 1-16 所示。

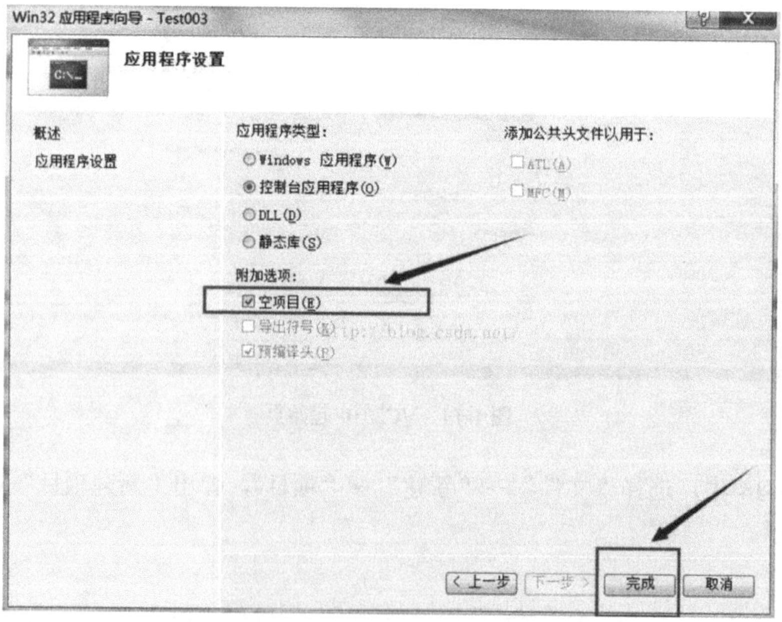

图 1-16　Win32 应用程序向导

（2）添加源文件

在图 1-17 界面中出现“解决方案资源管理器”窗口。找到新建工程名中的“源文件”，单击右键，选择“添加”→“新建项”，弹出“添加新项”窗口（图 1-18）。若找不到“解决方案资源管理器”窗口，则可在“窗口”菜单栏中，单击“重置窗口布局”之后，在编辑器的左侧出现“解决方案资源管理器”窗口。

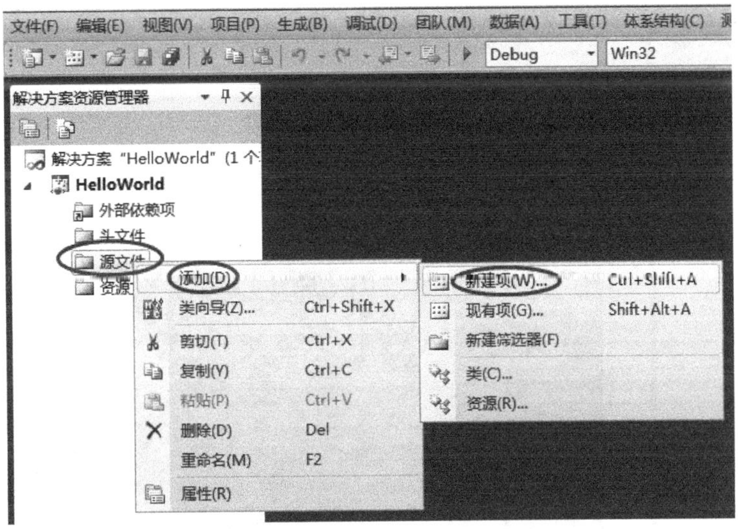

图 1-17　添加源文件

在“添加新项”窗口（图 1-18）选择“C++文件(.cpp)”，在“名称”框中输入文件名，在“位置”框中单击“浏览”按钮，可以改变文件位置，注意：这个位置要和工程文件夹位置保持一致。

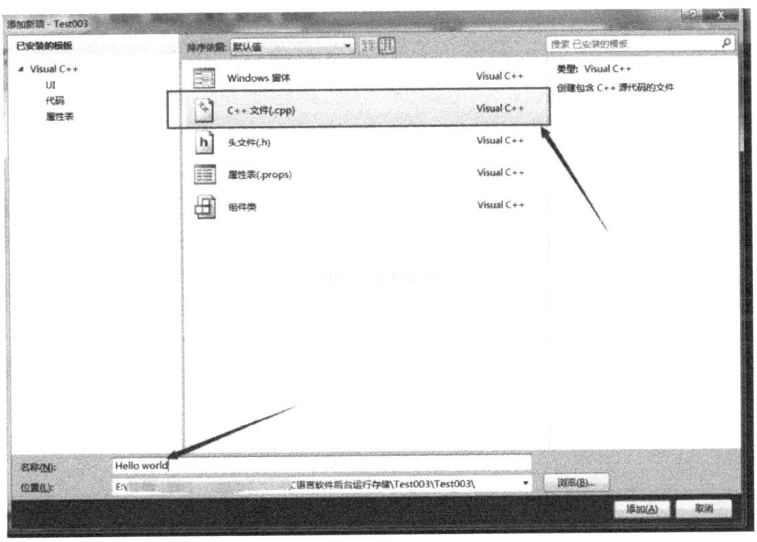

图 1-18　添加 C++文件(.cpp)

（3）编写代码及编译、运行程序

单击“编辑”按钮，在图 1-19 所示的窗口中输入程序代码，编写完毕，单击“编译”按钮。

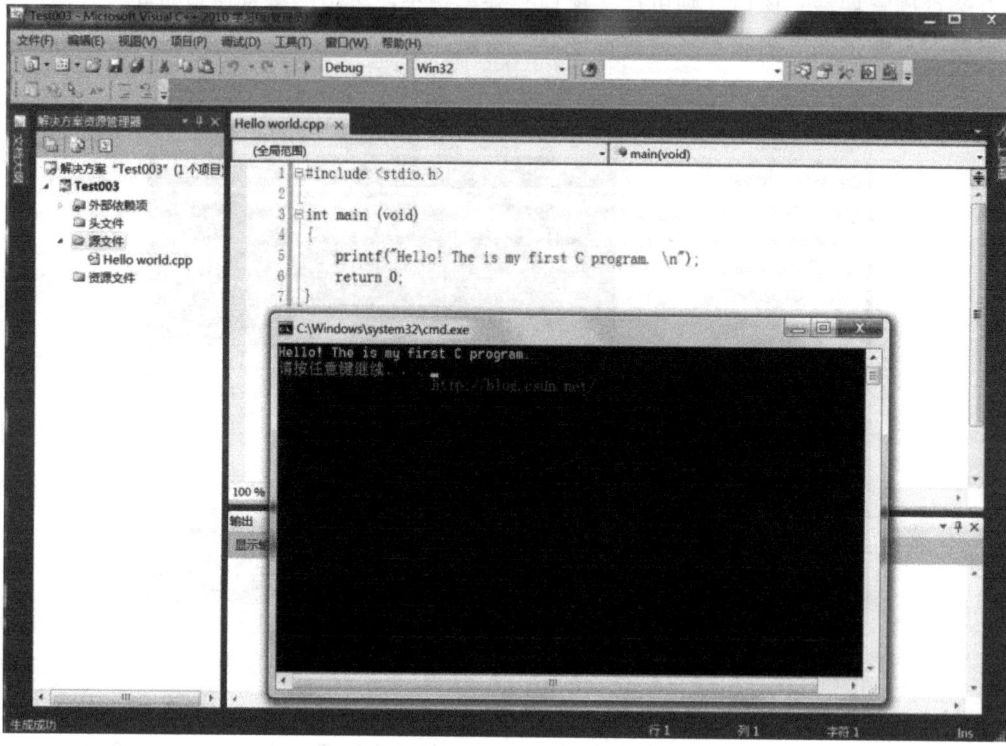

图 1-19　C 程序编辑、调试、编译及运行结果

程序开始编译，此时，注意输出框中提示的信息。如果编译失败，则提示错误信息，根据提示的错误信息修改代码、调试，直到编译无误后，单击“开始执行”按钮，或单击菜单栏“调试”→“开始执行”，也可单击工具栏上的“▶”图标，或使用快捷键“Ctrl + F5”运行程序，弹出控制台程序运行结果的窗口。

【谨记】 Microsoft Visual C++ 2010 Express 常用的快捷键

（1）Ctrl+N：新建文件；

（2）Ctrl+F7：编译；

（3）Ctrl+F5：运行程序；

（4）F7：生成解决方案；

（5）F5：调试。

1.2.5 C 程序实现步骤

C 语言作为一种高级程序设计语言很容易被人们理解和接受，但是不能被计算机直接识别，因为计算机只能直接执行机器语言。因此，必须将 C 源程序（源文件）翻译成机器语言程序。

C 程序的实现流程包含：编辑、编译、连接和运行四个步骤，如图 1-20 所示。

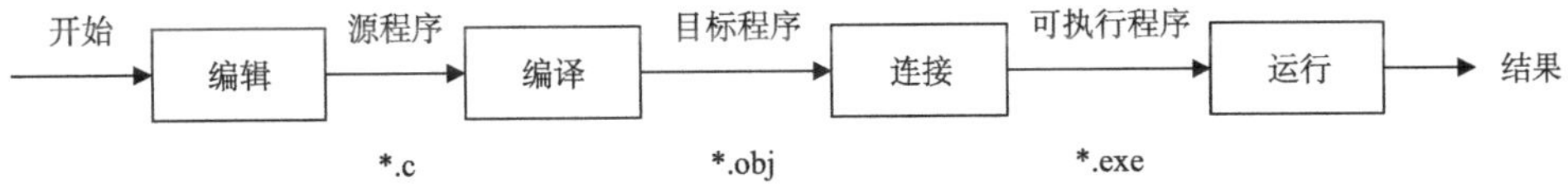

图 1-20　C 程序的实现流程

1. 编辑

程序员将编写的 C 语言程序存入计算机时，首先利用系统提供的编辑程序建立 C 源程序（源文件）。一个 C 源文件是一个编译单位，以文本格式存储在计算机的文件系统中。源文件名由用户自定义，建议最好使用英文字母名称，不使用中文名称（如果使用中文名称，部分编译器可能无法访问该文件）。C 语言源文件的扩展名（后缀）为.c，VC++源文件的扩展名为.cpp。

2. 编译

将编辑好的源文件翻译成二进制目标代码的过程称为编译。编译工作由系统提供的编译器完成。编译器在对源文件进行编译的同时对语法和逻辑结构进行检查。若发现错误，编译器会在屏幕上显示错误的位置和类型信息，供用户修改，直到没有错误才能运行正确。正确的源文件经过编译后生成目标文件，其扩展名为.obj。编译器对程序中的注释语句不进行编译。

3. 连接

编译形成的目标文件必须和库函数及其他目标程序进行连接处理，这个过程由连接程序自动完成，连接后生成一个扩展名为.exe 的可执行文件。

注意，部分错误可能编译器没有检测出来，但连接器却能发现，此时需返回编辑阶段重新修改源程序直到无错误，才能编译、连接。

4. 运行

只有产生可执行文件.exe，C 程序才可以执行。.exe 文件可以在 C 语言编译系统下运行，也可以脱离 C 环境直接在操作系统下运行。若程序运行出错或结果异常，说明程序存在某种缺陷或错误[①]，特别是逻辑错误，需要程序设计者回到 C 语言编辑环境重新检查、修改源程序，再次编译、连接和运行。

1.3 案　　例

1.3.1 求两数中的小值

1. 解题思路即算法设计

用函数实现求两个整数中的较小者——最小值函数 min( )，在主函数中调用 min( )并输出结果。例如：

设置 3 个变量 a、b、temp；

a 和 b 用来存放两个整数，temp 用来存放两个整数比较的结果；

如果 a<b，则把 a 赋给 temp，否则把 b 赋给 temp，输出 temp 的值。

2. 编写程序

```
#include<stdio.h>
void main( )
{   int min(int x,int y);         /*声明被调用函数min( ) */
    int a, b, temp;
    printf("输入2个整数a,b的值分别是：");
    scanf("%d,%d",&a,&b);
    temp=min(a,b);                /*调用函数min( ),将返回值赋给temp */
    printf("2个整数中较小者min=%d\n",temp);
}
int min(int x, int y)             /*定义被调用函数min( ) */
{   int t;
    if  (x<y)  t=x;
    else  t=y;
    return (t);
}
```

【随堂测试】(1)将“scanf("%d,%d",&a,&b);”中的"%d,%d"改成"%d%d"，记录 2 次输入的数据，观察运行结果，说明输入数据的间隔格式。

(2)如何求出 3 个数中的最小值，进而求出 4 个数、5 个数、……、10000 个数中的最小值?

➪【讨论】学习是一个不断验证、模仿、设计、创新的过程，是否体现了认识与实践的统一?

① **C 程序常见的两种错误：语法错误与逻辑错误。**语法错误是使用了不符合 C 语言规定的语法造成的；**逻辑错误**则是对程序执行逻辑的描述有误产生的。编译器能够发现绝大多数语法错误，但对于逻辑错误，编译器和连接器均无能为力，这就要求程序员在编程时尽可能把所有的问题考虑周全，工作具有严谨性。

1.3.2 超市管理系统界面设计

1. 提出问题

运用 C 语言编写程序，为社区居民的一个便利超市设计管理系统界面。界面主要功能有：采购商品入库、商品信息查询（浏览）、购物车结算、打印等，把相应的数据及时保存到硬盘以防数据丢失。

2. 分析问题

商品信息主要有编号（货号）、名称、厂家、价格、数量等。按照“自顶向下”的原则，划分该程序的功能模块层次结构如下：

（1）主模块：通过调用各子模块实现上述功能。

（2）新建入库商品信息模块：建立一个结构体（后面章节介绍）用于保存商品信息。

（3）显示商品信息（排序）模块：商品信息可以按编号或名称、厂家、价格、数量等关键字排序，以方便查找该商品。

（4）购物车结算模块：计算购物车内销售商品的数量、金额或利润。

（5）打印模块：打印指定日期售出商品的数量清单，交给客户留存购物凭据。

利用本章学会的知识，通过调用 printf( )函数，进行超市管理系统界面设计（图 1-21）。

图 1-21 超市管理系统主界面

3. 解决问题

程序代码如下：

```
#include<stdio.h>
void main()
```

```
{   int stock(char bh, char mc, int sl, float dj);   /*声明库存函数stock() */
    int show(char number, char pame, int quantum, float price);
    // 声明显示函数show()
    int shoppingcart(char x, int y, int z);
    // 声明购物车结算函数shoppingcart()
    int counterfoil(int m, float n);   /*声明打印票据函数counterfoil() */
    printf(" *************************\n");
    printf("   欢迎进入超市管理系统\n" );
    printf(" *************************\n");
    printf("\n 请选择数字进行对应的操作\n");
    printf(" 1.采购商品入库信息\n");
    // stock(char bh, char mc, int sl, float dj);
    printf(" 2.显示商品信息\n");
    // show(char number, char pame, int quantum, float price);
    printf(" 3.购物车结算\n");
    // shoppingcart(char x, int y, int z);
    printf(" 4.打印票据\n");
    // counterfoil(int m, float n);
    printf(" 5.退出\n");
          exit(0);
    printf("请选择对应数字1--5\n ");
}
```

说明：上述程序仅仅是“显示”超市管理系统主界面，实际上并没有完成通过选择数字进行相应操作的功能，这些功能需要通过后续章节知识的学习逐步完善，引入本例的目的是进一步体会 printf( )函数的用法。

现实生活中还有许多类似的问题，例如，用 C 语言开发一个高考录取管理信息系统，对高考总成绩或单科成绩排序，按准考证号、身份证号或姓名查询考生高考信息。可以说，每一行代码、每一个界面，都代表着选择，都意味着判断，都承载着价值。

学习 C 语言程序设计能够培养学生快速学习新事物的能力和计算思维能力。计算思维（computational thinking）是运用计算机科学的基础概念进行问题求解、系统设计以及人类行为理解等一系列思维活动。这一概念是美国卡内基•梅隆大学的周以真（Jeannette M. Wing）教授于 2006 年在计算机领域权威期刊 *Communications of the ACM* 提出的。计算思维，是基于数据和计算来认知世界以及解决问题的思想和方法。具有这种思维方式，不论未来研究热点是什么，都有助于读者适应社会变化和未来技术的发展。

1.4 答疑解惑

1. C 语言有效的学习方法有哪些?

（1）对 C 程序设计感兴趣，具有强烈的学习欲望，养成良好的编程思维习惯。如果不感兴趣，再简单的知识也学不好。查一查你所在的学校是否开设游戏课程？一部分同学喜欢玩游戏，甚至废寝忘食、乐此不疲，而且还经常交流玩游戏的心得体会，这是兴趣的魅力所在，如果能把这种兴趣的内驱力迁移到 C 语言程序设计中，学习会事半功倍。

（2）在学习 C 程序设计的过程中，不能仅仅停留在 C 语言的表层，更不是验证教材上的例题运行结果。应坚持“实践→认识→再实践→再认识”的原则，即便对一个简单的例子也一定要动手做、试着编写代码，仔细琢磨、调试、修改、创新，而不是看看就行。因为很多程序必须自己动手编写才能真正属于自己。

（3）应持之以恒，坚信古代的愚公能移山，新时代的我能学好 C 程序设计！有志者、事竟成，破釜沉舟，百二秦关终属楚；苦心人、天不负，卧薪尝胆，三千越甲可吞吴。

2. 如何避免 C 程序中的常见错误？

初学者编写 C 程序时，常见错误有：将英文状态下的逗号、分号、括号、双引号写成中文状态下的逗号、分号、括号、双引号，造成非法字符错误；混淆大小写字母，注意 C 语言程序代码习惯用小写，用户自定义具有特定含义的标识符通常用大写；C 语言每条语句结束不要忘记加分号，但在预处理命令后不能加分号。例如，“#include<stdio.h>”是命令而不是语句，如果写成“#include<stdio.h>;”就是一个错误语句。

疑问：C 语言中的“{ }”或“( )”等一定要成对出现吗？

解惑：是的。一定要成对出现，否则会改变程序的运行方式，出现意想不到的错误。修改 C 语言语法错误时要注意以下两点：

（1）由于 C 语言语法比较自由、灵活，因此错误信息定位不是特别精确。例如，当提示第 7 行发生错误时，如果在第 7 行没有发现错误，，则从第 7 行开始往前查找错误并修改之。

（2）一条语句错误可能会产生若干条错误信息，只要修改了这条错误，其他错误会随之消失。特别提示：一般情况下，第一条错误信息最能反映错误的位置和类型，所以调试程序时务必根据第一条错误信息进行修改，修改后，立即运行程序，如果还有很多错误，每修改一处错误要运行一次程序。

调试程序是一个艰苦又需要细心和技巧的事，只有经常上机多调试程序，才能不断地积累经验，提高程序调试技能。

3. 为何要编译连接 C 源程序？

计算机无法直接执行高级语言和汇编语言，只能执行机器语言。因此，C 源程序必须编译为二进制机器指令才能被执行。C 程序的执行过程如下：

（1）C 源程序（扩展名或后缀为.c，C++源文件的扩展名或后缀为.cpp）经过编译后，生成一个二进制目标文件（后缀为.obj）。

（2）编译形成的目标文件（.obj）必须和 C 库函数“连接”，这个过程由连接程序自动完成，连接后生成扩展名或后缀为.exe 的可执行文件，这种类型的文件才可以直接执行。

4. C程序为何使用注释?

注释有助于程序的阅读理解，即增强程序的可读性。一般情况下，注释在源程序代码量中所占比例不少于10%。没有注释的程序不能说是合格的程序，初学者要养成在程序适当的地方添加注释的良好习惯。

注释通常用于以下场合：

（1）程序名称、版本、版权声明；

（2）函数接口说明；

（3）程序实现的主要功能；

（4）重要的代码行或程序段落。

疑问：注释可以插入到程序的任意地方吗？

解惑：C语言的注释符有两种格式：// 和 /*……*/。// 格式习惯用在源程序的开头、函数的开头或程序中间单独成为一行。/*……*/ 格式经常用在一行代码的最右侧，表示/*中间是要注释的内容*/。

虽然注释可以出现在程序的任意合适位置，就像电视剧中插播广告，但并不是任意位置，例如，不能在一条语句的中间添加注释。

疑问：使用注释应该注意哪些问题？

解惑：注释不被编译器编译，即使有拼写错误、语法错误、逻辑错误，计算机都不检测。使用注释应参照以下规则：

（1）注释可以用汉字或英文字符表示，其内容要清楚、准确，防止歧义性。错误的注释不但无益反而有害。

（2）在修改代码的同时修改注释，不再有用的注释应及时删除。

（3）如果程序本身清楚，则不必加注释。否则，多此一举，令人厌烦。

（4）避免在注释中使用缩写，特别是不常用的缩写。

5. 什么是结构化程序设计?

结构化程序设计的基本思想是“分而治之”，即将一个复杂问题的求解过程划分为多个模块，每个模块所处理的问题都控制在容易理解和处理的范围内。C语言是一种结构化程序设计语言，提供函数实现模块功能。

习 题 1

1.1 单选题

1. 一个C程序的执行总是从（ ）。

   A. main( )函数开始，到main( )函数结束

   B. main( )函数开始，到本程序文件的最后一个函数结束

   C. 程序文件的第一个函数开始，到main( )函数结束

   D. 程序文件的第一个函数开始，到本程序文件的最后一个函数结束

2．以下叙述不正确的是（　）。

A．一个 C 源程序可由一个或多个函数组成

B．C 程序的基本组成单位是函数

C．一个 C 源程序必须包含一个 main( )函数

D．在 C 程序中，注释语句只能位于一条语句的后面

3．下列关于 C 程序输入与输出的叙述，正确的是（　）。

A．必须有输入和输出操作　　B．可以有输入操作，但可以没有输出操作

C．必须有输出操作，但可以没有输入操作　　D．可以既无输入又无输出操作

4．在 C 语言中，每个语句必须以（　）结束。

A．冒号　B．分号　C．逗号　D．句号

5．用 C 语言编写的源文件经过编译，若没有产生编译错误，则系统将（　）。

A．生成目标文件　　B．生成可执行文件

C．输出运行结果　　D．自动保存源文件

1.2　填空题

1．C 源程序的基本单位是__________________。

2．一个 C 源程序中至少应包括一个__________。

3．在一个 C 源程序中，注释有两种符号，分别为__________和__________。

4．在 C 语言中，数据输入操作通常是由库函数__________完成，输出操作是由库函数完成__________。

5．C 语言源程序文件名的后缀是__________；经过编译产生的目标文件的后缀是__________；经过连接生成的可执行文件的后缀是__________。

1.3　简答题

1．为什么要学 C 语言程序设计？怎样才能学好程序设计课程？

2．谈谈 C 语言和其他编程语言的特点及应用领域。

3．简述 C 语言的发展和特点对自己有哪些启发。

4．简述 C 程序的基本结构。

5．形成一个可执行的 C 程序需要哪些步骤？

6．C 程序设计的基本思想、方法是什么？

7．画出本章你学会的知识点的思维导图。

1.4　编程实战题

1．下载 C 语言开发工具并安装到自己的计算机上，编写下列银行卡界面程序，上机调试运行。

```
--------------------
输入你的账号：
--------------------
输入你的密码：
--------------------
```

2．上网搜一搜：知名 C 语言论坛网站及著名的 MOOC 平台，注册一个账号，体会编程爱好者的心境。

实验项目1　简单的C程序设计

本次实验要求熟悉VC2010集成开发环境，掌握C程序的编写规范，学会C程序的编辑、运行与调试方法。

【实验目的】

（1）初步掌握VC2010集成开发环境；

（2）掌握C程序中主函数main( )的定义方法；

（3）掌握C程序的编程规范；

（4）熟悉C程序的基本结构；

（5）掌握调试C程序的步骤；

（6）能编写简单的C程序。

【实验内容】

一、程序调试

1．编程计算两整数之积。

参考程序代码如下：

```
#include<stdio.h>
void main( )
{  int a, b, product;         /*定义整型变量a、b、product*/
   a=17; b=23;                /*给变量a、b赋初值*/
   product= a*b;              /*计算变量a、b的乘积赋给product*/
   printf("product =%d\n", product);
}
```

（1）若删除程序中的第一行“#include<stdio.h>”，重新编译观察程序有哪些提示信息？解释本程序使用“#include<stdio.h>”的原因。

（2）小编同学把第一行“#include<stdio.h>”修改成“#include"stdio.h"”，再次编译能否通过？讨论这两种书写方式的使用场合。

（3）小白同学在编辑源程序时将main( )写成了Main( )或MAIN( )，观察编译结果。解释导致编译错误的原因。

（4）小马虎同学在编辑源程序时不小心漏掉语句“product= a*b”后面的分号，编译程序，观察结果。说明导致编译错误的原因。

（5）编程君把此程序中的两数改为3,4,…,n的乘积，思考如何改写程序。

2. 在VC2010集成环境下新建文件mywishes.cpp，调试、编译、运行“创建祝福语”程序。

参考源代码如下：

```
#include<stdio.h>
```

```
#include<stdlib.h>
void main()
{  int day,year=2022;
   printf("My dear friends:\n");
   for(day=1;day<2;day++)
   printf("\n%d  Happy a new year!\n\n",year);
   printf("From 智能机器人贺新春\n\n");
}
```

若将“for(day=1;day<2;day++)”中的数字 2 改成 8，观察运行结果，对比分析。

二、程序设计

1．录制安装 C 语言程序开发工具 VC2010 视频，包括遇到的问题及解决方法。

2．设计高速公路收费站应用程序界面。利用函数 printf( )设计高速公路收费站的菜单界面。车次收费标准为：非节假日 7 座以下小型汽车 20 元、中型汽车 30 元、大型汽车 50 元、重型汽车 80 元，特种汽车免费。菜单选择界面如图 1-22 所示。

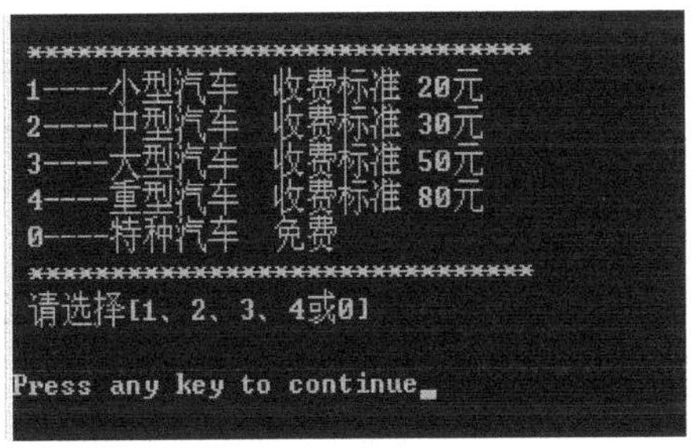

图 1-22 高速公路收费站程序界面

第 2 章　踏上顺序结构编程之舟

本章思维导图

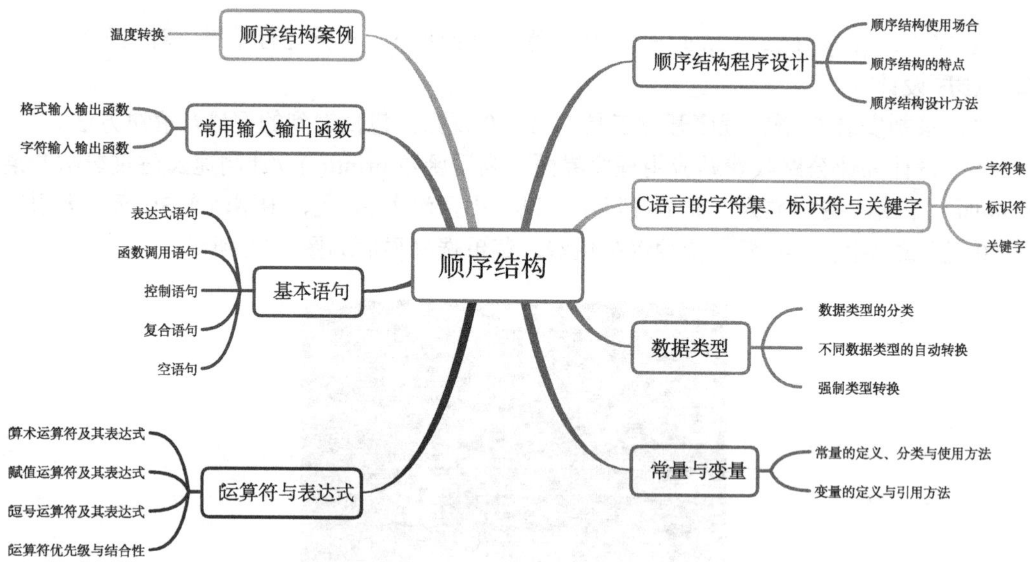

学习任务

1. 掌握顺序结构程序设计思想方法；
2. 掌握 C 语言的标识符命名规则、关键字的使用方法；
3. 掌握数据类型的使用方法及不同数据类型之间的转换规则；
4. 掌握常量、变量的含义及使用方法；
5. 掌握数据的运算符与表达式、优先级及结合性；
6. 掌握顺序结构中常用的基本语句及特点；
7. 初步学会使用输入函数 scanf( )、getchar( )与输出函数 printf( )、putchar( )的方法；
8. 能用顺序结构编写简单的 C 程序，积累编程方法与经验。

2.1　顺序结构程序设计

2.1.1　范例：计算圆环面积

小牛有一个圆形飞镖，如图 2-1 所示，测量任意 2 个外圆与内圆的半径 radius 之值，可从键盘输入，计算圆面积公式：area=π×radius^2。用 C 语言编写程序计算圆环面积。

图 2-1　圆形飞镖

程序代码如下：

```
#include<stdio.h>
#define PI 3.14     /*定义符号常量PI的值为3.14*/
void main()
{
    float area=0.0, radius1, radius2;
    printf("input the radius1、radius2 of circle \n");
    scanf("%f%f",&radius1,&radius2);    /*确保 radius1>radius2*/
    area=PI*(radius1*radius1- radius2*radius2);
    printf("the area of annulus is %f\n",area);
}
```

➪【想一想】如果把语句“scanf("%f%f",&radius1,&radius2);”与“float area=0.0, radius1, radius2;”或“area=PI*(radius1*radius1– radius2*radius2);”位置顺序交换，能算出圆环面积吗？

【拓展】同心圆模型

同心圆模型是美国社会学家伯吉斯（E. W. Burgess）于 1923 年提出的城市结构和地域结构学说。此前杜能曾提出同心圆土地利用模式，赫德（R. M. Hurd）和加比恩（C. J. Garpin）提出自城市中心向外扩散和沿交通线自城市中心向外推进的城市扩散形状。

【拓展应用】企业文化同心圆模型

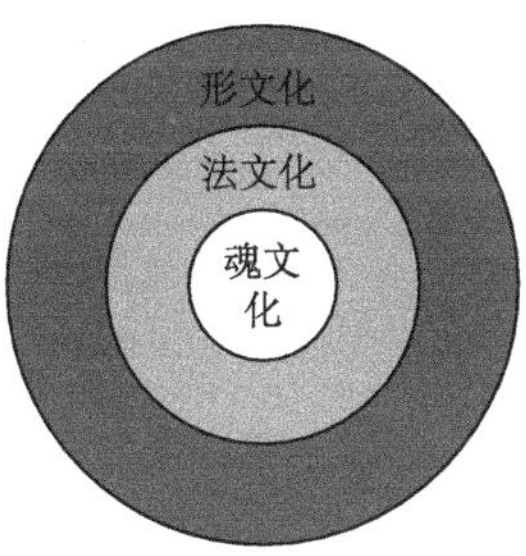

图 2-2　企业文化同心圆

企业文化同心圆模型由加拿大学者佩格·纫豪热、佩·本德和科可·斯特姆斯伯格提出，包括三个同心圆：内层圆、中层圆、外层圆。如图 2-2 所示，内层圆是核心，它是以国家政治方针、行业政策和企业价值观为宗旨的理念文化层面，简称“魂文化”；中层圆是保证，它是以国际惯例、行业法律法规和企业规章规范为内容的承上启下的制度文化层面，简称“法文化”；外层圆是基础，是以市场认同为目标的产品文化、环境文化和服务文化等看得见、摸得着的形象文化层面，简称“形文化”。

2.1.2 顺序结构的特点

无论多么复杂的程序一般都可以分为三种结构：顺序结构、选择结构（又称分支结构)、循环结构（又称重复结构)。

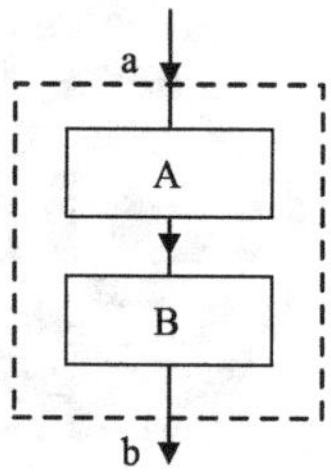

图 2-3 顺序结构

生活中的顺序结构随处可见，例如，先来后到的排队顺序，春夏秋冬的季节顺序，制茶的顺序：采青→萎凋→发酵→杀青→揉捻→干燥→（初制茶）→精制→加工→包装→（成品）。

程序的顺序结构是按照命令或语句出现的先后次序逐条执行（即“step by step”），无死语句（即不存在永远都执行不到的语句)，且只有一个入口和一个出口，如图 2-3 所示。

顺序结构的三要素为：数据输入、数据处理和数据输出。数据输入是把已知数据输入到计算机中，也就是给变量赋值。数据处理是对输入的数据按照某种算法进行相应的运算或变换，得出问题的结果。数据输出是把得出的结果以规定的方式表示出来。

2.1.3 顺序结构设计方法

利用顺序结构进行程序设计的方法步骤一般为：定义变量、数据输入（即给变量赋值)、数据处理、数据输出。组成顺序结构的语句一般有：赋值语句、输入语句、函数调用语句、输出语句，顺序结构可以独立使用构成一个简单的完整程序，也可以与选择结构、循环结构一起构成复杂的程序。

C 程序设计的过程就是把 C 语言中的命令、语句、函数通过顺序结构、选择结构、循环结构三种基本结构组织在一起的过程。下面列举顺序结构程序设计示例。

【例 2-1】 求一元二次方程 $ax^2+bx+c=0$ 的解，即 $x=\dfrac{-b\pm\sqrt{b^2-4ac}}{2a}$。

程序代码如下：

```
#include<stdio.h>
#include<math.h>
void main()
{
    float a,b,c,disc,x1,x2,p,q;
    printf("输入一元二次方程的系数a,b,c的值\n");
    scanf("a=%f,b=%f,c=%f",&a,&b,&c);
    disc=b*b-4*a*c;
    p=-b/(2*a);
    q=sqrt(disc)/(2*a);
    x1=p+q;
    x2=p-q;
```

⇨【想一想】此程序存在哪些问题，如何改进？

```
    printf("\n\nx1=%5.2f\nx2=%5.2f\n",x1,x2);
}
```

2.2　C 语言的字符集、标识符与关键字

2.2.1　字符集

字符（character）是各种文字和符号的统称，字符集（character set）是多个字符的集合。字符集种类较多，每个字符集包含的字符个数不同。

任何一个计算机系统所能使用的字符都是固定的、有限的，会受到硬件设备的限制。要使用某种计算机语言编写程序，就必须使用符合该语言规定的且该计算机系统能够使用的字符集。

C 语言的字符集由英文字母、阿拉伯数字、空字符、标号和特殊字符组成。

（1）英文字母。小写字母 a～z 和大写字母 A～Z 共 52 个。

（2）阿拉伯数字。0～9 共 10 个数字。

（3）空字符。空格符、制表符（TAB 键）、换行符等统称为空字符。空字符只在字符常量和字符串常量中起作用。在其他适当地方出现时，起间隔作用，增加程序的清晰性和可读性，编译程序对它们忽略不计。

（4）标号和特殊字符。标号和特殊字符有 27 个：+、-、*、/、%、_、=、<、>、&、～、(、)、[、]、{、}、:、?、.、;、!、'、"、#、^、空格。

由字符组成的标识符和关键字是 C 语言的基本组成部分。

2.2.2　标识符

能够标识数据的字符串序列称为标识符（identifier）。为了方便引用数据，C 语言规定必须对数据进行标识，标识符可以标识变量名、符号常量名、函数名、数组名、指针名、文件名等。

标识符命名规则：标识符是由字母（A ～ Z，a ～ z）、数字（0 ～ 9）、下划线（_）组成的字符串，并且其第一个字符必须是字母或下划线。

在使用标识符时还必须注意以下几点：

（1）标准 C 不限制标识符的长度，但它受各种版本的 C 语言编译系统限制，也受到具体机器的限制。

（2）标识符大小写敏感，例如，Robot 和 robot 是两个不同的标识符。

（3）命名时应尽量做到“见名知义”，以便阅读理解。例如，常用 name 标识姓名，age 标识年龄。如果需要用 2 个及以上的单词组成标识符（如 book 和 author），通常有四种命名方法：下划线命名法、驼峰表示法、帕斯卡命名法和匈牙利命名法。

下划线命名法：用下划线将多个单词连接起来，如 book_author。

驼峰表示法：又称小驼峰命名法，第一个单词首字母小写，第二个单词及后面单词首字母大写，因为第二个单词首字母大写看起来像驼峰而得名，如 headMaster。

帕斯卡命名法：又称大驼峰命名法，每个单词的第一个字母都要大写，如 InputBox。

匈牙利命名法：以一个或者多个小写字母开头作为前缀，前缀之后的是首字母大写的一个单词或多个单词组合，该单词要指明变量的用途，如 intAge（int 为前缀，Age 为年龄，表示年龄为整型变量）。

（4）标识符不允许用空格，也不允许用 C 语言的关键字。

⇨【讨论】标识符命名规则是否蕴含“不以规矩，无以成方圆”的道理？

2.2.3 关键字

关键字（keyword）通常也称为保留字，是 C 语言系统预留的有特定含义的字符序列，用户不能把它们作为其他含义的标识符，自定义的标识符不应与关键字相同。C 语言常用的关键字如表 2-1 所示。

表 2-1　C 语言常用的关键字

序号	关键字	用途分类	说明
1	char	数据类型说明	定义字符型数据
2	const		定义常量
3	int		定义整型数据
4	long		定义长整型数据
5	short		定义短整型数据
6	signed		定义有符号类型数据
7	unsigned		定义无符号类型数据
8	float		定义单精度实型数据
9	double		定义双精度实型数据
10	enum		定义枚举类型
11	void		空类型，用空类型定义的对象不具有任何值
12	volatile		定义可变类型的数据
13	struct		定义结构体类型
14	union		定义共用体类型
15	auto	存储类别声明	自动变量声明
16	extern		外部变量声明
17	register		寄存器变量声明
18	static		静态变量声明
19	if	程序流程控制	条件语句的标识
20	else		if 条件语句的另一分支
21	goto		无条件转移语句
22	switch		多分支（选择）语句
23	case		switch 语句的多分支情况语句标号
24	break		退出 switch 语句或本层循环
25	default		switch 语句的其他情况标号

续表

序号	关键字	用途分类	说明
26	do	程序流程控制	do-while 循环的起始标志
27	while		while 循环和 do-while 循环的标识
28	continue		结束本次循环，继续下一次循环
29	for		for 循环的标识
30	return		函数返回语句
31	sizeof	求字节数运算符	用于求数据类型或表达式的长度
32	typedef	更改数据类型名	给已有数据类型定义一个新名称（别名）

C 语言的关键字分为以下几类：

（1）预处理命令字。用于表示一个预处理命令，如 include、define。若其前加 # 表示预处理命令，如前面各例中用到的。

（2）数据类型说明符。用于定义、说明变量、函数或其他数据结构的类型，如 char、int、double 等。

（3）语句定义符。用于表示一个语句的功能，如 if、else 就是条件语句的语句定义符。

在关键字、标识符之间通常必须要有一个以上的空格符作间隔，否则将会出现语法错误，例如，把“int a;”写成“inta;”，C 编译器会把 inta 当成一个标识符处理，其结果必然出错。

C 语言采用的分隔符有逗号和空格两种。逗号主要用在类型说明和函数参数表中，分隔各个变量。空格多用于语句各单词之间，作间隔符。

【随堂测试】找出下列合法的标识符。

while　printf　word$　3dmax　NO.1　_top　qiao&hong　sum　￥5378

2.3 数据类型

利用计算机处理数据，需要把数据放入内存（memory），计算机中的内存用于暂时存放 CPU 中的运算数据，以及与硬盘等外部存储器交换的数据，只要计算机处在运行状态，CPU 就会把需要运算的数据调到内存进行运算，当运算完成后，CPU 再将结果传送出来。内存容量是有限的而且是宝贵的，计算机中所有程序的运行都是在内存中进行的。因此，为节约内存资源，程序中使用的各种数据都必须指定类型，数据类型规定一个数据能够取值的范围、精度、存储方式以及能够进行的操作。

在 C 语言程序设计过程中，根据数据的特征、范围和精度等选取最合适的数据类型，要对数据进行分类处理，类似生活中的垃圾分类处理。

2.3.1 数据类型的分类

为了更好地对数据进行存储和处理，通常把C语言中的数据分类为：基本类型、构造（派生）类型和其他类型。基本类型可分为：整型、实型（浮点型）、字符型和枚举型，派生类型分为：数组类型、结构体类型和共用体类型，其他类型分为：指针类型和空类型等。例如，描述人的年龄通常用整型，书名用字符型，存贷款利息用浮点型（带有小数部分的实数）。

C 语言数据类型的分类如图 2-4 所示。其中，基本数据类型的取值范围如表 2-2 所示。

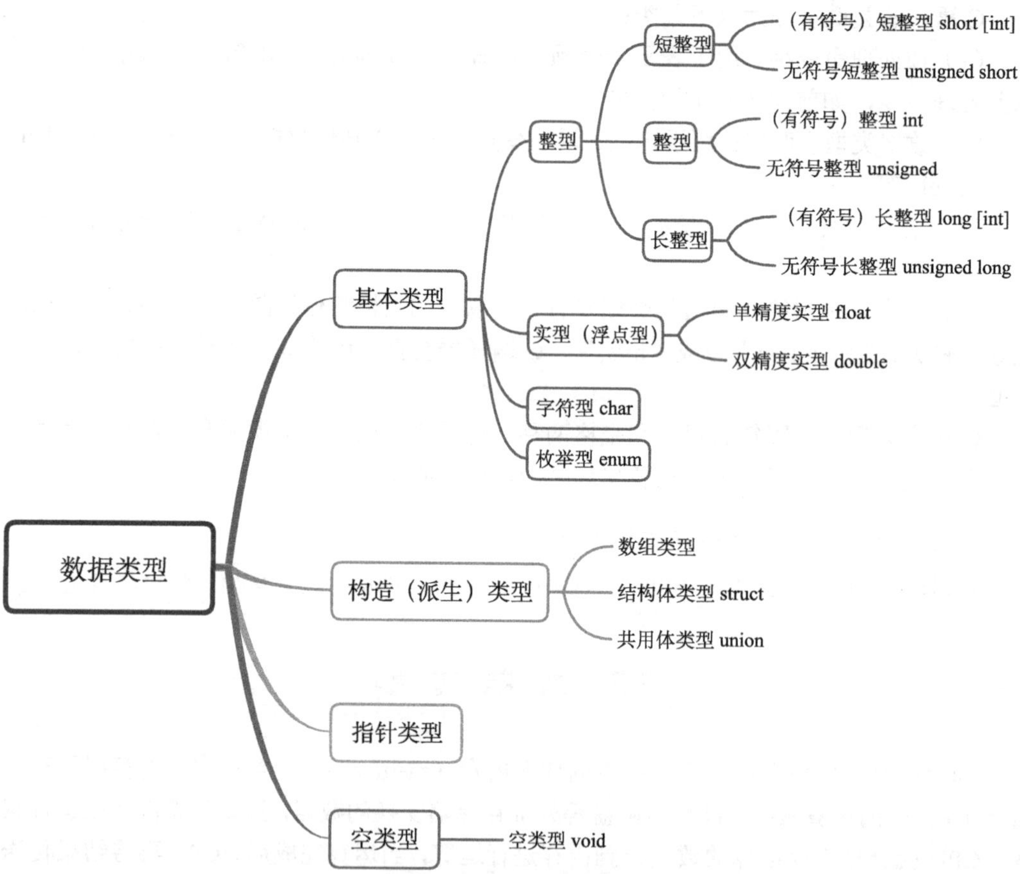

图 2-4 数据类型的分类

表 2-2 基本数据类型的取值范围

基本数据类型	类型说明符	字节数	取值范围
（有符号）短整型	short[int]	2(/4)	–32 768～32 767（/ –214 783 648～214 783 647）
（有符号）整型	int	4	–214 783 648～214 783 647
（有符号）长整型	long[int]	4	–214 783 648～214 783 647

续表

基本数据类型	类型说明符	字节数	取值范围
无符号短整型	unsigned short	2	0 ～ 65 535
无符号整型	unsigned	4	0 ～ 4 294 967 295
无符号长整型	unsigned long	4	0 ～ 4 294 967 295
单精度实型	float	4	3.4E–38 ～ 3.4E+38
双精度实型	double	8	1.7E–308 ～ 1.7E+308
字符型	char	1	–128 ～ 127

注：整型和短整型在不同的计算机软硬件平台和编译系统中，所占的存储空间、取值范围不同。例如，对于 16 位机，short[int]占 2 字节，而在大多数的 32 或 64 位机中，short[int]占 4 字节。

获取自己的计算机当前操作系统的整型数（int）所占字节数（bytes）和位数（bit）的程序代码如下：

```
#include<stdio.h>
int main(void)
{
    printf("int:bytes %d;bit %d", sizeof(int), sizeof(int) * 8);
    return 0;
}
```

注意：超出数据类型所能表示数的范围会产生数据溢出。

【思考】数学中数据类型与 C 语言中数据类型的区别与联系，如何防止 C 语言中的数据溢出？举例说明。

➪【讨论】数据类型是否蕴含“物以类聚，人以群分”的道理？举例说明。

2.3.2　不同数据类型的转换

C 语言中不同数据类型的转换方式通常有以下两种。

1. 自动转换

（1）数据类型在下列四种情况下自动转换：

①不同类型数据混合运算时，低类型自动转为高类型，称为运算转换；

②把一个值赋给与其类型不同的变量时，称为赋值转换；

③输出时转换成指定的输出格式，称为输出转换；

④函数调用时，实参与形参类型不一致，称为函数调用转换。

（2）运算转换规则：不同类型数据混合运算时，由系统按少字节类型向多字节类型自动实现转换，如图 2-5 所示。

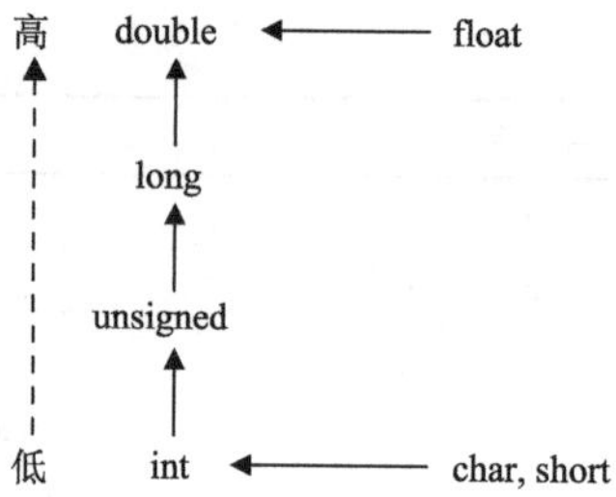

图 2-5　数据类型自动转换规则

在数据类型自动转换时总是按照精度不降低的原则从低级向高级进行转换。

（3）赋值转换规则：如果赋值运算符两侧的类型不一致（是数值型或字符型），在赋值过程中按以下 4 条转换规则进行自动转换：

①当整型数据赋给浮点型变量时，增加有效位，但数值上不发生任何变化。例如：

```
float f;
f=9;     /*内存中变量f的值实为9.000000 */
```

②当单、双精度浮点型数据和整型变量混合运算时，浮点数的小数部分将被舍弃。例如：

```
int x;
x=7.35;  /* 内存中变量x的值实为7 */
```

③将字符型数据赋给整型变量时，由于字符型数据在运算时根据其 ASCII 码值自动转化为整型数据，所以将字符型数据对应的 ASCII 码值存储到变量中。例如：

```
int x;
x='a';  /* 内存中变量x的值为65 */
```

④将有符号的整型数据赋给长整型变量，要进行符号扩展。将无符号的整型数据赋给长整型变量时，需将高位补 0。

2. 强制类型转换

数据类型自动转换使用方便，不需要人工干预，但有利也有弊，尤其当从较高类型转换为较低类型时。C 语言提供了可显式指定类型转换的语法支持，通常称之为强制类型转换。

强制类型转换的格式为

(类型名)(表达式)

例如：

```
(int)a;          /*将变量a的类型强制转换为整型 */
(int)a+b;        /*将变量a的类型强制转换成int型后,再进行运算 */
(float)(a+b);    /*将表达式a+b结果的类型强制转换为浮点型 */
```

经强制类型转换后，得到的是一个所需类型的中间变量，原来变量的类型并没有发生任何变化。

【例 2-2】 分析下面程序的运行结果。

```
#include<stdio.h>
void main()
{
  int a=0;
  float b, c=2.5;
  char  d='m';
  a=(int)c;           /*将浮点型c强制类型转换为整型赋值给a*/
  b=1.0+a*d+c;        /*不同类型数据可进行混合运算*/
  printf("a=%d,b=%f\n",a,b);
}
```

此例中的 a、b、c、d 数据值是可以变化的。

C 语言中的数据根据其值是否变化可分为常量和变量。

2.3.3 常量

常量（constant）是指在程序运行过程中，其值保持不变的量。

【随堂测试】 计算圆周长公式为 L=2×π×r，讨论公式中有哪些常量？

常量的分类如图 2-6 所示。

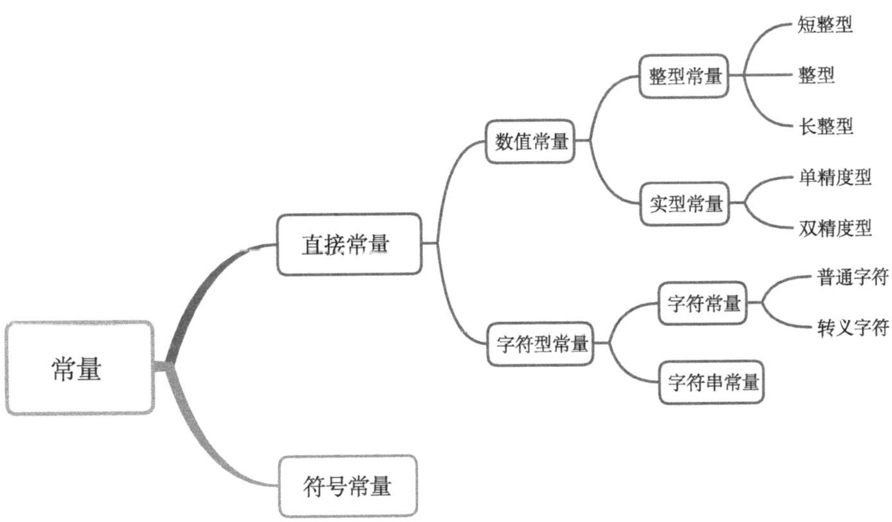

图 2-6　常量的分类

1. 整型常量

（1）整型常量的类型及取值范围

整型常量的取值范围若为–32 768 ～ +32 767，则编译器默认为是 int 类型；若整型常量的值超过上述范围，而为–2 147 483 648 ～ +2 147 483 647，则编译器认为是 long 类型；若系统定义 short[int]与 int 占内存长度相同，则这两种类型常量均可以赋给 int 和 short[int]型变量。

（2）整型常量的表示方法

整型常量的表示方法通常有以下三种进制方式：

十进制整数：如 1597；

八进制整数：以 0 开头表示或其后括号内为 8 的数，如 045 或 45(8)表示八进制数，对应十进制整数为 37；

十六进制整数：以 0x 开头表示或其后括号内为 16 的数，如 0x123 表示十六进制数，即 123(16)，对应十进制整数为 291。

（3）整型常量的后缀

整型常量后缀常见的有：长整型用 L 或 l 表示；无符号数用 U 或 u 表示；浮点数用 F 或 f 表示。若在整型常量后面加大写字母 L，则告诉编译器把该整型常量作为 long 类型处理，如 0x3A4D5L；若在整型常量后面加 u，则按无符号整型方式处理，如 1967u。

2. 实（浮点）型常量

由数字和小数点组成且必须有小数点的数称为实数或浮点数。C 语言中的实型（浮点）常量只能用十进制形式表示，不能用八进制和十六进制形式表示。

十进制浮点数由数字和小数点组成（必须有小数点）。如–0.98、.673、51.、0.00 等。

（1）实型常量通常用指数形式和规范化指数形式两种表示方法

指数形式：字母 e 或 E 之前（即尾数部分）必须有数字，指数必须为整数。合法的指数形式如 123.456e0、12.3456e1、1.23456e2、0.123456e3、0.0123456e4；不合法的指数形式如 4e-4.5。

规范化指数形式：是指尾数只有一位非零整数的指数形式。例如：

9.18e-2　　表示　9.18×10^{-2}

–7.0825e4　表示　-7.0825×10^{4}

（2）实型常量的分类

实型常量虽然可分单精度（float）、双精度（double），但是，一般按双精度 double 型 64 位处理，实型常量数后加 F 或 f 表示。

（3）实型数据的舍入误差

实型数据的舍入误差举例：1.0/3*3 的舍入误差结果并不等于 1。

数据运算时还应注意避免一个很大的数与一个很小的数相加（减），通过本章实验示例程序“大数吃掉小数”加深理解。

3. 字符常量

字符常量由一对单引号' '引起来的单个字符构成，例如，'a'、'x'、'6'等都是有效的字符常量。

一般情况下，一个字符常量的值是该字符集中对应的 ASCII 值，例如，字符常量'0' ～ '9'的 ASCII 值是 48 ～ 57。显然字符'0'与数字 0 是不同的。

C 语言还定义了一些特殊的字符常量，称为转义字符，转义字符是以反斜线 \ 开头其后紧跟一个字符或一个代码值表示。例如，\n 的含义是换行；\t 的含义是水平制表（右移 8 个字符位置）；\'的含义是单引号；\"的含义是双引号；\\的含义是反斜线。字符常量中使用的单引号、双引号、反斜线开头都必须使用转义字符。

转义字符不同于原字符的意义而具有特定的含义，故称“转义”字符。转义字符主要用来表示那些用一般字符不便于表示的控制代码。例如，\r 代表回车符，不代表反斜线和字母 r 的组合；\101 代表字母 e；\x20 代表空格字符。

所有的 ASCII 码值都可以用\加数字（一般是八进制数）来表示。

C 语言中的转义字符如表 2-3 所示。

表 2-3　转义字符

转义字符	转义字符的意义
\a	响铃（BEL）
\b	退格（BS），将当前位置移到前一列
\f	换页（FF），将当前位置移到下页开头
\n	回车换行（LF），将当前位置移到下一行开头
\r	回车（CR），将当前位置移到本行开头
\t	水平制表（HT），横向跳到下一个 Tab 位置
\v	垂直制表（VT），竖向跳格
\\	代表一个反斜线字符
\'	代表一个单引号（撇号）字符
\"	代表一个双引号字符
\?	代表一个问号
\0	空字符（NULL）
\ddd	1 到 3 位八进制数所代表的字符
\xhh	1 到 2 位十六进制所代表的字符

4. 字符串常量

C 语言中的字符串常量是由一对双引号" "引起来的字符序列组成，例如"abc"、"a"等都是字符串常量。存储时系统在每个字符串尾自动加一个\0 作为字符串结束标志。注意：'a'是字符型常量，占一个字节；而"a"是字符串常量，占两个字节。

双引号仅起定界符的作用，并不是字符串中的字符。字符串常量不能直接包括单引号、双引号和反斜线（若要使用，可参照转义字符中介绍的字符使用）。

【比一比】字符常量与字符串常量的区别

（1）字符常量只能是单个字符，由单引号括起来，占一个字节的内存空间；字符串常量可以含一个或多个字符，用双引号引起来，C 语言系统自动在字符串尾加入字符'\0'作为结束标志。例如，字符串"a"在内存中的存储形式如图 2-7 所示，其长度是 2 字节，其中字符'\0'所对应的 ASCII 值为 0,即“空”字符。因此，字符串常量占的内存字节数等于字符串中字符所占的字节数再加 1。

a	\0

图 2-7　字符串"a"的存储

（2）可以把一个字符常量赋予一个字符变量，但不能把一个字符串常量赋予一个字符变量。

（3）C 语言中没有专门的字符串变量。如果要把字符串存放在变量中，需要用字符型数组存放。

5. 符号常量

用一个标识符表示一个常量，称为符号常量，一般用大写字母表示。符号常量必须先定义，后使用。符号常量一般定义形式为

```
#define 标识符 常量
```

注意：定义符号常量时，在其末尾处不加分号。例如：

```
#define PI  3.14
#define PRICE  90
```

其中，以#开头的 #define 是一条预处理命令，又称为宏定义命令，其功能是把该标识符定义为其后的常量值。

符号常量一经定义，在程序的执行部分该标识符所出现的地方均代之以常量值，其值在作用域内不能改变或重新赋值。

【随堂测试】找出下列合法的字符常量

'\0128'　　"m"　　'ab'　　'\x43'

2.3.4 变量

变量（variable）是指在程序运行过程中其值可以随时改变的量。

变量具有变量名、变量值和存储单元（变量类型），称为变量的三要素，如图 2-8 所示。

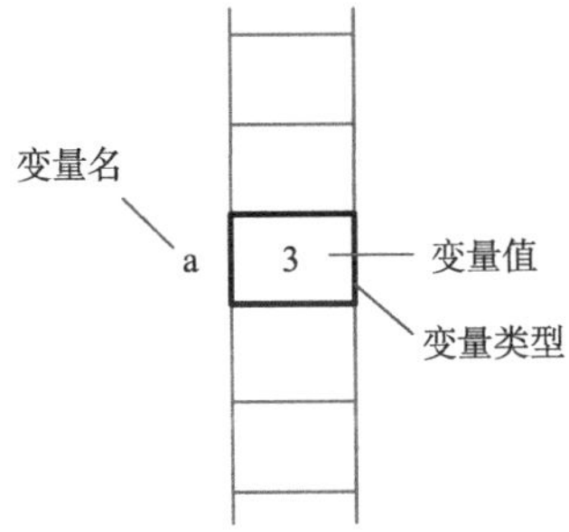

图 2-8　变量的三要素

变量名：可用用户自定义的标识符表示，变量命名必须遵守标识符的命名规则。变量名实为一个符号地址，通过这个符号地址可以快速方便地访问变量所在的存储单元，从而读取变量的值如“探囊取物”。例如，变量 a 是指用 a 命名的某个存储单元，用户对变量 a 进行的操作就是对该存储单元的操作。

变量值：给变量赋值实质是把数据存入该变量所代表的存储单元中。变量的值就是存放在该存储单元内的“内容物”。

变量类型：在定义变量的同时要说明其类型，数据类型决定了数据的取值范围。系统在编译时根据其类型自动分配相应的存储单元。

1. 变量的定义及赋值

（1）变量的定义

C 语言要求在程序中使用的每个变量都必须先定义，后使用。

变量定义的一般形式为

```
类型标识符　变量名1,变量名2,…,变量名n;
```

例如：

```
int a,b,c,max;  /*定义4个整型变量a,b,c和max  */
float f=2.5;    /*定义1个实型变量f，在定义的同时给f赋初值2.5  */
```

变量通常在三种场合定义：函数的外部、函数体内部、函数的参数。由此定义的变量对应地称为全局变量、局部变量、形式参数（后面章节详细介绍）。

（2）变量的赋值

赋值操作可用赋值运算符（简称赋值号）“=”描述，构造赋值表达式，计算赋值表达式的主要效果是给指定变量赋一个新值。例如：

```
int a=10;
```

变量赋初值的常用方法有两种：

①先变量定义后赋值，例如：

```
int a,b,c;
a=2; b=5; c=10;
```

②在定义变量的同时赋值，例如：

```
int a=5;
```

若在定义多个变量的同时赋同一个初值，应分别赋值，不能连续赋初值，例如：

```
int a=10,b=10,c=10;
```

若改为

```
int a=b=c=10;
```

则为非法赋值。

在给变量赋值时，必须保证赋值符号右边的常量和赋值符号左边的变量类型一致，如果类型不一致可能引起某些错误。但是，在 0 ～ 255 范围内的整型和字符类型的数据可以互相转化。字符类型的变量可以字符或整数形式输出，输出形式取决于 printf( )函数中的格式控制符。格式控制符若为%c，输出的变量值为字符；若为%d，输出的变量值为整数。

变量通常可分：整型变量、浮点型变量和字符型变量等。

2. 整型变量

整型变量只能存储整型数据。整型变量值的表示形式可以是十进制、八进制、十六进制数，但在内存中只能以二进制形式存储，且负数以补码形式表示。通常规定，有符号型整数最高位表示符号位，最高位为 1 时表示是负数，为 0 时表示正数。

整型变量说明的格式如下：

```
int value_a;        /* value_a为整型变量*/
int m,n,l;          /* m,n,l为整型变量*/
```

【例 2-3】通过 sizeof 运算符获取整型的数据类型 int、short、long、unsigned int、unsigned short 和 unsigned long 所占内存的字节数。

程序代码如下：

```
#include<stdio.h>
void main()
{
    printf("int=%d\n",sizeof(int));
    printf("short int=%d\n",sizeof(short));
    printf("long int=%d\n ",sizeof(long));
    printf("unsigned int=%d\n",sizeof(unsigned int));
    printf("unsigned short int=%d\n",sizeof(unsigned short));
    printf("unsigned long int=%d\n ",sizeof(unsigned long));
}
```

在不同的 C 语言编译系统，对比分析此例运行结果。

3. 浮点型变量

浮点型变量又称实型变量，顾名思义是实数，实型变量的存储类型分为两类：单精度和双精度浮点型。

单精度浮点型 float 占内存空间 4 字节（32 位），其数值范围为 3.4E–38 ～ 3.4E+38，只能保证前 7 位有效数字。

双精度浮点型 double 占 8 字节（64 位），其数值范围为 1.7E–308 ～ 1.7E+308，可提供 16 位有效数字，多余的数位将因四舍五入会产生一些精度误差。

实型变量说明的格式与整型类似，例如：

```
float a,b;              /* a,b为单精度实型量 */
double x,y,z;           /* x,y,z为双精度实型量*/
```

由于实数存在四舍五入的误差，在实际使用时应注意以下几点：

（1）无须用一个实数精确表示一个大整数。

（2）比较两个实数时，一般不进行是否相等比较，而是判断这两个数差的绝对值，若小于某一很小的数时，默认这两个实数相等。

（3）避免将一个很小的实数与一个很大的实数相加（减），否则，会丢失很小的实数。这类似于向大海里增加（减少）一桶水，海水的深度几乎不会变化。

【例 2-4】编程实现用一个很大的实数加（减）一个较小的实数，体验两实数之间的误差，联想生活中“大数吃掉小数”（或九牛一毛）的问题。

程序代码如下：

```
#include<stdio.h>
void main()
{
    float value_a=9876543.21e6, value_b=12.56, sum=0.0, minus=0.0;
    sum= value_a+ value_b;
    minus= value_a- value_b;
    printf("value_a %f\n ", value_a);
    printf("value_b %f\n ", value_b);
    printf("sum=%f\n ",sum);
    printf("minus =%f\n ", minus);
}
```

4. 字符型变量

字符型变量是用来保存单字符的一种变量，字符变量的类型说明符是 char。一个字符变量只能存放一个字符，即字符型数据在内存中占一个字节的存储空间。

C 语言系统在表示一个字符型数据时，并不是将字符本身的形状存入内存，而只是将字符对应的 ASCII 码值存入内存。因此，字符型数据与整型数据之间可以通用，即允许对整型变量赋予字符值，对字符变量赋整型值。在输出时，允许把字符变量按整型量输出，也允许把整型量按字符量输出。

【例 2-5】整型与字符型变量可以相互赋值。

程序代码如下：

```
#include<stdio.h>
void main()
{
    int  k;
    char ch;
    k='a';
    ch=65;
    printf("%d %c\n ", k,k);
    printf("%d %c\n ", ch,ch);
}
```

上机运行，观察运行结果。

【例 2-6】编程实现整型数据和字符型数据的相互赋值。

程序代码如下：

```
#include<stdio.h>
void main()
{
    int  c1;              /*定义变量c1为整型*/
    char c2;              /*定义变量c2为字符型*/
    c1='a'; c2=65;        /*分别为两变量赋初值*/
    printf("整型变量c1赋初值'a',转换为字符的值为:%d\n",c1);
    printf("字符变量c2赋初值65,转换为整型的值为%c\n",c1,c2);
}
```

思考运行结果。

【例 2-7】编程实现大小写字母的转换。

程序代码如下：

```
#include<stdio.h>
void main()
{
    char c1,c2;
    c1='b';
    c2='B';
    c1=c1-32;   /* b的ASCII码值为98，减去32得'B'的ASCII码值*/
    c2=c2+32;   /*'B'的ASCII码值为66，加上32得'b'的ASCII码值*/
```

```
    printf("c1=%c\n",c1);
    printf("c2=%c\n",c2);
}
```

➪【讨论】变量是否蕴含“用变化发展的观点看待问题”的道理？

2.4　运算符与表达式

C 语言具有丰富的运算符，运算符是告诉编译程序执行算术、逻辑或其他特定操作的符号。表达式是由运算符连接常量、变量、函数等所组成的式子，每个表达式都有一个值和类型。正是丰富的运算符和表达式使 C 语言功能十分强大。

C 语言的运算符按含义可分为以下 10 类：

（1）算术运算符：用于各类数值运算，包括加“+”、减“-”、乘“*”、除“/”、求余“%”（又称模运算）、自增“++”、自减“--”七种。

（2）关系运算符：用于比较运算，包括大于“>”、小于“<”、等于“==”、大于等于“>=”、小于等于“<=”、不等于“!= ”六种。

（3）逻辑运算符：用于逻辑运算，包括与“&&”、或“||”、非“!”三种。

（4）位操作运算符：参与运算的量按二进制位进行运算，包括位与“&”、位或“|”、位非“～”、位异或“^”、左移“<<”、右移“>>”六种。

（5）赋值运算符：用于赋值运算，分为简单赋值“=”、复合算术赋值“+=、-=、*=、/=、%=”和复合位运算赋值“&=、|=、^=、>>=、<<=”三类共十一种。

（6）条件运算符：“?　:”，用于条件求值，是 C 语言中唯一一个三目运算符。

（7）逗号运算符：“,”，用于把若干表达式组合成一个表达式。

（8）指针运算符：用于取内容“*”和取地址“&”两种运算。

（9）求字节数运算符：“sizeof”，用于计算数据类型或表达式所占的字节数。

（10）特殊运算符：有括号“()”、下标“[]”、成员“->”等几种。

按运算操作数的个数又可分为：一元运算符或单目运算符（只需一个操作数的运算符）、二元运算符或双目运算符（需两个操作数的运算符）、三元运算符或三目运算符（需三个操作数的运算符）。C 语言提供唯一的一个三目运算符是条件运算符（表达式1?表达式 2:表达式 3）。

本章介绍算术运算符及其表达式、赋值运算符及其表达式、逗号运算符及其表达式，下一章介绍关系运算符及其表达式、逻辑运算符及其表达式、条件运算符及其表达式，后续章节介绍指针运算符等知识。

2.4.1　算术运算符及其表达式

C 语言的运算符不仅具有不同的优先级，而且还有结合性。在表达式中，各运算量参与运算的先后顺序不仅遵循运算符优先级别的规定，还要受运算符结合性的制约，以便确定是自左向右进行运算还是自右向左进行运算。这种结合性是其他高级语言的运算符所没有的，因此也增加了 C 语言的复杂性。

1. 算术运算符

C 语言的算术运算符可分为：基本算术运算符、强制类型转换运算符、自增（自减）运算符。

（1）基本算术运算符

C 语言基本算术运算符有如下 5 种：

①加法运算符“+”：属双目运算符，有两个量参与加法运算，具有右结合性，如 a+b、4.7+8.5 等。

②减法运算符“-”：属双目运算符，有两个量参与减法运算，具有右结合性，如 b-6.5 等。

说明：“-”也可作负值运算符，此时为单目运算，如-x、-5 等具有左结合性。

③乘法运算符“*”：属双目运算，具有左结合性，如 a*b、5*9.9 等。

④除法运算符“/”：属双目运算，具有左结合性，如 a/7、9/3.3 等。参与运算量均为整型时，结果也为整型，舍去小数。如果运算量中有一个是实型，则结果为双精度实型。

⑤求余运算符（模运算符）“%”：双目运算，具有左结合性。要求参与运算的量均为整型。求余运算的结果等于两数相除后的余数。

【例 2-8】分析除法和取余运算的区别。

```
#include<stdio.h>
void main()
{
    printf("20/7=%d, -20/7=%d\n",20/7,-20/7);
    printf("20.0/7=%f, -20.0/7=%f\n",20.0/7,-20.0/7);
    printf("100%%3=%d\n",100%3);
}
```

本例中，20/7、-20/7 的结果均为整型，小数全部舍去。而 20.0/7 和-20.0/7 由于有实数参与运算，因此结果也为实型。

运行结果如图 2-9 示。

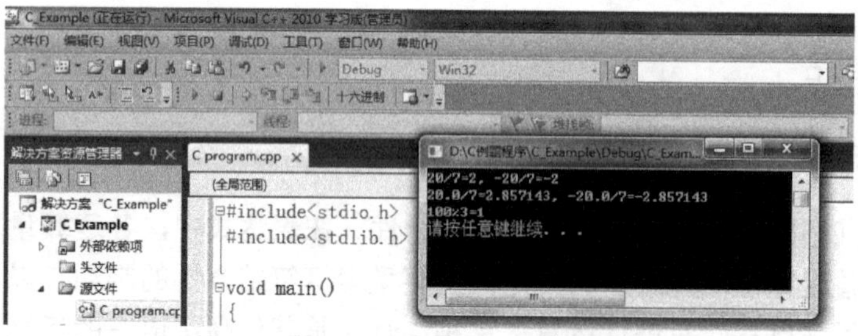

图 2-9 除法和取余运算符运算的结果

➪【想一想】最后一条语句“printf("100%%3=%d\n",100%3);”中的“100%%3”为什么要连续用两个“%”?

【**随堂测试**】数手指，从大拇指开始按食指、中指、无名指、小拇指再反向回到大拇指的顺序依次数正整数 1、2、3、4、5、6、7、8、9…，如图 2-10 所示。当数到 2022 时，对应的手指是（　　）。

A．大拇指　B．食指　C．中指

D．无名指　E．小拇指

（提示：从拇指 1 开始，每 8 个数为一个循环，依次循环，2022%8=6，数字 2022 与 6 相对应的手指相同，为无名指。）

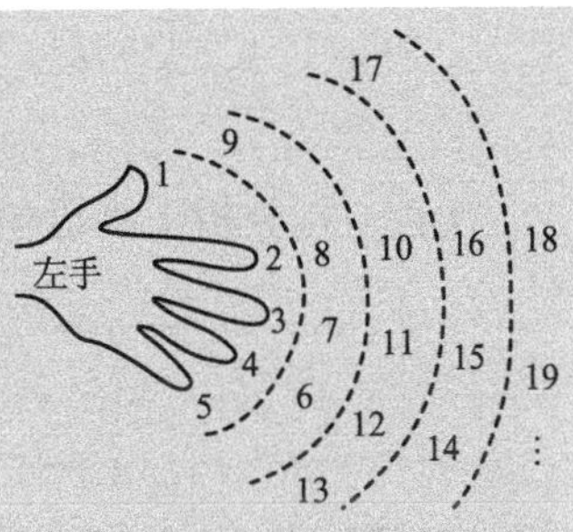

图 2-10　数手指的示意图

（2）强制类型转换运算符

强制类型转换运算符的一般形式为

```
(类型说明符) (表达式)
```

其功能是把表达式的运算结果强制转换成类型说明符所表示的类型，例如：

```
(float)a        /*把a转换为实型*/
(int)(x+y)      /*把x+y的结果转换为整型*/
```

（3）自增、自减运算符

自增 1 运算符为“++”，为单目运算，具有右结合性，其功能是使变量的值自身加 1。

自减 1 运算符为“- -”，为单目运算，具有右结合性，其功能是使变量的值自身减 1。

变量 i 自增 1、自减 1 可有以下几种表示形式：

++i　i 先自增 1，再参与其他运算；

- - i　i 先自减 1，再参与其他运算；

i++　i 先参与运算，再自增 1；

i - -　i 先参与运算，再自减 1。

特别注意：当 i++或 i- -出现在较复杂的表达式或语句中时，应仔细按上述情况分析。

【**例 2-9**】自增、自减运算符的分析与验证。

```
#include<stdio.h>
void main()
{
   int i=8;
   printf("%d\n",++i);     /*先使i的值增加1，然后输出变为9的i值*/
   printf("%d\n",--i);     /*先使变为9的i值减1，然后输出变成8的i值*/
   printf("%d\n",i++);     /*先输出变成8的i 值，然后使i增加1变为9*/
   printf("%d\n",i--);     /*先输出变为9的i值，然后使i减1变成8*/
   printf("%d\n",-i++);    /*先输出i的值-8，然后使i增加1变为9*/
```

```
    printf("%d\n",-i--);    /*先输出i的值-9，然后使i减1变为8*/
    printf("%d\n",i);       /*输出i的当前值8*/
}
```

读者自行分析下列语句中变量 i、j、p 和 q 的变化情况：

```
int i=5,j=5,p,q;
p=(i++)+(i++)+(i++);
q=(++j)+(++j)+(++j);
printf("%d,%d,%d,%d",p,q,i,j);
```

对语句“p=(i++)+(i++)+(i++);”应理解为三个 i 先相加，故 p 值为 15，然后 i 再自增 1 三次相当于加 3，所以 i 的值为 8。而对于语句“q=(++j)+(++j)+(++j);”应理解为 j 先自增 1，再参与运算，由于 j 自增 1 三次后值为 8，q 的值是三个 8 相加之和为 24。

【注意】自增、自减运算符

（1）自增、自减运算符常用于循环语句中，使循环变量加减 1；

（2）自增、自减运算符不能用于常量和表达式，如 5++、(a+b)++是非法的；

（3）C 语言不同的编译系统对运算符和表达式的处理次序可能不同，尽可能写通用性强的语句。

2. 算术表达式

算术表达式又称为数值表达式，是用算术运算符和一对圆括号将操作数（或称运算数）连接起来的符合 C 语言语法的表达式。

例如，数学表达式：$\frac{a+b}{a-b}$ 在 C 语言中需写成(a+b)/(a–b)，其中括号“()”不能省，如果写成 a+b/a–b 就不能表示原表达式的意义。

C 语言中表达式的所有成分都是写在一行上，括号只能用圆括号 ()，而 [] 和 {} 在 C 语言中另作他用。

以下是算术表达式的例子：

```
a+b
(a*2)/c
(x+r)*8-(a+b)/7
++i
sin(x)+sin(y)
(++i)-(j++)+(k--)
```

2.4.2 赋值运算符及其表达式

1. 简单赋值运算符及其表达式

简单赋值运算符为“=”。由“=”连接的式子称为赋值表达式，其一般形式为

变量标识符=常量或表达式

例如：

```
w=sin(a)+sin(b)
```

赋值表达式的功能是计算表达式的值再赋予左边的变量。赋值运算符具有右结合性。例如：

```
a=b=c=5
```

可理解为

```
a=(b=(c=5))
```

凡是表达式可以出现的地方，赋值表达式均可出现。例如，“x=(a=5)+(b=8)”是合法的，它的意义是把 5 赋予 a，8 赋予 b，再把 a、b 相加之和赋予 x，故 x 等于 13。

C 语言规定，任何表达式在其末尾加上分号就构成为语句。因此如“x=8;”与“a=b=c=5;”都是赋值语句。

2. 复合赋值运算符及其表达式

在赋值符“=”之前加上其他二目运算符可构成复合赋值运算符，如“+=”、“-=”、“*=”、“/=”、“%=”、“<<=”、“>>=”、“&=”、“^=”、“|=”。

由复合赋值运算符连接的式子称为复合赋值表达式，其一般形式为

变量标识符　复合赋值运算符　常量或表达式

例如：

```
a+=5      等价于   a=a+5
x*=y+7    等价于   x=x*(y+7)
r%=p      等价于   r=r%p
```

复合赋值运算符，初学者可能不习惯，但十分有利于编译处理，能提高编译效率并产生高质量的目标代码。

如果赋值运算符两边的数据类型不相同，系统将进行自动类型转换，即把赋值号右边的类型换成左边的类型。具体规定如下：

（1）实型赋予整型，舍去小数部分；

（2）整型赋予实型，数值不变，但将以浮点形式存放，即增加小数部分（小数部分

的值为0)；

(3) 字符型赋予整型，由于字符型为一个字节，而整型为两个字节，故将字符的ASCII码值放到整型变量的低八位中，高八位为0；

(4) 整型赋予字符型，只把低八位赋予字符量。

2.4.3 逗号运算符及其表达式

逗号“,”在C语言中是一种运算符，称为逗号运算符，其结合性是从左向右，优先级处于最低级别。

用逗号运算符把若干个表达式连接起来组成一个表达式称为逗号表达式。

逗号表达式的一般形式为

```
表达式1,表达式2,表达式3,…,表达式n
```

求值过程是先求表达式1的值，再求表达式2的值，……，最后以表达式n的值作为整个逗号表达式的值。

程序中使用逗号表达式，通常要分别求逗号表达式内各表达式的值，并不一定要求整个逗号表达式的值。并不是在所有出现逗号的地方都组成逗号表达式，如在变量说明中、函数参数表中的逗号只是用作各变量之间的间隔符。

【例2-10】 逗号运算符及表达式的应用。

程序代码如下：

```
#include<stdio.h>
void  main()
{
   int a=2,b=4,c=6,x,y;
   y=((x=a+b),(b+c));       /*表达式的值10赋给y*/
   printf("y=%d,x=%d",y,x);
}
```

➪【想一想】若将语句“y=((x=a+b),(b+c));”改为“y=(x=a+b), (b+c);”将如何？请读者对比分析运行结果。

2.4.4 运算符优先级与结合性

1. 运算符的优先级

在混合表达式的计算过程中，按优先级高低顺序进行运算。一般而言，单目运算符优先级高于双目运算符，算术运算符高于关系和逻辑运算符，赋值运算符优先级较低。若一个运算量两侧的运算符优先级相同，则按运算符的结合性所规定的结合方向处理。

2. 运算符的结合性

运算符的结合性分为两种：左结合性（自左向右）和右结合性（自右向左）。单目运算符、三目运算符、赋值运算符具有右结合性，典型的右结合性运算符是赋值运算符。如x=y=z，由于“=”的右结合性，应先执行y=z再执行x=(y=z)运算。

各类数值型数据混合运算先按照数据类型转换规则进行转换，再按照运算符的优先级和结合性进行运算。

【例 2-11】 运算符的优先级。

程序代码如下：

```
#include<stdio.h>
void main()
{
   int a=1,b=2,c=3,k;
   k=a+++b+++c;              /*等效于(a++)+(b++)+c*/
   printf("k=%d c=%d\n",k,c);
}
```

运行结果如下：

```
k=6 c=3
```

2.5 基本语句

C 语言的基本语句类型如图 2-11 所示。

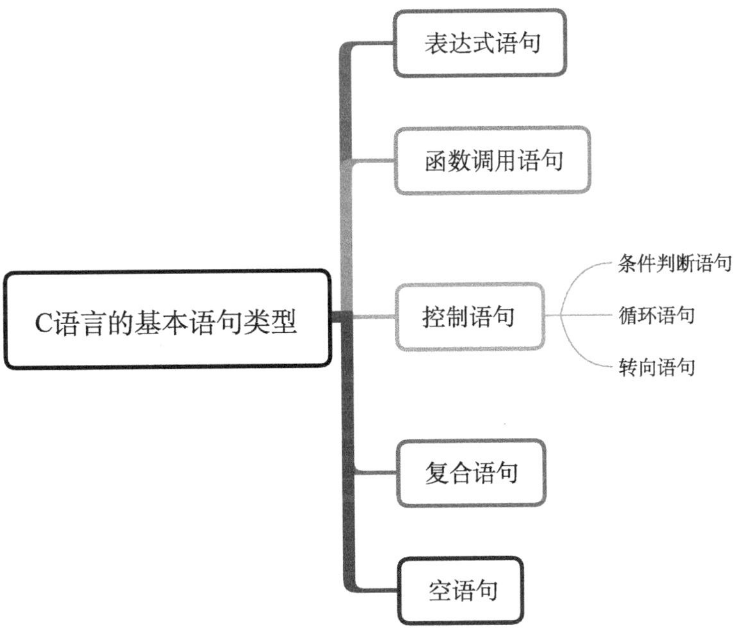

图 2-11　C 语言的基本语句类型

2.5.1 表达式语句

表达式语句由表达式加上分号“;”组成。如：“y=x+1”是表达式，而“y=x+1;”则是表达式语句。

表达式语句一般形式为

```
表达式;
```

执行表达式语句就是计算表达式的值，例如：

```
y+z;    /*加法运算语句，但计算结果不能保留，无实际意义*/
i++;    /*自增1语句，i值增1*/
x=y+z;  /*表达式语句，又称为赋值语句*/
```

（1）赋值语句

赋值语句是由赋值表达式再加上分号构成的表达式语句，是程序中使用最多的语句之一。

赋值语句一般形式为

```
变量=表达式;
```

赋值语句可以嵌套，其嵌套的一般形式为

```
变量=(变量=表达式);
```

展开之后的一般形式为

```
变量=变量=…=表达式;
```

例如：

```
a=b=c=d=e=5;
```

按照赋值运算符的右结合性，等价于

```
e=5;
d=e;
c=d;
b=c;
a=b;
```

（2）赋值语句的特点

①注意区别变量说明中给变量赋初值和赋值语句。

给变量赋初值是变量说明的一部分，赋初值后的变量与其后的其他同类变量之间仍必须用逗号间隔；而赋值语句则必须用分号结尾。

例如：

```
int a=5,b,c;
```

```
a=10;
```

②在定义变量时不允许连续给多个变量赋初值，在赋值语句中允许给多个变量连续赋值。

例如，下列说明是错误的：

```
int a=b=c=5
```

改正为

```
int a=5,b=5,c=5;
```

③注意区别赋值表达式和赋值语句。

赋值表达式可以出现在任何允许表达式出现的地方，而赋值语句则不能。

例如，下列语句是合法的：

```
if((x=y+5)>0) z=x;
```

该语句的功能是：若表达式 x=y+5 大于 0 成立，则把 x 的值赋给 z。

下列语句是非法的：

```
if((x=y+5;)>0) z=x;
```

因为“x=y+5;”是语句，不能出现在表达式中。

2.5.2　函数调用语句

函数调用语句由函数名、实际参数加上分号“;”组成。

函数调用语句一般形式为

```
函数名(实际参数表);
```

执行函数语句就是调用函数并把实际参数赋予函数定义中的形式参数，然后执行被调函数体中的语句，求出函数值。

例如：

```
printf("C Program");
```

调用库函数 printf ( )，输出字符串：C Program。

2.5.3　控制语句

控制语句由特定的语句定义符组成，用于控制程序的流程，实现程序的各种结构方式。C 语言有九种控制语句，可分成如下三类：

条件判断语句：if 语句、switch 语句；

循环语句：do-while 语句、while 语句、for 语句；

转向语句：break 语句、goto 语句、continue 语句、return 语句。

2.5.4 复合语句

把多个语句用{}括起来组成的一个语句称为复合语句，复合语句在语法上和其他语句相同。复合语句可嵌套，在程序中应把复合语句看成是单条语句，而不是多条语句。

例如：

```
{  x=y+z;
   a=b+c;
   printf("%d%d", x, a);
}
```

是一条复合语句。

复合语句内的各条语句都必须以分号“;”结尾，在“}”外不能加分号。

2.5.5 空语句

只有分号“;”组成的语句称为空语句。

空语句是什么也不执行的语句。在程序中空语句可用作空循环体。

例如：

```
while(getchar()!='\n')
      ;        /*循环体为空语句。*/
```

本语句的功能是：只要从键盘输入的字符不是回车则重新输入。

2.6 常用输入输出函数

所谓数据输入输出是对计算机主机而言，从输入设备（键盘、磁盘、扫描仪等）向计算机输送数据称为“输入”，从计算机向外部输出设备（显示器、打印机、磁盘等）输送数据称为“输出”。

C 语言本身不提供输入输出语句，其数据的输入和输出功能由库函数实现，这使得 C 语言编译系统简单。因为没有输入输出语句，所以能避免在编译阶段处理与硬件有关的问题，库函数已编译成目标文件（.obj），在连接阶段才与源程序编译成的目标文件相连接，生成可执行文件，使编译系统简化，通用性强，可移植性好。

在使用函数库时，应用预编译命令#include 将有关的“头文件”包含到用户源文件中，#include 命令一般放在程序的开头。如使用数学函数库时，要用到 math.h 文件；使用字符串操作函数时，要用到 string.h。

2.6.1 格式输入输出函数

1. 格式输出函数 printf( )

printf( )称为格式输出函数，功能是把用户指定的数据按指定的格式显示输出。

说明：printf 末尾字母 f（format）即为“格式”之意。

函数 printf( )调用的一般形式为

```
printf("格式控制字符串", 输出表列);
```

其中，“格式控制字符串”可由格式字符串和非格式字符串两种组成，用于指定输出格式。

格式字符串以%开头，在%后面跟有各种格式字符，以说明输出数据的类型、形式、长度、小数位数等。

非格式字符串在输出时原样照印，在显示中起提示作用。

输出表列中给出了各个输出项，要求格式字符串和各输出项在数量和类型上一一对应。

例如：

```
int row=0,colum=4.5,max;
printf("max=%4d,row=%5.2f,colum=%5d\n",max,row,colum);
```

【例 2-12】 分析下列程序格式控制字符的作用。

```
#include<stdio.h>
void main()
{
   int a=88,b=89;
   printf("%d %d\n",a,b);         /*两格式串%d 之间加了一个空格(非格式字符)*/
   printf("%d,%d\n",a,b);         /*两格式串%d 之间加了一个逗号(非格式字符)*/
   printf("%c,%c\n",a,b);
   printf("a=%d,b=%d",a,b);      /*提示输出结果增加了非格式字符串*/
}
```

格式字符串的一般形式为

```
[标志][输出最小宽度][.精度][长度]类型
```

其中，[]中的项为可选项。各项的意义如下。

（1）标志：标志字符为-、+、空格、#四种，其含义如表 2-4 所示。

表 2-4 标志字符的含义

标志	含义
-	输出结果左对齐，右边填空格
+	输出符号位（即数的正负号）
空格	输出值为正时冠以空格，为负时冠以负号
#	对 c、s、d、u 类无影响；对 o 类，在输出时加前缀 o；对 x 类，在输出时加前缀 0x；对 e、g、f 类，当结果有小数时才给出小数点

（2）输出最小宽度：用十进制整数表示输出的最少位数。若实际位数多于定义的宽度，则按实际位数输出，若实际位数少于定义的宽度则补以空格或0。

（3）.精度：精度格式符以“.”开头，后跟十进制整数。如果输出的是数字，则表示小数的位数；如果输出的是字符，则表示字符的个数；若实际位数大于所定义的精度，则截去超过的部分。

（4）长度：长度格式符为h、l两种，h表示按短整型量输出，l表示按长整型量输出。

（5）类型：类型字符用以表示输出数据的类型。

格式字符及其含义如表2-5所示。

表2-5 格式字符的含义

格式字符	含义
d	以十进制形式输出有符号整数（正数不输出符号）
o	以八进制形式输出无符号整数（不输出前缀0）
x,X	以十六进制形式输出无符号整数（不输出前缀0x）
u	以十进制形式输出无符号整数
f	以小数形式输出单、双精度实数
e,E	以指数形式输出单、双精度实数
g,G	以%f或%e中较短的输出宽度输出单、双精度实数
c	输出单个字符
s	输出字符串

具体说明如下：

（1）用d格式符输出十进制整数，有3种形式。

%d格式：按数据实际长度输出，数据范围 –32768 ～ 32767。例如：

```
int a=3, b=4;
printf("a=%d, b=%d\n",a,b);
```

输出

```
a=3, b=4
```

%md格式：m指定输出字段宽度，若数据位数小于m，则左端补空格，反之按实际输出。例如：

```
int a=789, b=12345;
printf("%4d  %4d ", a, b);
```

输出

```
_789  12345
```

其中，_表示 789 左端补的一个空格。

%ld 格式：指定输出长整型数据的列宽。例如：

```
long c=135790;
printf("%ld\n", c);
printf("%8ld", c);
```

输出

```
135790
__135790
```

其中，__表示 135790 左端补充的两个空格。

（2）c 格式符：输出一个字符，且其值对应 0 ～ 255 的整数。例如：

```
char c='a';
int i=97;
printf("%c, %d\n", c,c);
printf("%c, %d\n", i,i);
```

输出

```
a,97
a,97
```

（3）s 格式符：输出一个字符串。有%s、%ms、%-ms、%m.ns、%-m.ns 五种用法。例如：

```
printf("%3s, %7.2s, %.4s, %-5.3d\n", "CHINA", "CHINA", "CHINA", "CHINA");
```

输出

```
CHINA, _____CH, CHIN, CHI__
```

其中，%3s 按实际输出；%.4s，请读者仔细体会。

（4）f 格式符：输出实数。

①%f 格式：整数部分全部输出，小数为 6 位。可以有非有效数字输出，因为单精度有效位为 7 位，双精度有效位为 16 位。

②%m.nf 格式：占 m 列，其中 n 是小数位数，右对齐，不足部分补空格。

③%-m.nf 格式：占 m 列，其中 n 是小数位数，左对齐，不足部分补空格。

（5）e 格式符：指数形式输出实数。

①%e 格式：不指定 m 和 n，小数为 6 位，指数部分共 5 位：e 和指数符号各 1 位，指数值为 3 位。

②%m.ne 和%-m.ne 格式：m、n、-的含义同前面。没有 n 时，默认 n=6。

（6）g 格式符：输出实数。

可以自动根据数值大小选择 f 或 e 格式（选列少的）。不输出无意义的零。

使用printf( )时还要注意输出表列中的求值顺序。不同的编译系统求值顺序不一定相同，可以从左到右，也可从右到左。请输入并分析以下两个程序。

```
#include<stdio.h>
void main()
{
    int i=8;
    printf("%d\n%d\n%d\n%d\n%d\n%d\n",
           ++i,--i,i++,i--,-i++,-i--);
}
```

```
#include<stdio.h>
void main()
{
    int i=8;
    printf("%d\n",++i);
    printf("%d\n",--i);
    printf("%d\n",i++);
    printf("%d\n",i--);
    printf("%d\n",-i++);
}
```

这两个程序的区别是用一个printf语句和多个printf语句输出，运行结果明显不同。这是因为printf( )函数对输出表列求值的顺序自右至左。注意：求值顺序虽是自右向左，但是输出顺序还是从左向右。

2. 格式输入函数scanf( )

scanf( )函数是一个标准库函数，其功能是按指定格式从键盘读入数据，存入地址表列指定的存储单元中，并按回车键结束。它的函数原型在头文件stdio.h中。

（1）scanf( )函数的调用

函数scanf( )调用的一般形式为

```
scanf("格式控制字符串", 地址表列);
```

例如：

```
int a;
scanf("%5d",&a);
```

scanf( )中的格式控制字符串的作用与printf( )中的相同，但不能显示非格式字符串，也就是不能显示提示字符串。地址表列中给出各变量或字符串的地址。&是一个取地址运算符，&a是一个表达式，其功能是求变量的地址。例如，&a、&b分别表示变量a和变量b的地址。这个地址就是编译系统在内存中给a、b变量分配的地址。使用地址这个概念，应区分变量的值和变量的地址的概念。变量的地址是C编译系统分配的，用户不必关心具体的地址是多少。

注意：赋值表达式左边是变量名，不能加取地址运算符；而scanf( )函数在本质上也是给变量赋值，但要求写取地址运算符，如&a。这两者在形式上是不同的。

（2）指定输入的分隔符

一般以空格、TAB或回车键作为分隔符，若用其他字符做分隔符，即格式串中的格式符间有其他字符，则输入时对应位置也要有相同的字符，当遇非法输入时，认为数据输入结束。例如：

```
int a,b,c;
printf("input a,b,c\n");
scanf("%d%d%d",&a,&b,&c);
printf("a=%d,b=%d,c=%d",a,b,c);
```

由于 scanf( )函数本身不能显示提示信息，故先用 printf 语句在屏幕上输出提示“请用户输入 a、b、c 的值”，再执行 scanf 语句，屏幕进入等待用户输入状态。在 scanf 语句的格式串中由于没有非格式字符在"%d%d%d"之间作输入时的间隔，因此在输入时要用一个以上的空格或回车键作为每两个输入数之间的间隔。例如：

```
7  8  9
```

或

```
7
8
9
```

3. 格式字符串

格式字符串的一般形式为

```
%[*][输入数据宽度][长度]类型
```

其中，[]项为任选项。各项的意义如下：

（1）*：用以表示该输入项，读入后不赋予相应的变量，即跳过该输入值。例如：

```
scanf("%d %*d %d",&a,&b);
```

当输入为：1 2 3 时，把 1 赋予 a，2 被跳过，3 赋予 b。

（2）输入数据宽度：用十进制整数指定输入的宽度（即字符数）。例如：

```
scanf("%5d",&a);
```

当输入为 12345678 时，只把 12345 赋予变量 a，其余部分被截去。

又如：

```
scanf("%4d%4d",&a,&b);
```

当输入为 12345678 时，将把 1234 赋予 a，而把 5678 赋予 b。

（3）长度：长度格式符为 l 和 h。l 表示输入长整型数据（如%ld）和双精度浮点数（如%lf）；h 表示输入短整型数据。

（4）类型：表示输入数据的类型，其格式符和含义如表 2-5 所示。

4. 使用 scanf( )的注意事项

（1）scanf( )函数中没有精度控制，例如，“scanf("%5.2f",&a);”是非法的。不能企图用此语句输入小数为 2 位的实数。

（2）在输入字符数据时，若格式控制串中无非格式字符，则认为所有输入的字符均为有效字符。例如：

```
scanf("%c%c%c",&a,&b,&c);
```

若输入为

```
d e f
```

则把'd'赋予 a，' '（空格）赋予 b，'e'赋予 c。

只有当输入为

```
def
```

时，才能把'd'赋予 a，'e'赋予 b，'f' 赋予 c。

如果在格式控制中加入空格作为间隔，例如：

```
scanf("%c %c %c",&a,&b,&c);
```

则输入时各数据之间可加空格。

请分析以下两个程序段的输入及输出格式：

```
char a,b;
printf("input character a,b\n");
scanf("%c%c",&a,&b); /*两格式符之间无空格*/
printf("%c%c\n",a,b);
```

```
char a,b;
printf("input character a,b\n");
scanf("%c %c",&a,&b); /* 两格式符之间有空格*/
printf("\n%c%c\n",a,b);
```

（3）如果格式控制串中有非格式字符，则输入时也要输入该非格式字符。例如：

```
scanf("%d,%d,%d",&a,&b,&c);
```

其中，用非格式符“,”作间隔符，故输入应为

```
5,6,7
```

又如：

```
scanf("a=%d,b=%d,c=%d",&a,&b,&c);
```

则输入应为

```
a=5,b=6,c=7
```

（4）如果输入的数据与输出的类型不一致，虽然编译能够通过，但会导致运行结果不正确。

【例 2-13】下列程序输入输出的数据类型不一致，请改正。

输入输出数据类型不一致的程序：

```
#include<stdio.h>
void main()
{
  int a;
  printf("input a number:\n");
  scanf("%d",&a);
  printf("%ld",a);
}
```

改正后的程序：

```
#include<stdio.h>
void main()
{
  long a;
  printf("input a number:\n");
  scanf("%ld",&a);
  printf("%ld",a);
}
```

由于原程序输入数据类型为整型，而输出格式串中说明为长整型，因此输出结果和输入数据不符。修改后正确的程序如右框中的方式输入。当输入数据改为长整型后，输入输出数据相等。

2.6.2　字符输入输出函数

1. 单字符输出函数 putchar( )

一般形式为

```
putchar(字符变量)
```

其功能是在显示器上输出单个字符。例如：

```
putchar('x');          /*输出小写字母x */
putchar(x);            /*输出字符变量x的值*/
putchar('\101');       /*输出字符A*/
putchar('\n');         /*换行*/
```

回车字符'\n'是控制字符，对控制字符则执行控制功能，不在屏幕上显示。

使用本函数前必须要用文件包含命令#include<stdio.h>或#include"stdio.h"。

2. 单字符输入函数 getchar( )

一般形式为

```
getchar();
```

其功能是从键盘上输入一个字符，通常把输入的字符赋予一个字符变量，构成赋值语句。

例如：

```
char c;
c=getchar();
```

使用 getchar ( )函数应注意几个以下问题：

（1）使用该函数前必须包含头文件 stdio.h。

（2）getchar( )函数只能接受单个字符，当输入多于一个字符时，只接收第一个字符。输入数字也按字符处理。

（3）输入单个字符后，必须按一次回车，计算机才接收输入的字符。

（4）将输入输出简化为以下形式：

```
putchar(getchar());
printf("%c",getchar());
```

（5）getchar( )返回值是用户输入的第一个字符的 ASCII 码值，且将用户输入的字符回显到屏幕。如果用户在按回车之前输入多个字符，其他字符保留在键盘缓冲区中，等待后续 getchar( )调用读取。后续的 getchar( )调用不会等待用户按键，而是直接读取缓冲区中的字符，直到缓冲区中的字符读完为止，再等待用户按键。

也就是说，getchar( )是以行为单位进行存取的。通过终端输入字符时并非输入一个字符就返回，而是在遇到回车换行前，所有输入的字符都缓冲在键盘缓冲器中，直到回车换行一次性将所有字符按序依次赋给相应的变量，要注意最后一个字符即'\n'，该字符也会赋给一个相应的变量。

2.7 顺序结构案例

国际上通用的温标有摄氏温标（℃）、华氏温标（℉），如果用 C 表示摄氏温度（℃），F 表示华氏温度（℉），那么 C 与 F 之间的关系为：C=5/9(F–32)或 F=9/5C+32。

编程实现华氏温度在整数范围 0 ～ 300，转换为对应的摄氏温度。

程序代码如下：

```
//输出华氏温度的范围0～300与摄氏温度对照表，fahr =0, 20, ..., 300
#include<stdio.h>
int main()
{   int  fahr, celsius;
    int lower, upper, step;
    lower =0;              /* 华氏温度表的下限 */
    upper =300;            /* 华氏温度表的上限 */
    step = 20;             /* 步长 */
    fahr = lower;
    printf("Fahr    Celsius\n");
```

```
    while (fahr <= upper)
    {  celsius = 5 * (fahr-32) / 9;
       printf("%d\t%d\n", fahr,celsius);
       fahr = fahr + step;
    }
    return 0;
}
```

【随堂测试】编写程序，输入表 2-6 中摄氏温度（C）转换为华氏温度（F），并输出对应的描述信息。

表 2-6 摄氏温度（C）对应的华氏温度（F）值

℃	℉	描述信息
180	356	烤箱中等温度
100	212	水沸
40	104	热水浴
37	98.6	体温
30	86	沙滩天气
21	70	室温
10	50	凉爽天气
0	32	水结冰
−18	0	非常寒冷天气

2.8 答疑解惑

1. 顺序结构有何特点?

疑问：什么是顺序结构?

解惑：顺序结构就是按照顺序执行即“step by step”，只有执行了前一步，才能执行后一步，程序的顺序结构只有一个入口和一个出口，且不存在永远都执行不到的语句。例如，公交车在公路上行驶，只有过了上一站点才能到达下一站点，可以看成是顺序结构。

2. C 程序常用的标识符有哪些?

疑问：编写 C 程序会用到哪些标识符?

解惑：C 程序常用的标识符有预定义标识符、关键字和用户自定义标识符三类。

（1）预定义标识符：是 C 语言预先定义并具有特定含义的标识符，如 C 语言提供的 # include 预编译处理命令、库函数 printf ( )的名字等；

（2）关键字：C 语言预先定义的一批有固定含义的标识符，又称为保留字，如 char、for、while、return、if、default 等；

（3）用户自定义标识符：是用户按照自己的需求定义的体现“见名知意”的标识符，如 age、name、price 等。

3. 常量中的字符常量与字符串常量有何区别？

疑问：若已定义字符变量如“char ch;”，为什么不能把"a"赋值给 ch 却可以把'a'赋值给 ch？

解惑：字符常量是由一对单引号括起来的单个字符，如'a'；字符串常量是一对双引号引起来的字符序列，如"a"。C 语言规定字符串结束标志为\0（由系统自动加上），所以字符串"a"实际上包含 2 个字符：'a'和'\0'，因此，可以把'a'赋值给 ch 而不能把"a"赋给一个字符变量 ch。

4. %（求余）运算符与表达式的易错处

疑问：运行下列求余（%）运算程序为什么会报错？

```
#include<stdio.h>
void main()
{
  float a,b;
  printf("%d",a%b);
}
```

解惑：此程序中的%（求余）运算符两边出现不合法的变量类型，C 语言规定整型变量 a 和 b 可以进行求余运算，得到 a%b 的余数，但实型变量不允许求余运算。

疑问：-10%3 与 10%-3 的计算结果为何不一样？

解惑：C 语言中两个操作数中有负数求余数的原则：先取绝对值再求余数，余数与被除数的符号相同。在-10%3 表达式中被除数-10 是“负号”，所以，余数为-1；在 10%-3 表达式中被除数 10 是“正号”，所以，余数为 1。

疑问：a=(b=2)*(c=b+3)执行过程及结果是多少？

解惑：赋值表达式右边的“表达式”又可以是一个赋值表达式，即出现多个赋值符号的情况。执行过程：执行 a=(b=2)*(c=b+3)，相当于先执行 b=2，c=2+3=5，再令两数相乘即 2*5=10，所以执行结果为：10。

5. 混合运算中的数据类型转换

疑问：在混合运算中，整型和浮点型数据可以相互转换吗？

解惑：下列程序意为：若 x=0 则 y=0，若 x!=0 则 y=1；但是，不论输出的 x 的值是否为 0，y 都等于 0，如何修改程序，使输出结果符合要求？

```
#include<stdio.h>
void main()
{
```

```
    float x,y;
    scanf("%f",&x);
    if (x==0)
      y=0;
    else
      y=1;
    printf("%d",y);
}
```

解析：程序中定义 y 是一个浮点数，对应的输出语句应该用“printf("%f",y);”，应把已定义 y 为 float 改成 int，即 int y。

C 语言对于不同类型之间的数据转换：整型可以自动转化成浮点型；但是浮点型不能自动转化成整型，例如 x==0 存在隐患，因此，不要对浮点数判断等于的操作。

6. 空语句有何作用？

疑问：既然空语句没有具体功能，为何还需要空语句？

解惑：空语句用来表示存在一条没有具体功能即什么也不做的语句。其存在的意义：用于程序的待扩展语句，适当增加空语句可增加程序的可读性。

7. 输入输出函数中的格式如何控制？

疑问：输入函数“scanf("%d%d",&a,&b);”中的变量表列 a、b 为什么需要加地址运算符&？

解惑：输入函数 scanf( )的作用是：按照变量表列 a、b 在内存的地址&a、&b 的顺序将 a、b 的值存入。&a、&b 表示内存中的地址。若有“int a,b;”，则“scanf("%d%d",a,b);”是不合法的。

疑问：执行语句“scanf("%d%d",&a,&b);”输入数据时，能否用逗号作两个数据间的分隔符？

解惑：不能。因为"%d%d"之间并没有逗号，所以不能用逗号作输入两个数据间的分隔符。scanf( )输入数据的方式要与格式控制符的要求相符，正确的方法是在两个数据之间以一个或多个空格间隔，也可用回车键或 tab 键间隔。

疑问：在用%c 格式输入字符时，“空格字符”和“转义字符”都能作为有效字符输入吗？

解惑：“空格字符”和“转义字符”都可作为有效字符输入。

举例说明：

```
scanf("%c%c%c",&c1,&c2,&c3);
```

若输入 a b c，则字符 a 赋给 c1，空格作为有效字符赋给 c2，字符 b 赋给 c3，因为%c 要求读入一个字符，后面不需要用空格作为两个字符的间隔。

习 题 2

2.1 单选题

1．有以下程序段：

```
char ch;int k;
ch='a'; k=12;
printf("%c,%d,",ch,ch,k);
printf("k=%d\n",k);
```

已知字符 a 对应的 ASCII 码值为 97，则执行上述语句输出的结果是（　　）。

A．因变量类型与格式描述符的类型不匹配，输出无定值

B．输出项与格式描述符个数不符，输出为零值或不定值

C．a,97,12k=12

D．a,97,k=12

2．有下列程序：

```
void main( )
{  int m,n,p;
   scanf("m=%dn=%dp=%d",&m,&n,&p);
   printf("%d%d%d\n",m,n,p);
}
```

若从键盘上输入数据，使变量 m 中的值为 123，n 中的值为 456，p 中的值为 789，则正确的输入是（　　）。

A．m=123n=456p=789　　B．m=123　n=456　p=789

C．m=123,n=456,p=789　　D．123　456　789

3．有下列程序：

```
#include<stdio.h>
void main( )
{ char c1,c2,c3,c4,c5,c6;
  scanf("%c%c%c%c",&c1,&c2,&c3,&c4);
  c5=getchar( ); c6=getchar( );
  putchar(c1);putchar(c2);
  printf("%c%c\n",c5,c6);
}
```

运行时，若从键盘输入（从第 1 列开始）

```
123<CR>
45678<CR>
```

则输出结果是（　　）。

A．1267　　B．1256　　C．1278　　D．1245

4．要求从键盘输入含有空格字符的字符串，应使用下列函数（　　）。

A．getc( )　　B．gets( )　　C．getchar( )　　D．scanf( )

5．设有定义“int a;　float b;”，执行“scanf("%2d%f",&a,&b);”语句时，若从键盘输入876542.0<CR>，则 a 和 b 的值分别是（　　）。

A．876 和 542.000000　　B．87 和 6.000000

C．87 和 542.000000　　D．76 和 542.000000

2.2　填空题

1．若变量 a、b 已定义为 int 类型并赋值 21 和 55，要求用 printf( )函数以 a=21,b=55 的形式输出，完整的输出语句应为_______。

2．有下列程序，其中%表示按无符号整数输出。

```
void main( )
{ unsigned int x=0xFFFF; /* x的初值为十六进制数 */
  printf("%u\n",x);
}
```

程序运行后的输出结果是____________。

3．若变量 x、y 已定义为 int 类型，且 x 的值为 99，y 的值为 9。补充完整输出语句“printf(__________,x/y);”使输出的计算结果形式为：x/y=11。

4．有以下程序

```
#include<stdio.h>
void main( )
{
  char a[20]="How are you?",b[20];
  scanf("%s",b);
  printf("%s  %s\n",a,b);
}
```

运行时从键盘输入：How are you?<回车>

则输出结果为______________。

5．下列程序运行后的输出结果是_________。

```
void main( )
{  int x=0210;
   printf("%X\n",x);
}
```

2.3　简答题

1．列举生活中的事例（如大学新生入学注册的流程）说明顺序结构程序设计的思想方法。

2．在计算机中，为什么要有数据类型的概念，整型负数为何以二进制补码形式存储？

3．C 语言中的数据类型有哪些？各自的特点是什么？

4．你学会了 C 语言中的哪些运算符和表达式？

5．数据输入输出格式如何控制？将一个负整数赋给一个无符号的变量，会得到什么结果？

6．简述数据输入输出函数 scanf( )、printf( )、getchar( )、putchar( )的使用方法。

2.4 编程实战题

1．统计高中阶段你所在高三班级参加高考的同学人数及成绩分数，编程求出平均分。

2．编写程序，输入任意一个英文字母，输出其对应的 ASCII 码值。

3．输入三角形的三边长，求三角形面积。已知三边长分别用 a、b、c 表示，三角形的面积计算公式为 $area=\sqrt{s(s-a)(s-b)(s-c)}$，其中 $s=(a+b+c)/2$。

4．编程实现以下功能：对变量 x 中的值保留两位小数，并对第三位进行四舍五入（规定 x 中的值为正数）。例如，若 x 值为 3.1415926，则程序输出 3.14；若值为 7.34635，则程序输出 7.35。

实验项目 2　顺序结构程序设计

本次实验涉及变量的定义与赋值、不同数据类型的混合运算、字符数据的输入输出、格式输入与输出函数、顺序结构程序设计。

【实验目的】

（1）了解 C 语言的数据类型；

（2）掌握常量与变量的定义、赋值方法；

（3）熟悉整型数据、实型数据、字符型数据及其他数值型数据的混合运算；

（4）掌握算术运算符及其表达式、赋值运算符及其表达式、逗号运算符及其表达式的运算方法；

（5）掌握赋值语句；

（6）掌握数值数据格式的输入输出、字符数据的输入输出；

（7）熟悉顺序结构程序设计。

【实验内容】

一、基础题

1．小白学编程从认识“整型数据类型”的取值范围开始。

整型数据类型取值范围的程序案例：

```
#include<stdio.h>
void main()
{
   short int a, b;
   a= 32767;
   b= a+1;
   printf("%d, %d \n ",a,b);
}
```

（1）上机调试运行该程序，观察运行结果。

【提示】短整型变量最大值一般为 32767，加 1 后变为补码形式数值为–32768，此现象称为“数据溢出”，运行时不报错，编程时应防止“数据溢出”。

（2）将语句“short int a, b;”改为“int a; long b;”重新调试运行，观察运行结果，想一想，为什么？

2．下列“大数吃掉小数”程序，说明浮点型数据的舍入误差。

```
#include<stdio.h>
void main()
{   float a, b;
    a= 973456.789e1;
    b= a+20;
```

```
    printf("1:a=%f\n  b=%f\n",a,b);
    a= 973456.789e2;
    b= a+20;
    printf("2:a=%f\n  b=%f\n",a,b);
    a= 973456.789e3;
    b= a+20;
    printf("3:a=%f\n  b=%f\n",a,b);
    a= 973456.789e4;
    b= a+20;
    printf("4:a=%f\n  b=%f\n",a,b);
    a= 973456.789e5;
    b= a+20;
    printf("5:a=%f\n  b=%f\n",a,b);
}
```

要求：(1) 上机调试运行该程序，解释运行结果。

(2) 将语句“b=a+20;”改成“b=a+2022;”，重新调试分析运行结果。

(3) 将语句“b=a+20;”删除，重新调试运行，说明运行结果。

(4) 将语句“b=a+20;”与“printf("%f \n",b);”互换位置，分析运行结果。

【提示】float 数据在任何区间内（如 1.0 到 2.0 之间）都存在无穷多个实数，计算机的浮点数不能表示区间内所有的值。例如，4.999999 可能被存储为 5.0 浮点值。因此，浮点数通常只是实际值的近似值，不是精准值，小数点后的 n 位有误差，浮点数的位数越大，误差越大，到达 8 位时，误差值为 1，基本上就不再使用了。

3．慕课君用不同的数据类型定义变量，程序如下。

```
#include<stdio.h>
void  main()
{
    unsigned short  a1=2,b1=3,c1=4;
    double a2=2.1, b2=3.2, c2=4.3;
    printf("%d+%d+%d= %d\n",a1,b1,c1,a1+b1+c1);
    printf("%f+%f+%f= %f\n",a1,b1,c1,a1+b1+c1);
    printf("%d+%d+%d= %d\n",a2,b2,c2,a2+b2+c2);
    printf("%f+%f+%f= %f\n",a2,b2,c2,a2+b2+c2);
}
```

改变程序中各变量的值，例如，a1 = 65580, b1 = –40000, c1 = 65535，分析运行结果。

(1) 将一个负整数赋给一个无符号的变量，会得到什么结果？

(2) 将一个大于 65535 的整数赋给无符号短整型变量，会得到什么结果？

(3) 将一个长整数赋给无符号的变量，会得到什么结果（分别考虑该长整数的值大于或等于 65535 以及小于 65535 的情况）？

二、提高题

1．编写人民币兑换美元的程序。假设当日汇率为：6.95 元人民币兑换 1 美元，从键盘输入人民币金额，计算兑换的美元金额。

2．海归和海带分别用美元、俄罗斯卢布兑换人民币，编写程序：从键盘输入美元、卢布金额，计算兑换的人民币金额。假设当日汇率为：1 美元=7.15 元人民币，1 元人民币=11.5198 俄罗斯卢布。

3．桃子和李子分别在内地和香港上大学，桃子在上大一时存款本金（principal）为人民币 10000 元，李子存款本金为港币 12000 元，存款期限 n 均为 4 年，年利率 rate 人民币为 2.5%、港币为 0.75%，计算本利和公式为：$principal*(1+rate)^n$。编程计算桃子和李子大学毕业时分别领取的利息（金额换算为人民币）。假设毕业当日汇率为：1 人民币=1.1972 港币。

4．编程小牛用 getchar( )函数读入两个字符赋给 c1、c2，分别用 putchar( )函数和 printf( )函数输出这两个字符。

5．编程大侠利用顺序结构设计一个简单计算器主界面的程序。

主界面内容如下：

选择对应的数字（1 ～ 6）完成相应的运算：

（1）加法：完成两个整数的求和运算，返回结果；

（2）减法：完成两个整数的减法运算，返回结果；

（3）乘法：完成两个整数的乘积运算，返回结果；

（4）除法：完成两个整数的除法运算，返回结果（当除数为 0 时，显示出错信息）；

（5）求余：完成两个整数的模运算，返回余数；

（6）中断或暂停：选数字 6，返回主界面。

第 3 章　畅游选择结构程序

本章思维导图

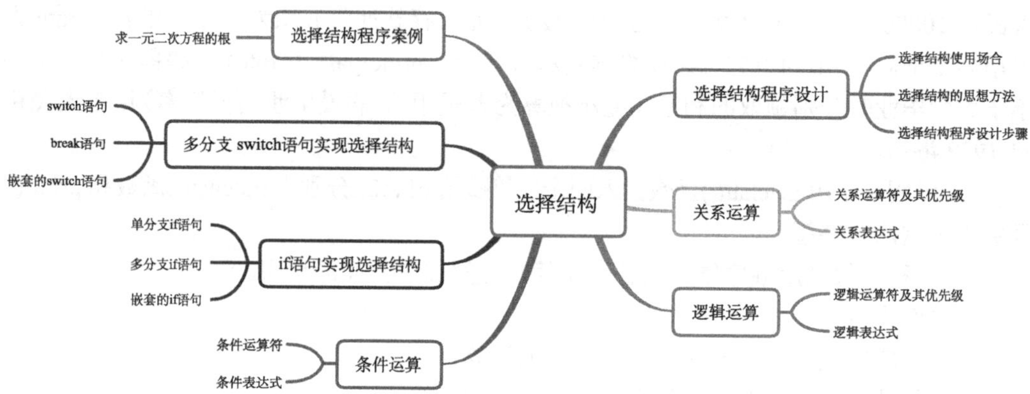

学习任务

1. 了解选择结构的使用场合；
2. 掌握选择结构的思想方法；
3. 掌握关系运算符和关系表达式，逻辑运算符和逻辑表达式的用法；
4. 学会用 if 语句设计选择结构程序；
5. 学会用 switch 语句实现多分支结构程序；
6. 熟悉 if 语句的嵌套使用方法；
7. 能用选择结构编写程序解决实际问题。

3.1　选择结构程序设计

3.1.1　范例：BMI 判断成年人是否肥胖

BMI（body mass index，身体质量指数，简称体质指数）是国际上常用的衡量人体胖瘦程度以及是否健康的一个标准。利用 BMI 公式“BMI=体重/身高^2”判断一个中国成年人是否肥胖：

（1）输入自己的身高和体重，分别用变量 tall 和 weight 表示；

（2）利用公式计算 BMI 值，该值可用变量 fat 表示；

（3）将 fat 的值与表 3-1 给定的 BMI 范围比较，输出体质程度。

根据 WHO（世界卫生组织）规定的标准，亚洲人的 BMI 若高于 23 则属于超重。WHO 的标准不太适合中国人的情况，为此结合《健康中国行动（2019—2030 年）》行动目标补充中国参考标准，如表 3-1 所示。

表 3-1　不同健康标准规定的成年人的 BMI

WHO 标准	亚洲标准	中国参考标准	体质程度	肥胖相关疾病发病危险性
<18.5			偏瘦	低（但其他疾病危险性增加）
18.5 ～ 24.9	18.5 ～ 22.9	18.5 ～ 24	正常	平均水平
25.0 ～ 29.9	23 ～ 24.9	24 ～ 28	偏胖	增加
30.0 ～ 34.9	25 ～ 29.9	≥28	肥胖	中度增加
35.0 ～ 39.9	≥30	—	重度肥胖	严重增加
≥40.0			极度肥胖	极度严重增加

程序代码如下：

```
#include<stdio.h>
void main( )
{
    float tall,weight,fat;
    printf("please input your tall(m) and weight(kg):\n");
    scanf("%f%f",&tall,&weight);
    fat=weight/(tall*tall);
    if (fat<18.5)
       printf("BMI=%f, you are too thin !\n", fat);
    else if (fat<=24)
         printf("BMI=%f, you are standard! \n", fat);
         else if (fat<=28)
              printf("BMI=%f, you are fat! \n", fat);
              else
                 printf("BMI=%f, you are too fat! \n", fat);
}
```

➪【讨论】每位成年人都适用 BMI 吗？例如以下人群：①运动员；②正在做身体特种训练；③怀孕或哺乳期；④身体虚弱或久坐不动的老年人。

➪【思考】通过此例，分析选择结构的特点。

3.1.2 选择结构的思想方法

用上一章学过的顺序结构来解决一定条件下比较复杂的问题显然是不够的。例如，居民生活用电采用峰谷电价计算电费。将一天 24 小时划分成两个时间段，8:00～22:00 共 14 个小时称为峰段，执行峰电价为 0.568 元/（kW·h），22:00～次日 8:00 共 10 个小时称为谷段，执行谷电价为 0.288 元/（kW·h），根据每月所用的峰谷电量计算电费。再例如，学校春季运动会定于 4 月 28 日在体育场举办，若遇当天下雨，则推迟举行。这类问题的共性特点是先判断再选择执行对应的任务。

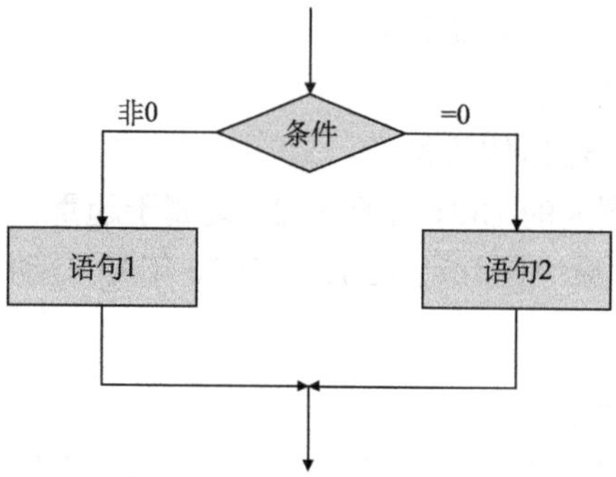

图 3-1 选择结构

选择结构又称为分支结构，根据给定的条件进行比较、分析和判断，并按判断后的不同情况选择执行指定的操作，这是选择结构程序设计的思想方法，如图 3-1 所示。

3.1.3 选择结构程序设计步骤

选择结构程序设计应考虑两个方面的问题，一是条件如何表示，二是实现选择结构需要哪些语句。

在 C 语言中，条件一般用关系运算表达式或逻辑运算表达式表示，实现选择结构通常用 if 语句和 switch 语句。

3.2 关系运算

C 语言中的关系运算实际上是“比较运算”，通常用关系运算符比较运算量的关系，以决定程序下一步的任务。

3.2.1 关系运算符及其优先级

C 语言的 6 种关系运算符对应的含义及优先级如表 3-2 所示。

在关系运算中，<、<=、>、>=的优先级相同，高于==和!=（==和!=的优先级相同）。关系运算符的优先级低于算术运算符，高于赋值运算符。关系运算符属于双目运算符，其结合性均为自左向右结合。例如：

a+b-2>=c-d*3　等价于　(a+b-2)>=(c-(d*3))

表 3-2 关系运算符及其优先级

运算符	含义	优先级
<	小于	优先级（相同）高
<=	小于或等于	
>	大于	
>=	大于或等于	
==	等于	优先级（相同）低
!=	不等于	

3.2.2 关系表达式

用关系运算符将运算量或表达式连接起来构成的表达式就称为关系表达式。

关系表达式的一般形式为

（数值）表达式 关系运算符 （数值）表达式

例如：

```
8>9
a+b>c-d
'a'+1<=c
-i-5*j==k+1
```

都是合法的关系表达式。

表达式中可以又包含关系表达式，即允许出现关系表达式嵌套的情况。例如：

```
a>(b>c)
a!=(c==d)
```

关系表达式的值是一个逻辑值，即“真”或“假”，当表示关系运算结果时，用“1”代表“真”、用“0”代表“假”。例如：

```
7>3
```

表达式运算结果为“真”，其值为 1；

```
(a=3)>(b=5)
```

等价于 3>5 ，表达式运算结果为“假”，其值为 0。

【例 3-1】 分析程序中关系表达式的值。

程序代码如下：

```
#include<math.h>
#include<stdio.h>
void main()
```

```
{
  char c='a';
  int i=1,j=2,k=3;
  float x=3e+5,y=0.85;
  printf("%d,%d\n",'a'+5<c,-i-2*j>=k+1);
  // 字符变量以它对应ASCII码值参与运算
  printf("%d,%d\n",1<j<5,x-5.25<=x+y);
  printf("%d,%d\n",i+j+k==-2*j,k==j==i+5);
  // 根据关系运算符的左结合性，k==j==i+5，先判断k==j，不成立，其值为0
  // 再判断0==i+5，也不成立
}
```

【注意】

（1）由于浮点数在计算机中不能非常准确地表示，因此，判断两个浮点数是否相等一般不使用关系运算符，而是利用区间判断方法来实现。

例如，判断 x 是否等于 3.0017，可利用逻辑表达式：x>3.0016 && x<3.0018 判断，当逻辑表达式为“真”时，可以认为 x 等于 3.0017。

又如，1.0/3.0*3.0==1.0 可改写为 fabs(1.0/3.0*3.0-1.0)<1e-6，还应避免对实数作等于或不等于 0 的判断。

（2）初学者应严格区分“=”与“==”运算符。

3.3 逻辑运算

3.3.1 逻辑运算符及其优先级

在进行条件判断时，需要判断的条件通常不是单一的而是由几个条件构成的复合条件，此时，仅仅用关系表达式表示无法满足条件，因此，需要用逻辑运算符处理条件之间的逻辑关系。逻辑运算的结果分为两种“真”和“假”，表示方法对应为“1”和“0”。

C 语言的三种逻辑运算符对应的含义及优先级如表 3-3 所示。

表 3-3 逻辑运算符对应的含义及优先级

运算符	含义	举例说明	优先级
!	逻辑非，单目运算符	!x，若 x 为真，则!x 为假；若 x 为假，则!x 为真	高
&&	逻辑与，双目运算符	x&&y，若 x、y 同时为真则结果为真，否则为假	中
||	逻辑或，双目运算符	x||y，若 x、y 同时为假则结果为假，否则为真	低

逻辑非 ！具有右结合性；逻辑 &&、|| 具有左结合性。

三种逻辑运算符和其他运算符的优先级如图 3-2 所示。例如，下列运算按照运算符的优先顺序可以得出等价形式：

```
a+!6>b && c>d       等价于 ((a+(!6))>b)&&(c>d)
!b==c||d<a          等价于 ((!b)==c)||(d<a)
a+b>c&&x+y<m=7      等价于 ((a+b)>c)&&((x+y)<m=7)
```

再例如，7>2&&8<4-!0 自左向右运算过程如下：

第一步：计算 7>2 逻辑值为 1；

第二步：计算!0 逻辑值为 1；

第三步：计算 4–1 值为 3；

第四步：计算 8<3 逻辑值为 0；

最后：判断 1&&0 逻辑值为 0。

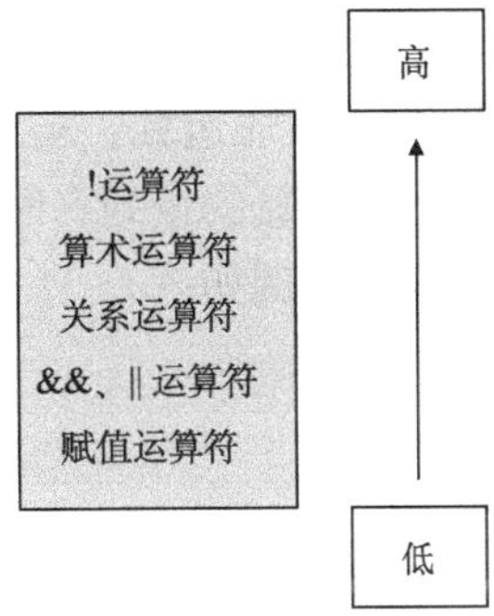

图 3-2　运算符优先级高低顺序

3.3.2　逻辑表达式

1. 逻辑表达式的形式

逻辑表达式的一般形式为

表达式　逻辑运算符　表达式

其中，表达式又可以是逻辑表达式，从而组成逻辑表达式的嵌套形式。例如：

```
(a&&b)&&c
```

根据逻辑运算符的左结合性，上式也可写为等价形式：

```
a&&b&&c
```

逻辑表达式的值是式中各种逻辑运算的最后值。运算结果值分为“真”和“假”两种，分别用“1”和“0”表示。

2. 逻辑运算求值规则

（1）&&（与运算）

当参与运算的两个量都为真时，结果为真，否则为假。例如：

```
1>0 && 4>2
```

由于 1>0 为真，4>2 也为真，进行与运算的结果为真。

（2）||（或运算）

若参与运算的两个量只要有一个为真，则结果为真；当两个量都为假时，结果为假。例如：

```
5>0||5>6
```

由于5>0为真，不必判断5>6，因此，或运算的结果为真。

（3）!（非运算）

参与运算的量为真时，进行非运算，结果为假；参与运算的量为假时，进行非运算，结果为真。例如：

```
!(5>0)
```

结果为假。

结合以上规则可以判断，5&&3的值为“真”，即为1，因为5和3均为非“0”；5||0的值也为“真”。

当逻辑运算符两边表达式的值为不同的组合时，逻辑运算得到的结果不同，逻辑运算的真值如表3-4所示。

表3-4 逻辑运算的真值表

a	b	!a	!b	a&&b	a||b
真（1）	真（1）	假（0）	假（0）	真（1）	真（1）
真（1）	假（0）	假（0）	真（1）	假（0）	真（1）
假（0）	真（1）	真（1）	假（0）	假（0）	真（1）
假（0）	假（0）	真（1）	真（1）	假（0）	假（0）

【例3-2】分析下列逻辑运算程序的运行结果。

程序代码如下：

```
#include<stdio.h>
#include<math.h>
void main()
{
    char c='a';
    int i=1,j=2,k=3;
    float x=3.5,y=0.85;
    printf("%d,%d\n",!x*!y,!!!x);
    printf("%d,%d\n",x||i&&j-3,i<j&&x<y);
    printf("%d,%d\n",i==5&&c&&(j=8),x+y||i+j+k);
}
```

分析：（1）对于第2个printf语句中的输出项“x|| i && j-3”，先计算j-3的值为非0，再求i&&j-3的逻辑值为1，故“x||i&&j-3”的逻辑值为 1。对于输出项“i<j&&x<y”，由于i<j的值为1，而x<y为0，故表达式的值为1、0进行与运算，最后输出结果为0。

（2）对于第3个printf语句中的输出项“i==5&&c&&(j=8)”，由于i==5为假，即值为0，该表达式由两个与运算组成，所以整个表达式的值为0。对于式“x+ y||i+j+k”，由于x+y的值为非0，故整个或表达式的值为1。

【谨记】逻辑运算的短路特性

1. 短路特性

逻辑表达式求解时，并非所有的逻辑运算都被执行，只有在必须执行下一个逻辑运算才能求出表达式解时，才执行该逻辑运算。例如：

```
a&&b&&c      /*只有a为真时，才判别b的值；只在a、b都为真时，才判别 c的值*/
a||b||c      /*只有a为假时，才判别b的值；只在a、b都为假时，才判别 c的值*/
```

举例：若“a=1;b=2;c=3;d=4;m=1;n=1;”，进行 (m=a>b)&&(n=c>d) 运算，则先执行 m=a>b，得到 m=0，故不执行 n=c>d，所以运算结果为 0。

2. 复杂逻辑运算

例如，用复杂逻辑运算表示判别闰年的条件。

（1）能被 4 整除：year%4==0，且能被 4 整除但不能被 100 整除：(year%4==0)&&(year%100!=0)

（2）能被 400 整除：year%400==0

综合起来：((year%4==0)&&(year%100!=0))||year%400==0

优化逻辑运算：(year%4==0&&year%100!=0)||year%400==0

【例 3-3】 从键盘输入一个年份，判断是否闰年。

程序代码如下：

```
#include<stdio.h>
int main(void)
{
    int year;
    printf("请输入年份:\n");
    scanf("%d",&year);
    if(year>0)
       {
         if((year%4==0&&year%100!=0)||year%400==0)
              printf("%d是闰年",year);
         else
              printf("%d不是闰年", year);
       }
    else
        printf("输入数据类型错误，请重新输入:\n");
    return 0;
}
```

3.4 条件运算

3.4.1 条件运算符

C 语言中唯一的一个三目运算符“? :”是条件运算符，它由两个符号“?”和“:”构成，要求有三个操作对象参与运算。

3.4.2 条件表达式

条件表达式的一般形式为

```
表达式1?表达式2:表达式3
```

其求值规则为：如果表达式 1 的值为真，则以表达式 2 的值作为整个条件表达式的值，否则以表达式 3 的值作为整个条件表达式的值。

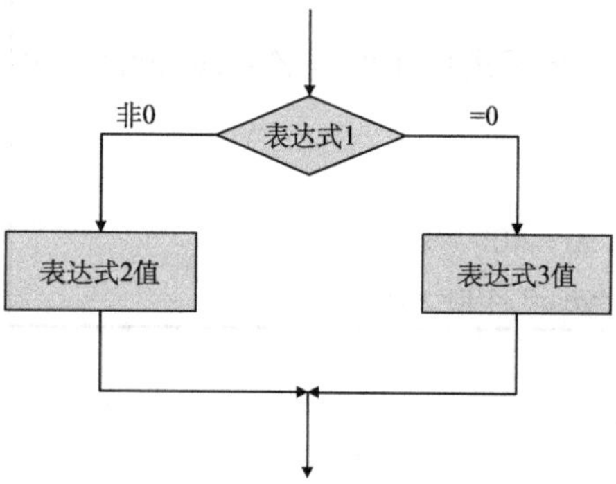

图 3-3 条件表达式的执行流程

条件表达式的执行流程如图 3-3 所示。

使用条件表达式能使程序简洁，提高运行效率。

条件表达式通常用于赋值语句中。例如：

```
max=(a>b)?a:b;
```

该语句的语义是：如 a>b 为真，则把 a 赋予 max，否则把 b 赋予 max。可将其改写为 if 语句的等价形式：

```
if(a>b)  max=a;
else max=b;
```

使用条件表达式时，应注意：

（1）条件运算符 ? 和 : 是一对运算符，不能分开单独使用。

（2）条件运算符的优先级低于关系运算符和算术运算符，高于赋值运算符。因此，

```
max=(a>b)?a:b
```

可以去掉括号而写为

```
max=a>b?a:b
```

（3）条件运算符的结合方向是自右至左。例如：

```
a>b?a:c>d?c:d
```

应理解为

```
a>b?a:(c>d?c:d)
```

这是条件表达式嵌套的情形，即其中的表达式 3 又是一个条件表达式。

3.5　if 语句实现选择结构

3.5.1　if 语句

if 语句的功能是：根据给定的条件进行判断，以决定执行下一步要执行的分支。

if 语句有以下三种形式。

1. if 单分支结构形式

```
if (表达式) 语句
```

if 单分支语句的含义：如果表达式的值为真，则执行其后的语句，否则不执行该语句。if 单分支结构执行流程如图 3-4 所示。

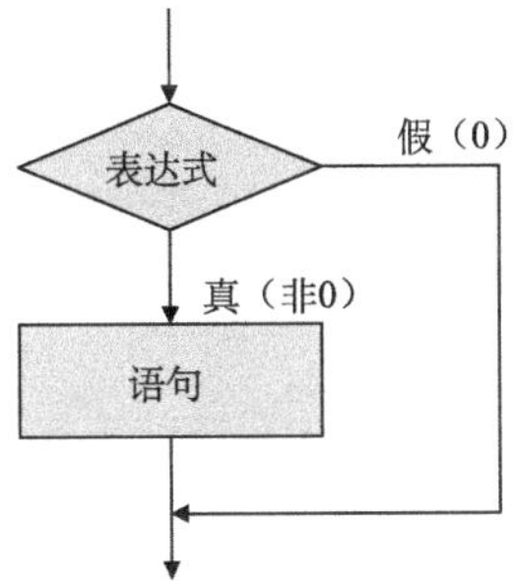

图 3-4　if 单分支执行流程

【例 3-4】 用 if 语句求两个整数的较大者。

程序代码如下：

```
#include<stdio.h>
#include<math.h>
void main()
{
  int a,b,max;
  printf("input two numbers: \n  ");
  scanf("%d%d",&a,&b);
  max=a;                        /*假定a>b , max=a */
  if (max<b) max=b;             /*判定max与b的大小关系 */
  printf("max=%d",max);         /* max保存的值即a与b中的较大者 */
}
```

2. if 双分支结构形式

```
if(表达式)
   语句1;
else
   语句2;
```

if 双分支结构的语义：如果表达式的值为真，则执行语句 1，否则执行语句 2。if 双分支结构执行流程如图 3-5 所示。

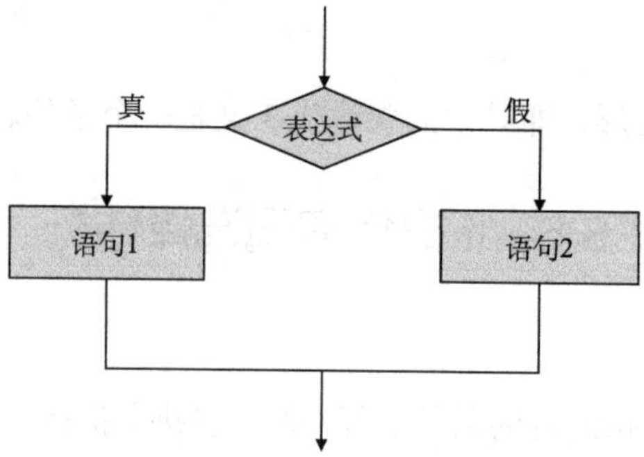

图 3-5　双分支结构执行流程

【例 3-5】用 if-else 语句改写例 3-4。

```
#include<stdio.h>
#include<math.h>
void main()
{   int a, b;
    printf("input two numbers: \n  ");
    scanf("%d%d",&a,&b);
    if(a>b)
       printf("max=%d\n",a);
    else
       printf("max=%d\n",b);
}
```

3. if 多分支结构形式

当有多个条件选择时，可用 if-else-if 语句，其一般形式为

```
if(表达式1)
        语句1;
else if(表达式2)
        语句2;
        else if(表达式3)
                语句3;
                 ⋮
               else if(表达式n)
                      语句n;
                  else语句m;
```

其语义是：依次判断表达式的值，当出现某个值为真时，则执行其对应的语句；然后跳到整个 if 语句之外继续执行程序。如果所有的表达式均为假，则执行语句 m，继续执行后续程序。if 多分支结构的执行流程如图 3-6 所示。

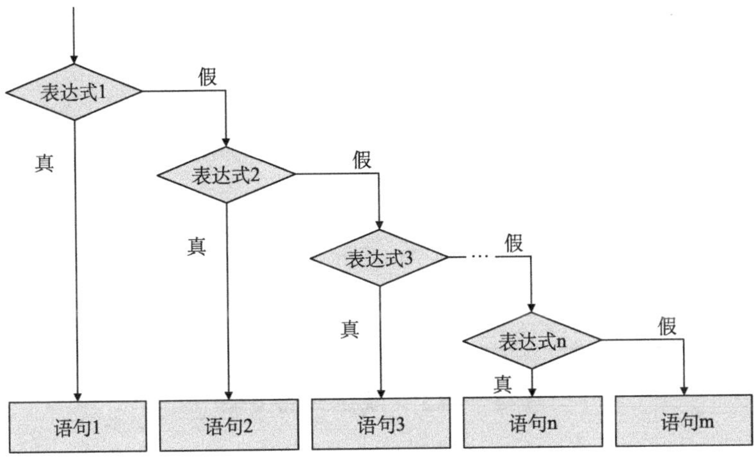

图 3-6　if 多分支结构的执行流程

【例 3-6】判定学生的成绩分数对应的等级：90～100 分对应 “优秀（A）”、70～89 分对应“良好（B）”、60 ～ 69 分对应“及格（C）”、0～59 分对应“不及格（D）”。要求从键盘输入百分制分数，用 if-else-if 语句实现对应的输出等级。例如，输入 92，输出显示“优秀(A)”。

```
#include<stdio.h>
void main()
{
   int score;
   printf("input a student's score: ");
   scanf("%d",&score);
   if(score>100||score<0)
      printf("This is a invalid  score\n");
   else if(score >=90)
         printf("优秀(A)\n");
      else if(score >=70)
            printf("良好(B)\n");
         else if(score >=60)
               printf("及格(C)\n");
            else
               printf("不及格(D)\n");
}
```

这是一个典型的多分支选择的问题，可以根据输入数字的大小判断输入数值所在的范围，分别输出对应的等级。

在 if 语句的三种形式中，if 条件后面通常为单个语句，如果要在满足条件时执行一组（多个）语句，则必须把这一组语句用 {} 括起来组成一个复合语句。注意：在 } 之后不能再加分号。例如：

```
if(a>b)
      {a++;
       b++;}
else
     {a=0;
      b=10;}
```

【看一看】if 表达式的类型

if 关键字之后为表达式，表达式类型任意。例如：

```
if(a=5)  语句1;    /*表达式a=5的值为非0，所以执行其后的语句1*/
if('b')  语句2;    /*若'b'的值永远为非0，则执行其后的语句2*/
if(5)  语句3;      /*5的值为非0，所以执行其后的语句3*/
```

都是允许的。只要表达式的值为非 0，即为“真”，则执行 if 后面的语句。又如，有程序段：

```
if(a=b)
   printf("%d",a);
else
   printf("a=0");
```

该语句的语义是：把 b 值赋予 a，若 a 为非 0 则输出该值，否则输出 a=0。

3.5.2 嵌套的 if 语句

如果遇到较为复杂的条件判断，可以在 if 语句中包含一个或多个 if 语句，构成嵌套的 if 语句。

嵌套的 if 语句一般形式为

```
if(表达式)
   if语句;
```

或者为

```
if(表达式)
   if语句1;
else
   if语句2;
```

嵌套中的 if 语句可以是 if-else 型，这将会出现多个 if 和多个 else 的情况，这时要特别注意 if 和 else 的配对问题，else 子句不能单独作为语句执行。例如：

```
if(表达式1)
if(表达式2)
     语句1;
else
     语句2;
```

其中的 else 究竟是与哪一个 if 配对?

第一种应该理解为

```
if(表达式1)
     if(表达式2)
         语句1;
     else
         语句2;
```

第二种应理解为

```
if(表达式1)
     if(表达式2)
         语句1;
else
         语句2;
```

为了避免歧义，C 语言规定，else 总是与它前面最近的且尚未配对的 if 配对，因此对上述情况应按第一种理解执行。

【例 3-7】 用 if 语句的嵌套结构比较两个数的大小。

程序代码如下：

```
#include<stdio.h>
void main()
{
    int a,b;
    printf("please input a,b:");
    scanf("%d%d",&a,&b);
    if(a!=b)
        if(a>b) printf("a>b\n");
        else  printf("a<b\n");
    else
        printf("a=b\n");
}
```

采用 if 嵌套结构比较两个数 a、b 的大小，实际上有 a>b、a<b 或 a=b 三种选择。因此，一般情况下较少使用 if 语句的嵌套结构，而是采用 if-else-if 语句完成，而且程序更加清晰。

用 if-else-if 语句改写例 3-7：

```
#include<stdio.h>
```

```
void main()
{   int a,b;
    printf("please input a,b:  ");
    scanf("%d%d",&a,&b);
    if(a==b) printf("a=b\n");
    else if(a>b)  printf("a>b\n");
         else
                  printf("a<b\n");
}
```

3.6 多分支 switch 语句实现选择结构

当遇到较为复杂的条件判断，嵌套的 if 语句层次较多，容易导致程序复杂冗长、可读性降低、判断上出现漏洞等一系列问题。因此，在 C 语言中，通常用 switch 语句实现多分支选择结构。

3.6.1 switch 语句

1. switch 语句的一般形式

```
switch(表达式)
{   case常量表达式1: 语句1;
    case常量表达式2: 语句2;
    ⋮
    case常量表达式n: 语句n;
    default : 语句n+1;
}
```

switch 语句的功能是计算表达式的值，并逐个与其后的常量表达式的值相比较，当表达式的值与某个常量表达式的值相等时执行该 case 后的所有语句，不再进行判断。若表达式的值与所有 case 后的常量表达式的值均不相同时，则执行 default 后的语句。

2. 使用 switch 语句注意事项

（1）case 后只能是常量表达式，各常量表达式的值不能相同且必须是整型、字符型或枚举型，否则出现错误；

（2）case 后允许有多个语句，可以不用 { } 括起来；

（3）各 case 语句和 default 子句的先后顺序可以变动，不会影响程序执行结果；

（4）default 子句可以省略；

（5）多个 case 可共用一组执行语句。例如：

```
case 'A':
```

```
case 'B':
case 'C': printf("score>60\n");
      break;
  ⋮
```

【例 3-8】 用 switch 语句改写例 3-5，判定分数等级的程序。

程序代码如下：

```
#include<stdio.h>
void main()
{   int a;
    printf("input a score: ");
    scanf("%d",&a);
    if(a>100||a<0)
       printf("a invalid score\n");
    else
       switch(a/10)
       {
          case 10 :
          case 9 : printf("优秀(A)\n");
          case 8 :
          case 7 : printf("良好(B)\n");
          case 6 : printf("及格(C)\n");
          default : printf("不及格(D)\n");
       }
}
```

程序要求输入一个分数（例如，输入 76），输出该分数对应的等级（良好）。但是，输入 76 之后，却执行了 case 7 及其之后的所有语句，显然不正确。

➪【想一想】为什么会出现这种情况？如何改进程序？

3.6.2 break 语句

switch 语句中的“case 常量表达式”只相当于一个语句标号，表达式的值和某标号匹配则转向该标号执行，在执行完该标号语句后不能自动跳出 switch 语句，所以出现继续执行所有后面 case 语句的情况。

为了避免不应有的结果输出，在每一 case 语句之后增加 break 语句，而 default 子句后不必添加，每一次执行 case 之后均可跳出 switch 语句。

break 语句的作用是跳出 switch 语句的结构，即终止 switch 语句的执行。

例 3-8 添加 break 语句的程序代码如下：

```
#include<stdio.h>
void main()
```

```
{   int a;
    printf("input a score: ");
    scanf("%d",&a);
    if(a>100||a<0)
        printf("a invalid score\n");
    else switch(a/10)
         {  case 10:  case 9:
            case 8 : printf("优秀\n");  break;
            case 7 : printf("良好\n");  break;
            case 6 : printf("及格\n");  break;
            default: printf("不及格\n");
         }
}
```

3.6.3 嵌套的 switch 语句

在 switch 语句中可以包含一个或多个 switch 语句，构成嵌套的 switch 语句。switch 嵌套程序举例如下：

```
#include<stdio.h>
void main( )
{
   int x=1,y=0,a=0,b=0;
   switch(x)
   {  case 1:
           switch(y)
            {  case 0:  a++;  break;
               case 1:  b++;  break;
            }
      case 2: a++;b++; break;
      case 3: a++;b++;
   }
   printf("\na=%d,b=%d",a,b);
}
```

运行结果：a=2，b=1，请读者分析原因。

3.7 选择结构程序案例

求一元二次方程 $ax^2+bx+c=0$ 的根。

第一步，分析解决问题的条件：

（1）若 a=0，则不是二次方程；

（2）$b^2-4ac=0$，有两个相等的实根；
（3）$b^2-4ac>0$，有两个不相等的实根；
（4）$b^2-4ac<0$，有两个共轭复根。

第二步，画出算法流程图，如图 3-7 所示。

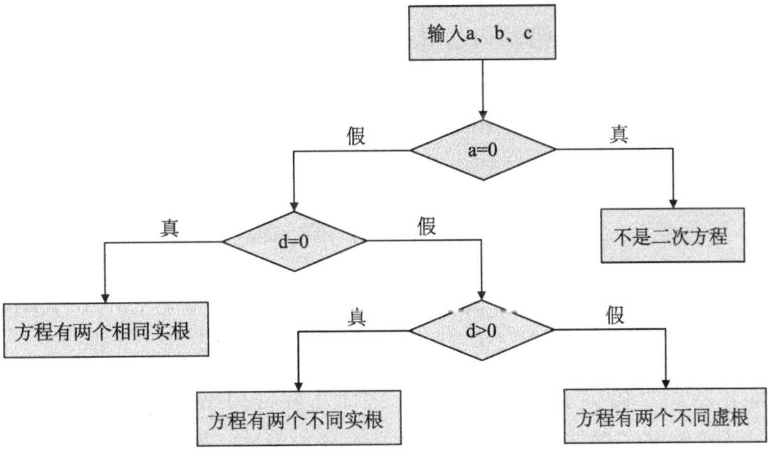

图 3-7　求一元二次方程根的算法流程图

第三步，编写程序代码：

```
#include<math.h>
#include<stdio.h>
int main(void)
{ double a, b, c, d;
  printf("输入一元二次方程的系数a=, b=, c=: ");
  scanf("%lf %lf %lf",&a,&b,&c);
  d=b*b-4*a*c;
  if(a==0) printf("不是二次方程!\n");
  else if(a!=0&&d==0)
     printf("方程有两个相同实根: x1=x2=%.2f\n",-b/(2*a));
    else if(a!=0&&d>0)
      printf("方程有两个不同实根:x1=%.2f x2=%.2f\n",
               (-b+sqrt(d))/ (2*a),(-b-sqrt(d))/(2*a));
      else if(a!=0&&d<0)
        printf("方程有两个不同虚根 x1:%.2f+%.2fi  x2:%.2f+%.2fi",-b/(2*a),
                 (sqrt(-d))/(2*a),b/(2*a),(-sqrt(-d))/(2*a));
        return 0;
}
```

第四步，上机调试运行。

上机调试程序经常会遇到语法错误、逻辑错误、运行错误，根据提示信息进行改正，直到无误，才能输出正确结果。

语法错误：程序中存在不符合C语言语法规定的情况，编译系统会检查源程序中是否存在语法错误。

逻辑错误：程序中无语法错误，能运行但结果不正确，有逻辑错误时可通过编译，但运行结果不正确。产生原因：①由于算法本身的问题；②程序编写时有疏漏。

运行错误：程序中无语法错误和逻辑错误，不能正常运行或结果不正确。产生原因：由程序运行时的数据不正确引起（包括数据本身不合适以及数据类型不匹配）。

俗话说：知错改错不算错，知错不改错中错。知错能改进步快，满不在乎才真坏。

3.8 答疑解惑

1. 选择结构的本质特点

疑问：什么是分支结构?

解惑：选择结构又称分支结构，就是在程序执行过程中根据给定的条件进行比较、分析和判断，并按判断后的不同情况可以分几条路径执行。例如，一棵树就是分支结构，从树干开始分多条路径到达顶部。在C语言中实现分枝结构的语句有if-else语句和switch语句。

2. if条件表达式后面为何不需要用分号？

疑问：下列由if语句构成的程序不论输入什么数值，运行后都没有输出结果，原因何在？

```
#include<stdio.h>
void main()
{  float a;
   scanf("%f",&a);
   if(a==123);
      printf("aaaa\n");
   else
      printf("bbbb\n");
 }
```

解惑：if条件表达式后面不需要用分号，如果用分号表示if条件表达式结束，则其后面的语句都不会被执行。

if语句的标准格式为

```
if (条件表达式)
     语句1;
else
     语句2;
```

3. switch 语句的易错点

疑问：运用 switch 语句时有哪些地方容易出错？

解惑：（1）在 switch 语句中有一个或多个 case 时，忘记加 break 语句；

（2）switch 语句中的 case 值不能是变量，只能是常量；

（3）case 各常量表达式的值不能相同，否则会出现错误。

4. break 语句在 switch 语句中有何作用？

break 常用于开关语句 switch 中，可使程序跳出 switch 而执行 switch 以后的语句。对于嵌套的 switch 语句，break 语句的执行只能退出直接包含 break 的那一层结构。如果没有 break 语句，则将导致运行结果不符合逻辑或成为一个死循环而无法退出。

break 语句还可以用在下一章介绍的循环语句中。

习 题 3

3.1 单选题

1．设有定义“int a=7, b=8, c=9;”，以下语句执行结果与其他三个不同的是（　）。

A．if(a>b)c=a,a=b,b=c;　　B．if(a>b){c=a,a=b,b=c;}

C．if(a>b)c=a;a=b;b=c;　　D．if(a>b){c=a;a=b;b=c;}

2．以下程序段中，与语句“k=a>b?(b>c ? 1 : 0) : 0;”功能相同的是（　）。

A．
```
if((a>b) && (b>c)) k=l;
else k=0;
```
B．
```
if((a>b)||(b>c))k=l;
else k=0;
```
C．
```
if(a<=b)k=0;
else if(b<=c)k=1;
```
D．
```
if(a>b) k=l;
else if(b>c)k=1;
    else k=0;
```

3．以下 switch 语句选项中与“if(a==1)a=b; else a++;”语句功能不同的是（　）。

A．
```
switch(a)
  { case 1:a=b;break;
    default : a++;
  }
```
B．
```
switch(a==1)
  { case 0:a=b;break;
    case 1:a++;
  }
```
C．
```
switch(a)
  { default:a++;break;
    case 1:a=b;
  }
```
D．
```
switch(a==1)
  { case 1:a=b;break;
    case 0:a++;
  }
```

4．有下例嵌套的 if 语句：

```
if(a<b)
```

```
    if(a<c) k=a;
    else  k=c;
  else
    if(b<c) k=b;
    else  k=c;
```

与该 if 语句等价的语句是（ ）。

A．k=(a<b)?a:b;k=(b<c)?b:c;　　B．k=(a<b)?((b<c)? a:b):((b>c)?b:c);

C．k=(a<b)?((a<c)? a:c):((b<c)?b:c);　　D．k=(a<b)?a:b;k=(a<c)? a:c;

5．已有定义“char c;”，程序前面已在命令行中包含 ctype.h 文件，不能用于判断 c 中的字符是否为大写字母的表达式是（ ）。

A．isupper(c)　　B．'A'<=c<='Z'

C．'A'<=c&&c<='Z'　　D．c<=('z'-32)&&('a'-32)<=c

6．if 语句的基本形式：if(表达式) 语句，其中“表达式”为（ ）。

A．必须是逻辑表达式　　B．必须是关系表达式

C．可以是条件表达式　　D．可以是数值表达式

3.2 填空题

1．设 x 为 int 型变量，写出一个关系表达式________，用以判断 x 同时为 3 和 7 的倍数时，关系表达式的值为真。

2．下列程序的功能是输出 a、b、c 三个变量中的最小值，在划线处填空。

```
#include<stdio.h>
void main( )
{
    int a,b,c,t1,t2;
    scanf("%d%d%d",&a,&b,&c);
    t1=a<b?   __________;
    t2=c<t1?  __________;
    printf("%d\n",t2);
}
```

3．已有定义“char c=' ';int a=1, b; ”（此处 c 的初值为空格字符），执行“b=!c &&a;”后 b 的值为__________。

4．已知字母 A 的 ASCII 值为 65，若变量 x 为 char 型，能正确判断 x 的值为大写字母的表达式是__________。

5．若变量已正确定义，有以下程序段

```
int a=3,b=5,c=7;
if(a>b)a=b;c=a;
if(c!=a)c=b;
printf("%d,%d,%d\n",a,b,c);
```

则输出结果是______________。

3.3　简答题

1．简述选择结构程序设计的思想方法。

2．C 语言中的关系运算符、逻辑运算符和条件运算符各有哪些？

3．C 语言中如何表示“真”和“假”？如何判断一个表达式的“真”和“假”？

4．实现选择结构常用哪些语句？简述其执行过程。

5．简述分支语句的嵌套使用方法。

3.4　编程实战题

1．编写程序，输入一个非零实数，判断其正负性，若为正数，求其平方，若为负数，求其绝对值。

2．给出一个百分制成绩，要求输出成绩对应的五个等级：“A”、“B”、“C”、“D”、“E”。其中，90 分以上为“A”，80 ～ 89 分为“B”，70 ～ 79 分为“C”，60 ～ 69 分为“D”，60 分以下为“E”。

3．输入一行字符，分别统计其中的英文字母、空格、数字和其他字符的个数。

4．有一个分段函数如下，编程实现：输入 x 的值，输出对应的 y 值。

$$y=\begin{cases} x & (x<1) \\ 2x-1 & (1\leqslant x<10) \\ 3x-1 & (x\geqslant 10) \end{cases}$$

5．给一个不多于 5 位的正整数，要求：

（1）求出它是几位数；

（2）分别打印每一位上的数字；

（3）按逆序打印各位数字，例如原数为 321，应输出 123。

实验项目 3　选择结构程序设计

选择结构程序设计实验涉及逻辑运算符及其表达式，关系运算符及其表达式，条件运算符及其表达式，以及 if 语句和 switch 语句的应用。

【实验目的】

（1）掌握关系运算符和关系表达式；

（2）掌握逻辑运算符和逻辑表达式；

（3）掌握条件运算符和条件表达式；

（4）掌握 if 语句的三种形式：单分支 if 语句、双分支 if-else 语句和嵌套的 if-else-if 语句；

（5）会用 switch 语句实现多分支控制语句；

（6）掌握 break 语句在 switch 结构中的使用方法。

【实验内容】

一、基础题

1．编程验证下列 if 语句是否正确？若有错误，分析错误的原因。

A．
```
if(x>0)
    printf("%f",x)
 else
    printf("%f",-x);
```

B．
```
if(x>0)
    { x=x+y; printf("%f",x);}
else
    printf("%f",-x);
```

C．
```
if(x>0)
    {x=x+y;printf("%f",x);};
else
    printf("%f",-x);
```

D．
```
if(x>0)
    {x=x+y;printf("%f",x)}
else
    printf("%f",-x);
```

2．输入三个整数，编程求出最大数、最小数和平均数。

【提示】首先，比较两个数 a、b 的大小，并把大数存入 max，小数存入 min 中；然后，再与 c 比较，若 max 小于 c，则把 c 赋予 max；如果 c 小于 min，则把 c 赋予 min。

因此保持 max 总是最大数，而 min 总是最小数；最后，计算平均值并输出 max 和 min 的值以及平均值。

二、提高题

1．编程输入星期几的第一个字母来判断是星期几，如果第一个字母相同，则继续判断第二个字母。

【提示】使用多分支 switch 语句或 if 语句，若第一个字母相同，则用 case 语句或 if 语句判断第二个字母。

2．编程输入一个整数，判断它能否被 3、5、7 整除，并输出以下信息之一：

（1）能被其中一个数（要指出哪一个）整除；

（2）能被其中两数（要指出哪两个）整除；

（3）能同时被 3、5、7 整除；

（4）不能被 3、5、7 任一个整除。

3．编程计算两个日期（日期格式：年-月-日）之间的天数。

本题给出参考程序代码，要求上机运行，观察运行结果，写出算法。

参考程序如下：

```
// 求所在月份的天数
#include<stdio.h>
int daysMonth(int year,int month,int day)
{
    int days[13]={0,31,28,31,30,31,30,31,31,30,31,30,31};
    int i,sum=0;
    for(i=0;i<month;i++)
       sum+=days[i];
    if(month>2)  /*如果是闰年则2月加一天*/
        if((year%4==0)&&(year%100!=0)||(year%400==0))
          sum+=1;
    sum+=day;
    return sum;
}
// 交换位置，避免负值
void swap(int x1,int x2)
{
    int tmp=x1;
    x1=x2;
    x2=tmp;
}
long countDate(int y1,int m1,int d1,int y2,int m2,int d2)
{
    int daysyear1,daysyear2;
```

```
    long totalDays=0;
    int total_day1;
    int tmpYear, tmpDays;
    printf("The first Date is %ld-%ld-%ld\n",y1,m1,d1);
    printf("The second Date is %ld-%ld-%ld\n",y2,m2,d2);
    if(y1>y2)
    {
        swap(y1,y2);
        swap(m1,m2);
        swap(d1,d2);
    }
   if(y1==y2)
    {
        daysyear1=daysMonth(y1,m1,d1);
        daysyear2=daysMonth(y2,m2,d2);
        totalDays=abs(daysyear1-daysyear2)+1;
        printf("totalDays is %ld\n",totalDays-1);
     }
   else
    {
        daysyear1=daysMonth(y1,m1,d1);
        total_day1=365-daysyear1+1;
        if(m1<=2)
        if(y1%4==0&&(y1%100!=0)||(y1%400==0))
          total_day1+=1;
        totalDays+=total_day1;
        tmpYear=y1;
        while(++tmpYear<y2)
        {
           tmpDays=365;
           if((tmpYear%4==0)&&(tmpYear%100!=0)||(tmpYear%400==0))
              tmpDays+=1;
           totalDays+=tmpDays;
        }
        daysyear2=daysMonth(y2,m2,d2);
        totalDays+=daysyear2;
    }
   printf("totalDays is %ld\n",totalDays-1);
}
void main()
{
```

```
    int y1,m1,d1,y2,m2,d2;
    printf("Plsase input Date,for example 2018-8-18,2019-9-19:\n");
    scanf("%ld-%ld-%ld,%ld-%ld-%ld",&y1,&m1,&d1,&y2,&m2,&d2);
    countDate(y1,m1,d1,y2,m2,d2);
}
```

第 4 章　探秘循环结构程序

本章思维导图

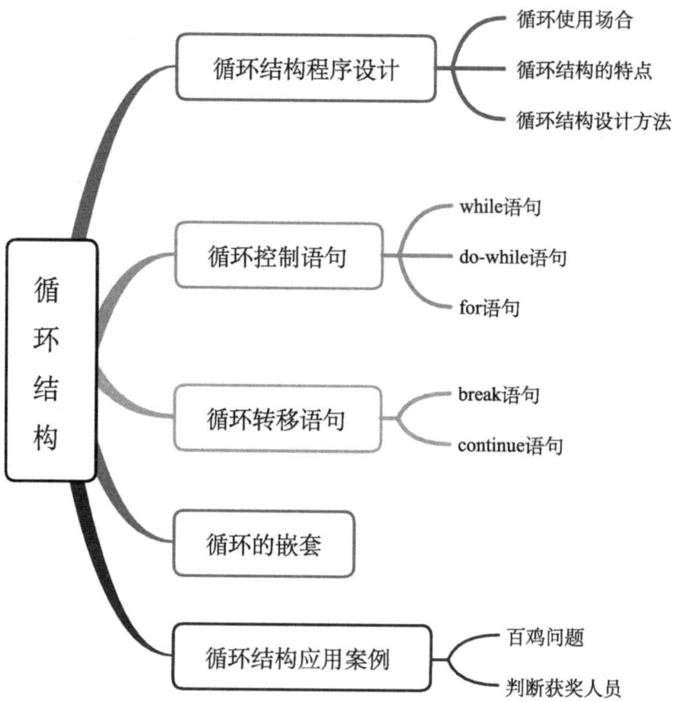

学习任务

1. 掌握三种循环控制语句：while 语句、do-while 语句、for 语句；
2. 掌握循环转移语句 break 语句和 continue 语句；
3. 掌握循环语句的嵌套使用；
4. 能用循环结构程序解决实际问题。

4.1 范例：将明文变成密码

1. 提出问题

输入一串明文字符，利用凯撒加密方法转变成密码，然后输出。例如，将一串字符中的字母分别变成其后的第 3 个字母，即将大写字母 A 变为 D、小写字母 a 变为 d，X 将变成 A，Y 将变成 B，依此类推，非字母字符保持不变。

在密码学中，凯撒密码是一种最简单且最广为人知的加密技术。它是一种替换加密技术，明文中的所有字母都在字母表上向后（或向前）按照一个固定数目进行偏移后被替换成密码。例如，当偏移量是 3 的时候，字母 A 将被替换成 D，B 变成 E，依此类推（图 4-1）。这个加密方法是以罗马共和时期凯撒的名字命名的，当年凯撒曾用此方法与其将军们进行联系。

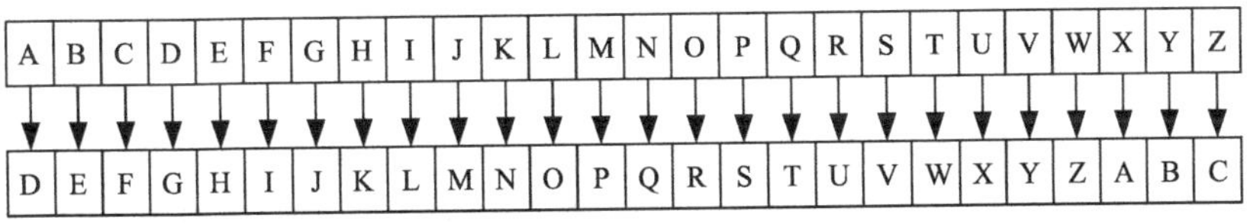

图 4-1 凯撒密码图解

2. 分析问题

将明文变成密码，常用的一些简单规律是将某个字符或一组字符替换成另一个或一组字符；对应的解码规律就要找出这些字符之间的替换关系，这种关键数据成为“秘钥”。

字母表一共有 26 个英文字母，利用凯撒密码进行加密时，需要将某个明文字母做 N 位偏移得到密码，这个 N 最大为 26，而偏移量为 26 和偏移量为 0 是一样的，明文和密码对应相等，所以实际上最大的偏移量为 25，偏移量是凯撒加密解密算法的核心，就是秘钥。

可以通过求模运算实现凯撒加密解密算法。本例中偏移量为 3 的凯撒密码，对于任一字母 a，其加密、解密公式如下：

加密公式：f(a)=(a+3) mod 26

解密公式：f(a)=(a+23) mod 26

假设字母偏移量为 n，对于任一字母 a，凯撒密码的加密与解密计算方法如下：

加密公式：f(a)=(a+n) mod 26

解密公式：f(a)=(a+(26–n)) mod 26

本例中，由于字符和整数之间可以通用，所以 A→D 对应于：A→(A+3) mod 26。可以定义一个字符型变量 ch，ch 接受输入，并将 ch→(ch+3) mod 26。

3. 解决问题

首先进行算法设计，然后编写程序。

算法设计：字母从A到Z或从a到z，分别变成其后的第3个字母，利用循环语句“while((c=getchar())!='\n')”和if语句实现，遇到回车符结束循环。编程时注意字母A和a对应的整数分别为65和97，而不是1。

程序代码如下：

```
#include<stdio.h>
void main( )
{
   char c;
   printf("请输入明文字符串:\n");
   while((c=getchar())!='\n')
    {  if (c>='A'&&c<='Z')    c=(c-'A'+3)%26+'A';
       else if(c>='a'&&c<='z')  c=(c-'a'+3)%26+'a';
       printf("%c", c);
    }
   printf("\n");
}
```

循环结构程序设计的思想方法是：在给定条件成立时，反复执行某程序段，直到条件不成立为止。给定的条件称为循环条件，反复执行的程序段称为循环体。C语言提供三种实现循环结构的语句：while语句、do-while语句、for语句。

循环结构程序设计步骤：首先，明确需要重复执行的内容，设计循环体；其次，确定控制循环的变量；最后，确定循环变量的三个要素：初值、终值、循环趋于结束的条件。

4.2 while语句

while语句的一般形式为

```
while(表达式) 语句
```

其中，表达式是循环条件，语句为循环体。

while语句的含义是：计算表达式的值，当值为真（非0）时，执行循环体语句。

while语句的特点是先进行条件判断，后执行语句。

while循环的执行流程：条件真→循环体→条件真→循环体→……条件假→结束循环体，执行循环体后面的语句。

while语句执行过程如图4-2所示。

【例4-1】爱因斯坦的阶梯问题。

爱因斯坦曾提出一道有趣的数学题：有一条长阶梯，若每步跨2阶，最后剩1阶；若每步跨3阶，最后剩2阶；若每步跨5阶，最后剩4阶；若每步跨6阶，最后剩5阶；只有每步跨7阶，最后一阶也不剩。问该条阶梯至少有多少阶？

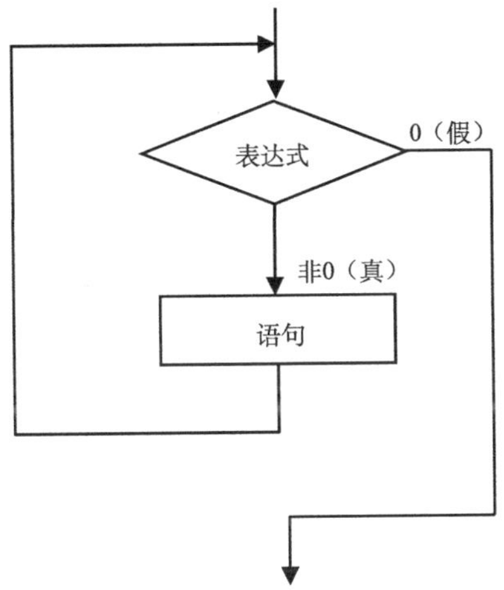

图 4-2　while 语句执行过程

问题分析与算法设计：用整数 x 表示阶梯数，x 应同时满足以下表达式所列条件：

```
x%2 ==1
x%3 ==2
x%5 ==4
x%6 ==5
x%7 ==0
```

从 x 需要满足的条件可发现，x 可有无穷个，但题目求解的是最小的整数 x。因为 x%2 ==1，x%7 ==0，这个解一定是 7 的奇数倍。因此就用 7 的奇数倍依次与 2、3、5、6 进行取模运算，如果满足所有条件，那么这个数就是本题的答案。

程序代码如下：

```
#include<stdio.h>
void main( )
{
    int x=7;              /* x为所设的阶梯数 */
    while(!((x%2==1) && (x%3==2) && (x%5==4) && (x%6==5) && (x%7==0)))
        x=x+14;           /* 满足一组同余式的判别 */
    printf("staris_number = %d\n", x);
}
```

【随堂测试】马克思手稿中的数学题。

马克思手稿中有一道趣味数学问题：有男士、女士和小孩共 30 个人，在一家饭馆吃饭花费 50 先令，每位男士花费 3 先令、女士花费 2 先令、小孩花费 1 先令，问男士、女士和小孩各有几人？

使用 while 语句应注意：

（1）while 语句中的表达式一般是关系表达式或逻辑表达式，只要表达式的值为真（非

0）即可继续循环，如 while('A')、while(-1)等。循环体应包含使循环趋向结束的语句。

（2）循环体有一条以上的语句，必须用 {} 括起来，组成复合语句。

（3）while 循环先判断表达式，后执行循环体。循环体有可能一次也不执行。

（4）下列情况，退出 while 循环：条件表达式不成立（为零）；循环体内遇见 break 语句。

4.3 do-while 语句

do-while 循环语句的一般形式为

```
do
  {语句}
while(表达式);
```

do-while 循环又称为“直到型”循环，其特点是先执行循环体，再判断表达式是否为真，如果为真则继续循环；如果为假，则终止循环。因此，do-while 循环至少要执行一次循环体语句。其执行过程的传统流程图和 N-S 流程图分别如图 4-3、图 4-4 所示。

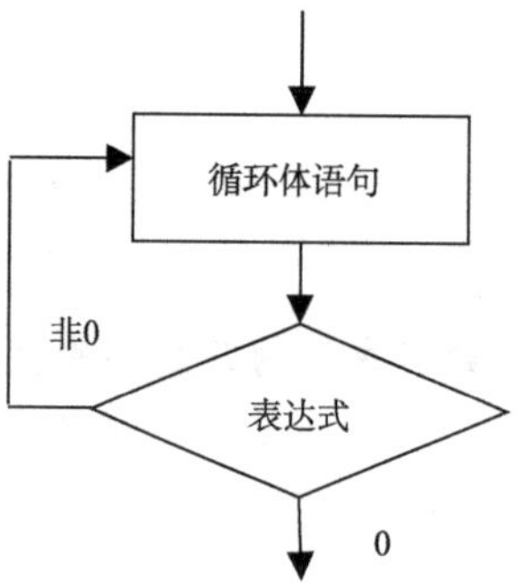

图 4-3 do-while 循环传统流程图

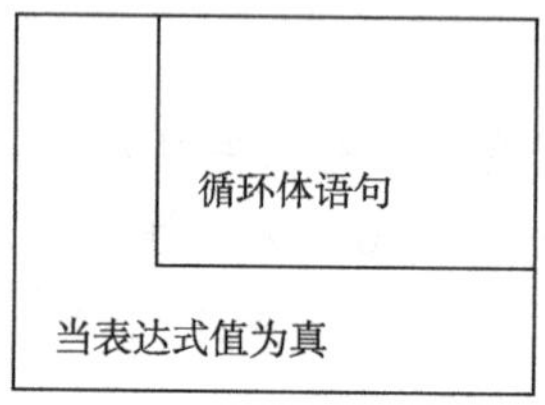

图 4-4 do-while 循环 N-S 流程图

【例 4-2】 用 do-while 语句求整数 1～100 之和。

本题的算法用传统流程图表示如图 4-5 所示，用 N-S 流程图表示如图 4-6 所示。

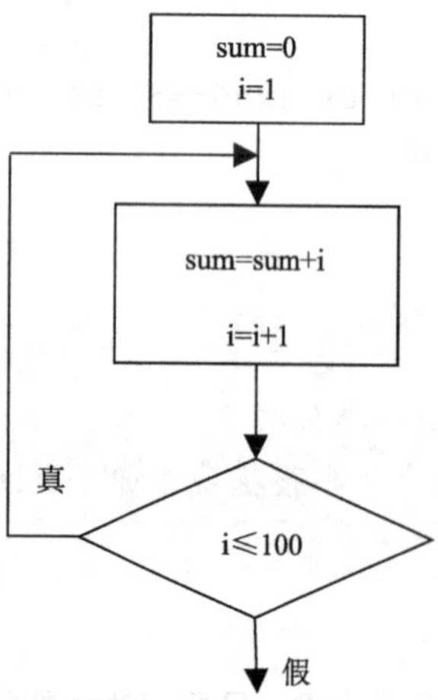

图 4-5 例 4-2 算法的传统流程图

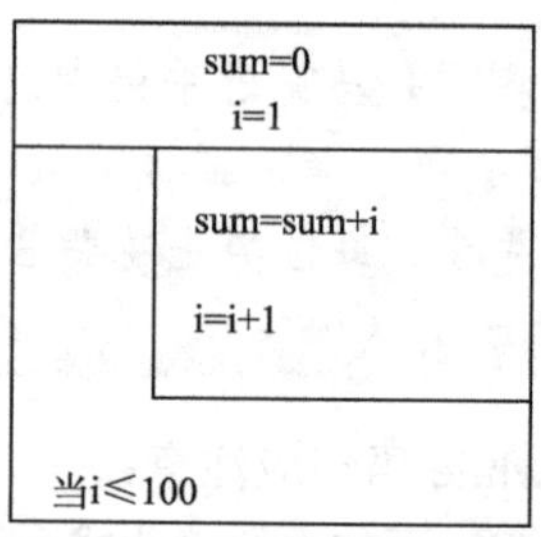

图 4-6 例 4-2 算法的 N-S 流程图

程序代码如下：

```
#include<stdio.h>
void  main( )
{
   int i,sum=0;
   i=1;
   do
     {    sum=sum+i;    /* 循环体有多条语句要用{}括起来 */
          i++;
     }
   while (i<=100);
   printf("%d\n",sum);
}
```

while 和 do-while 循环语句的异同如下：

相同点：while 和 do-while 可以解决同一问题，如果 while 后的表达式一开始为真，则两者可以互换。

不同点：do-while 循环，循环体至少执行一次；while 后的表达式一开始为假时，两种循环结果不同。比较下列程序 A 和程序 B 的运行结果：

程序A：

```
#include<stdio.h>
void  main( )
{ int  sum=0, i;
  scanf("%d", &i);
  while(i<=10)
  {  sum=sum+i;
     i++;
  }
  printf("sum=%d\n", sum);
}
```

程序B：

```
#include<stdio.h>
void  main( )
{  int  sum=0, i;
   scanf("%d",&i);
   do
     {  sum=sum+i;
        i++;
     }while(i<=10);
   printf("sum=%d\n",sum);
}
```

由两程序运行结果对比可发现，当输入的 i 值小于或等于 10 时，程序 A 和程序 B 的运行结果相同。而当 i>10 时，二者结果不同。因为 while 循环是先判断后执行，而 do-while 循环是先执行后判断。对于大于 10 的数，while 循环体一次也不执行，而 do-while 要执行一次循环体。

4.4　for 语句

C 语言中的 for 语句最为灵活，不仅可以用于循环次数确定的情况，也可以用于循环次数不确定而只给出循环结束条件的情况。for语句可完全替代while、do-while语句。

1. for语句一般形式

```
for(表达式1;表达式2;表达式3)  语句
```

for语句执行过程如图4-7所示。

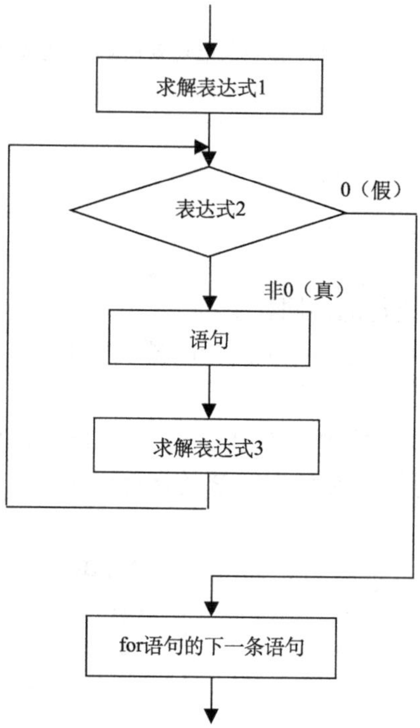

图4-7　for语句执行过程

for语句具体执行过程如下：

（1）先求解表达式1。

（2）再求解表达式2，若其值为真（非0），则执行for语句指定的内嵌语句，然后执行下面第（3）步；若其值为假（0），则结束循环，转到第（5）步。

（3）求解表达式3。

（4）转到第（2）步继续执行。

（5）循环结束，执行for语句下面的一条语句。

2. for语句常用形式

```
for(循环变量赋初值;循环条件;循环变量增值)  循环体
```

循环变量赋初值是一个赋值语句，用来给循环控制变量赋初值；循环条件是一个关系表达式，它决定什么时候退出循环；循环变量增值，常称为步长。这三个部分之间用

“;”隔开。例如：

```
for(i=1; i<=10; i++)
    sum=sum+i;
```

先给循环变量 i 赋初值 1，判断 i 是否小于等于 10，若是，则执行“sum=sum+i;”；之后 i 值增加 1，再判断 i 是否小于等于 10，直到条件为假，即 i>10 时，结束循环。相当于：

```
i=1;
while (i<=10)
{    sum=sum+i;
     i++;
}
```

由此可见：for 循环的执行流程为：条件真→循环体→增值→条件真→循环体→增值→ …… →条件假→结束循环体，执行循环体后面的语句。

【例 4-3】 用 for 语句编程求整数 1～100 之和（用 for 语句改写例 4-2。）

程序代码如下：

```
#include<stdio.h>
void main( )
{
   int  i,  sum=0;
   for( i =1; i<=100;  i++)  sum=sum+i;
   printf ("sum=%d\n", sum);
}
```

【例 4-4】 编程计算身高在 160～200cm 之间成年人的标准体重。计算公式如下：

标准体重（kg）＝ 身高（m）×身高（m）×22

程序代码如下：

```
#include<stdio.h>
void  main( )
{  int  sg;  double  tz;
   for (sg=160;  sg <=200;  sg++)
   {  tz=sg/100.0*sg/100.0*22;
      printf( " %d cm,standard weight is %.1f kg\n", sg, tz );
   }
}
```

3. for 语句表达式缺省情况

在实际编程中，for 语句相当灵活，形式变化多样。

for 循环中的“表达式 1(循环变量赋初值)”、“表达式 2(循环条件)”和“表达式 3(循环变量增值)”都可以缺省，但分号“;”不能缺省。

（1）省略“表达式 1”，表示不对循环变量赋初值，但应在 for 之前为循环变量赋初值。

（2）省略“表达式 2”，循环条件始终为“真”，循环不终止，不做其他处理时便成为死循环。例如：

```
for(i=1; ; i++) sum=sum+i;
```

相当于：

```
i=1;
while(1)
 {  sum=sum+i;
    i++;
 }
```

（3）省略“表达式 3”，表示不对循环控制变量进行操作，但可在语句体中加入修改循环控制变量的语句，使循环程序能够结束。例如：

```
for(i=1; i<=10;)
{  sum=sum+i;
   i++;
}
```

（4）省略“表达式 1”和“表达式 3”，完全等同于 while 语句。例如：

```
// for循环正常形式
#include<stdio.h>
void  main( )
{  int i, sum=0;
   for(i=1; i<=10; i++)
     sum=sum+i;
   printf("%d\n", sum);
}
```

```
// for循环省略表达式1、3
#include<stdio.h>
void  main( )
{  int i, sum=0;
   i=1;
   for ( ; i<=10 ;  )
     { sum=sum+i;
        i++;
     }
    printf("%d\n", sum);
}
```

```
// 相当于while循环
#include<stdio.h>
void  main( )
{  int i=1, sum=0;
   while(i<=10)
     {  sum=sum+i;
        i++;
     }
   printf("%d\n", sum);
}
```

（5）省略三个表达式，即无初值，不判断条件，循环变量不增值，变成永远循环（即死循环）。例如，for(; ;)语句相当于 while(1)语句。

4. 表达式取值情况

（1）表达式 1 可以是设置循环变量初值的赋值表达式，也可以是其他表达式。例如：

```
for(sum=0; i<=10; i++)  sum=sum+i;
```

（2）表达式 1 和表达式 3 可以是一个简单表达式，也可以是逗号表达式。例如：

```
for(sum=0, i=1; i<=10; i++)  sum=sum+i;
```

或

```
for(i=0, j=10; i<=10; i++, j--)  k=i+j;
```

（3）表达式 2 一般是关系表达式或逻辑表达式，但也可以是数值表达式或字符表达式，只要其值为非零，就执行循环体。例如：

```
for(i=0; (c=getchar())!='\n'; i+=c);
for(; (c=getchar())!='\n';)
```

4.5 循环嵌套

一个循环体内包含另一个完整的循环结构，称为循环嵌套。for 语句、while 语句与 do-while 语句可以互相嵌套，下面几种都是合法的形式。

```
① while( )
    {  …
       while ( )
       { … }
        …
    }
```

```
② do
    {  …
       do
       { … } while( );
        …
    } while( );
```

```
③ for( ;  ; )
    {  …
       for( ;  ; )
       { … }
        …
    }
```

```
④ while( )
    {  …
       do
        { … } while( );
       …
    }
```

```
⑤ for( ;  ;)
    {  …
       while( )
       { … }
       …
    }
```

```
⑥ do
    {  …
       for( ;  ; )
       {  … }
        …
    } while(  );
```

将一个循环放在另一个循环内，每个循环都必须有完整对应的循环语句及自己的循环变量。循环不能相互交叉。

【例 4-5】 计算 s=1+(1+2)+(1+2+3)+…+(1+2+3+4+…+10)。

程序代码如下：

```
#include<stdio.h>
void  main( )
{  int  i,  j,  s;
```

```
   for(i=1,s=0; i<=10; i++)          /* 外层循环i从1变化到10 */
     for(j=1; j<=i; j++)             /* 内层循环j从1变化到i */
        s=s+j;
   printf("s=%d\n",s);
}
```

例 4-5 中，i 的值是 j 的终值，每次内循环计算和的范围由外循环的循环变量 i 决定。

【例 4-6】编程输出九九乘法表。(要求：第一行 1 列，第二行 2 列，……，第九行 9 列。)

程序代码如下：

```
#include<stdio.h>
void  main( )
{
   int  i,  j;
   for(i=1; i<10; i++)
     {  for(j=1;  j<=i;  j++)
           printf("%d×%d=%2d  ", i, j, i*j);
        printf("\n");
     }
}
```

【例 4-7】判断整数 m 是否是素数。

解题思路：素数也称质数，是指除了 1 和它本身以外，不能被任何整数整除的数，例如 11 就是素数。判读一个整数 m 是否是素数，只需用 m 除以（2～$\sqrt{m}$）之间的每一个整数，如果都不能整除，那么 m 就是素数。这是一个需要穷举的问题，用循环处理比较合适。

程序流程图如 4-8 所示。

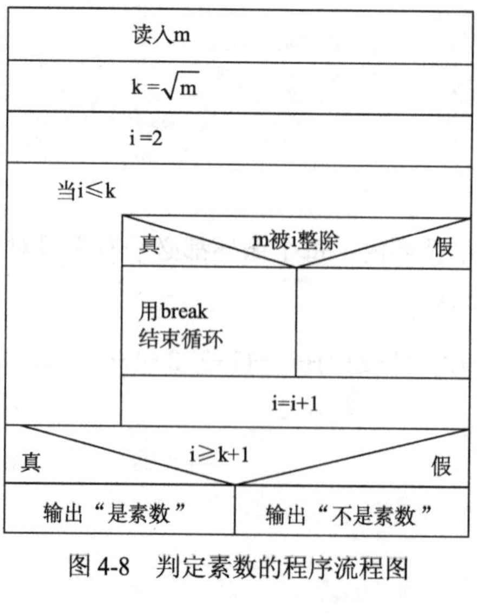

图 4-8　判定素数的程序流程图

程序代码如下：

```
#include<stdio.h>
#include<math.h>
void main( )
{
  int  m, i, k;
  printf("请输入一个正整数: ", m);
  scanf("%d", &m);
  k=(int)sqrt(m);
  for(i=2; i<=k; i++)
    if(m%i==0) break;    /* 找到一个约数即可判定不是素数，退出循环 */
  if(i>=k+1)
      printf("%d is a prime number\n", m);
  else
      printf("%d is not a prime number\n", m);
}
```

【例 4-8】编程输出 200 ～ 300 之间的全部素数。

程序代码如下：

```
#include<stdio.h>
#include<math.h>
void  main( )
{
  int m, i, k, n=0;
  for(m=201; m<300; m=m+2)  /* 限定了m的取值范围是从200～300之间的所有奇数 */
  {
    k=(int)sqrt(m);
    for(i=2; i<=k; i++)
      if(m%i==0)  break;
    if(i>=k+1)
      { printf("%4d ",m);           /* 打印找到的素数 */
        n=n+1;
        if(n%5==0) printf("\n");   /* 控制一行打印5个素数 */
      }
  }
}
```

循环的显著特点：重复执行相同的语句，但并非重复相同的运算，循环体的计算是变化的，这种变化是有规律的，受循环控制。

4.6 三种循环语句的比较

for 语句、while 语句与 do-while 语句三种循环都可以用来处理同一个问题，一般情况下它们可以互相代替。for 语句使用形式灵活多样，while 和 do-while 循环体中应包括使循环趋于结束的语句。

for 语句常用于已知循环次数的情况，属于计数型循环；while 和 do-while 语句常用于循环次数未知的情况，属于非计数型循环。

用 while 和 do-while 循环时，循环变量初始化的操作应在 while 和 do-while 语句之前完成，而 for 语句可以在表达式 1 中实现循环变量的初始化。三种循环语句的比较如表 4-1 所示。

表 4-1 for、while、do-while 循环的比较

要素	for 循环	while 当型循环	do-while 直到型循环
循环变量初始化	表达式 1	while 语句之前	do 语句之前
循环控制条件	表达式 2	while 后面的表达式	while 后面的表达式
循环结束条件	表达式 2 为假	while 后面的表达式为假	while 后面的表达式为假
适用场合	循环次数确定	循环次数不确定	先执行循环体后判断条件

4.7 循环控制转移语句

C 语言提供三种控制转移语句，分别是 goto 语句、break 语句和 continue 语句。其中 goto 语句违背了结构化程序设计原则，应限制使用，因此本教材只介绍 break 语句和 continue 语句。

4.7.1 break 语句

break 语句不能用于循环语句和 switch 语句之外的任何其他语句中，break 语句用在循环语句和 switch 语句的流程形式如图 4-9 所示。break 语句作用与使用注意事项如下：

（1）break 语句用于 while、do-while、for 循环语句，可使程序终止循环而执行循环体后面的语句。break 语句在循环体中，一般与 if 语句配合使用，满足条件时便跳出循环。

（2）在多层循环中，一个 break 语句只向外跳一层，只能终止并跳出最近一层的循环结构。用 break 语句跳到最外层需要设置多次。

（3）break 语句用于 switch 语句，可使程序跳出 switch 语句而执行 switch 后面的语句。

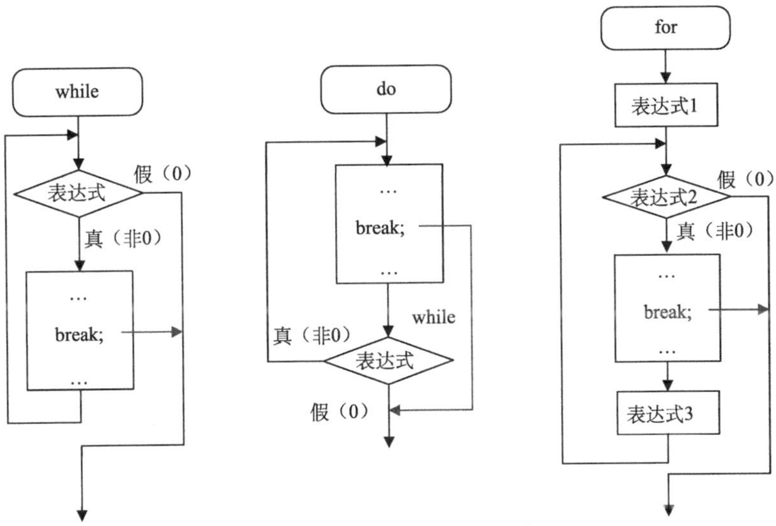

(a) break语句用于循环语句

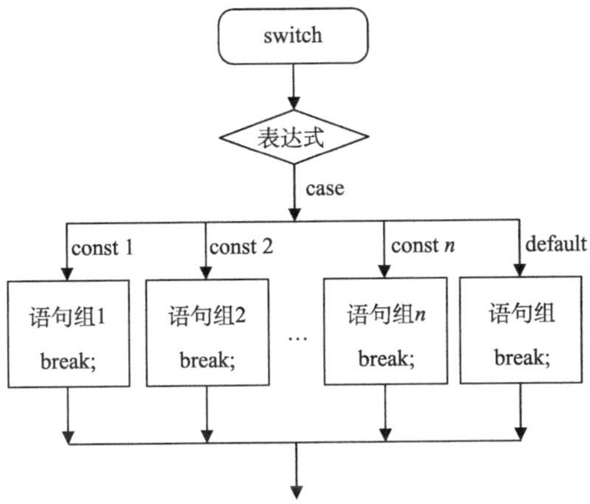

(b) break语句用于switch语句

图 4-9　break 语句终止整个循环

【例 4-9】 编程输出半径为自然数且面积不大于 100 的圆面积。

程序代码如下：

```
#include<stdio.h>
#define  PI  3.14159
void  main( )
{
   int  r;
   float  area;
   for(r=1; r<=10; r++)
    {  area=PI*r*r;
       if(area>100)  break;     /* 使用break跳出整个循环 */
```

```
    printf("r=%d, area=%f\n", r, area);
  }
}
```

4.7.2 continue语句

continue 语句的作用是跳过循环体中剩余的语句而强行执行下一次循环，常与 if 条件语句一起使用，用来加速循环。

continue 语句的执行过程及对程序流程的控制转移见图 4-10。

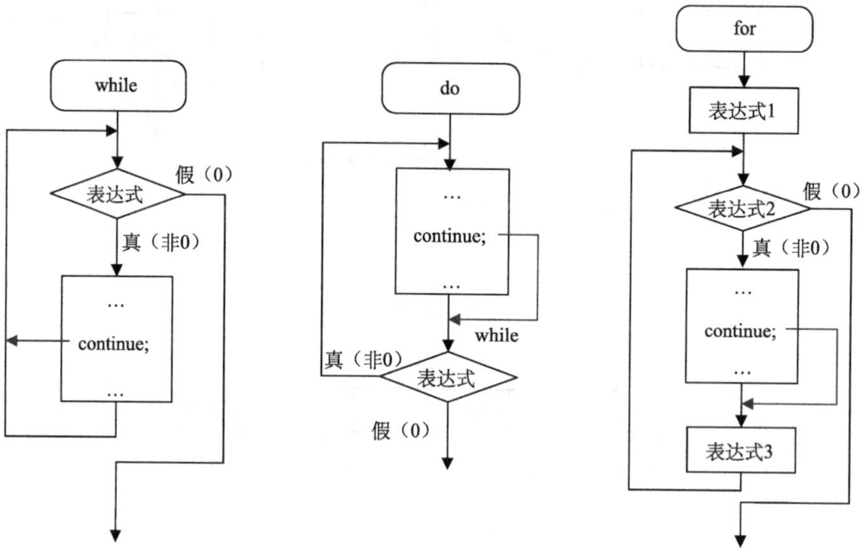

图 4-10　continue 语句终止本次循环

continue 语句和 break 语句的区别如下：

continue 语句只结束本次循环，继续进行下一次循环，而不是终止整个循环的执行。而 break 语句则是结束整个循环过程，不再判断执行循环的条件是否成立，使程序流程转到循环语句后的下一条语句。

continue 语句用于 while、do-while、for 循环语句中，break 语句还可以用于 switch 语句中。

【例 4-10】 输出 100~200 之间不能被 3 整除的数。

程序代码如下：

```
#include<stdio.h>
void main( )
{
  int i;
  for(i=100; i<=200; i++)
```

```
    {  if ((i%3)==0)
           continue;          /* 使用continue结束本次循环 */
       printf("%d", i );
    }
}
```

4.8 循环结构程序案例

循环结构是结构化程序设计的重要内容，用循环结构解决实际问题的类型可以分为求和、求积、迭代、穷举等。

4.8.1 百鸡问题

我国古代数学家张丘建在《算经》一书中提出“百鸡问题”：鸡翁一，值钱五；鸡母一，值钱三；鸡雏三，值钱一。百钱买百鸡，问鸡翁、鸡母、鸡雏各几何？

从现代数学观点来看，这是一个求不定方程整数解的问题，形成三元不定方程组，其重要之处在于开创“一问多答”的先例。

由问题给出的条件可知公鸡和母鸡的取值范围：公鸡（0～19），母鸡（0～33）。

该问题可用穷举法解决。

程序代码如下：

```
#include<stdio.h>
void main( )
{  int  x, y, z, n=0;      /* 定义购买公鸡、母鸡、小鸡对应的数量为整型变量x,y,z */
   printf("买法：\n");
   for(x=0; x<=19; x++)                  /* 确定公鸡数量 */
      for(y=0; y<=33; y++)               /* 确定母鸡数量 */
      {
        z=100-x-y;                       /* 确定小鸡数量 */
            if(5*x+3*y+z/3==100)         /* 判断100钱是否买了100只鸡 */
              {
                 n++;                    /* 计算有多少种买法 */
                 printf("%d %d %d\n", x, y, z);
              }
      }
   printf("有%d种买法\n", n);
}
```

4.8.2 判断获奖人员

A、B、C、D、E、F 共 6 人参加竞赛。已知 A 和 B 中至少 1 人获奖；A、C、D 中至少 2 人获奖；A 和 E 中至多 1 人获奖；B 和 F 或者同时获奖，或者都未获奖；C 和 E 的获奖情况也相同；如果 E 未获奖，则 F 也不可能获奖；并且 C、D、E、F 中至多 3 人获奖。问获奖的有哪些人？

问题分析：设变量 a、b、c、d、e、f 分别表示参赛的 6 个人，获奖用 1 表示，未获奖用 0 表示，则 a ～ f 六个变量的取值只能是 0 或者 1。具体分析见表 4-2。

表 4-2　判断获奖人员问题分析

序号	描述	逻辑表达式	关系表达式
1	A 和 B 中至少 1 人获奖	a||b	a+b>=1
2	A、C、D 中至少 2 人获奖	(a&&c)||(a&&d)||(c&&d)	a+c+d>=2
3	A 和 E 中至多 1 人获奖	! (a&&e) 或 !a||!e	a+e<=1
4	B 和 F 或者同时获奖，或者都未获奖	(b&&f)||(!b&&!f)	b= =f
5	C 和 E 或者同时获奖，或者都未获奖	(c&&e)||(!c&&!e)	c= =e
6	如果 E 未获奖，则 F 也不可能获奖	e||!f	e+!f>=1
7	C、D、E、F 中至多 3 人获奖	!(c&&d&&e&&f)	c+d+e+f<=3

如果同时满足上述 7 个条件的逻辑表达式或关系表达式成立，则 a、b、c、d、e、f 中值为 1 者为获奖人员。根据表 4-2 的分析，同时符合条件的逻辑表达式可以写成：

```
(a||b)&&(a+c+d>=2)&&(a+e<=1)&&(b==f)&&(c==e)&&(e||!f)&&(c+d+e+f<=3)
```

采用穷举法对 a ～ f 六个变量进行穷举，判断其取值 0 或 1 时是否满足上述逻辑表达式。如果满足，则问题得以解决。

答案：获奖情况为 a=1, b=0, c=0, d=1, e=0, f=0

程序代码如下：

```
#include<stdio.h>
void main( )
{  int  a, b, c, d, e, f;
   for(a=0; a<=1; a++)
     for(b=0; b<=1; b++)
       for(c=0; c<=1; c++)
         for(d=0; d<=1; d++)
           for(e=0; e<=1; e++)
             for(f=0; f<=1; f++)
                if((a||b)&&((a+c+d)>=2)&&((a+e)<=1)&&(b==f)&&(c==e)
                    &&(e||!f)&&((c+d+e+f)<=3))
                    printf("a=%d, b=%d, c=%d, d=%d, e=%d, f=%d\n", a, b, c,
                            d, e, f);
}
```

4.9 答疑解惑

1. 使用循环结构的常见问题

疑问：运用循环结构时有哪些常见问题需要注意？

解惑：

（1）在 do-while 循环语句的末尾忘了加分号。

（2）在循环体中有多条语句时忘了加 {}。

（3）忽视了 while 和 do-while 语句在细节上的区别。while 循环是先判断后执行，而 do-while 循环是先执行后判断。

2. 多重循环中变量重名问题

疑问：多重循环中外循环与内循环中的变量可以重名吗？

解惑：应避免内外循环的变量同名。

习 题 4

4.1 单选题

1. 下列叙述中，正确的是（　　）。

   A. 在循环体内使用 break 语句和 continue 语句的作用相同

   B. continue 语句的作用是使程序的执行流程跳出包含它的所有循环

   C. break 语句只能用在循环体和 switch 语句内

   D. break 语句只能用于 switch 语句中

2. 有下列程序：

```
#include<stdio.h>
void main( )
{  int  y=1;
   while(y--)
       printf("y=%d\n", y);
}
```

程序运行后的输出结果是（　　）。

   A. y=0　　B. y=−1　　C. y=1　　D. while 构成无限循环

3. 设变量已正确定义，输入一行字符，下列不能统计出字符个数（不包含回车符）的程序段是（　　）。

   A. n=0; while((ch=getchar( ))!='\n') n++;

   B. n=0; while(getchar( )!='\n')n++;

   C. for(n=0; getchar( )!='\n'; n++)

   D. n=0; for(ch=getchar( ); ch!='\n'; n++);

4. 有下列程序：

```
#include<stdio.h>
void  main( )
{  char  c1,  c2;
   for(c1='0',  c2='1';  c1<c2;  c1++,  c2--)
      printf("%c %c \n",  c1,  c2);
}
```

程序运行后的输出结果是（　　）。

A. 0 1　　B. 1 0　　C. 0 0　　D. 1 1

5. 以下程序段循环执行情况是（　　）。

```
int  n=-1;  do { n=n*n; } while (!n);
```

A. 循环执行一次　B. 循环执行二次　C. 死循环　D. 循环体没有被执行

4.2 填空题

1. 下列程序运行后的输出结果是________。

```
#include<stdio.h>
void main( )
{  char c1,c2;
   for(c1='a', c2='b'; c1<c2; c1++, c2--)
     printf("%c %c\n", c1, c2);
}
```

2. 下面程序段的输出结果是__________。

```
int n=0; while(n++<=2);  printf("%d\n",  n);
```

3. 有以下程序

```
#include<stdio.h>
void  main( )
{   int  m, n;
    printf("请输入2个整数：\n");
    scanf("%d%d",  &m,  &n);
      while(m!=n)
      {  while(m>n)  m=m-n;
         while(m<n)  n=n-m;
      }
    printf("%d\n",m);
}
```

运行程序，输入18　45 <回车>，输出结果是_____。

4. 有以下程序

```
#include<stdio.h>
void main( )
{  int a=1, b=2;
   while(a<6) {b+=a;  a+=2;  b%=10;}
   printf("%d, %d\n", a, b);
}
```

程序运行后的输出结果是______________。

5. 有以下程序

```
#include<stdio.h>
void main( )
{  int a=0, k;
   for(k=1; k<3; k++)
   switch(k)
     {
        case 2:  a++;   break;
        case 4:  a+=2;  break;
        default:  a+=k;
     }
   printf("%d\n",  a);
}
```

程序运行后的输出结果是______________。

4.3　编程实战题

1. 韩信点兵。韩信带 1500 名士兵打仗，战死 400 ～ 500 人，幸存的士兵若 3 人站一排，多出 2 人；5 人站一排，多出 4 人；7 人站一排，多出 3 人。韩信很快点出人数：1004。编程验证韩信点出的士兵数量是否正确。

2. 一个数如果恰好等于它的因子之和（除自身外），则称该数为完全数。例如，6 的因子有 1、2、3，6=1+2+3，则 6 是一个完全数。求 1000 以内的所有完全数。

3. 输入任意 n 个数，计算所有正数的平均值、负数的平均值以及这 n 个数的平均值。

4. 输入一行字符，分别统计出其中英文字母、空格、数字和其他字符的个数。

5. 两个乒乓球队进行比赛，各出 3 人。甲队为 A、B、C 三人，乙队为 X、Y、Z 三人。已抽签决定比赛名单。有人向队员打听比赛名单，A 说他不和 X 比，C 说他不和 X、Z 比，请编写程序找出 3 对赛手的名单。

实验项目 4　循环结构程序设计

通过实验掌握循环条件真假的表示方法、循环控制语句和循环转移语句的执行流程、循环的嵌套。能进行循环结构程序设计。

【实验目的】

（1）掌握循环结构程序设计的思想与方法；

（2）掌握利用 for 语句、while 语句、do-while 语句实现循环的方法；

（3）掌握 break 语句与 continue 语句的使用方法；

（4）理解循环嵌套及其使用方法；

（5）掌握用循环结构程序解决实际问题的方法。

【实验内容】

一、基础题

1. 求 n!（n 为正整数）。

分析：根据阶乘的计算方法可知，$n!=1\times2\times3\times\cdots\times(n-1)\times n$。其递推关系可写成：

$n!=(n-1)!\times n \quad (n\geqslant1)$

$0!=1$

程序代码如下：

```
#include<stdio.h>
void  main( )
{
    int  n, i=1;
    double  fact=1.0;  /* 为了防止溢出，采用双精度数据存储结果 */
    printf("请输入一个正整数：");
    scanf("%d", &n);
    while(i<=n )
     {  fact=fact*i;
        i++;
      }
    printf("%.0f\n", fact);
}
```

2. 学科竞赛评分。有 9 个评委为参赛的选手打分，分数采用百分制。选手最后得分为：去掉一个最高分和一个最低分，其余 7 个分数的平均值为选手的最后得分。

算法分析：解决这个问题的关键是如何赋初值及最大值、最小值的判断。

程序代码如下：

```
#include<stdio.h>
void  main( )
```

```
{
  int integer, i, max, min, sum=0;
  max=0;            /* 假设当前的最大值max为0 */
  min=100;          /* 假设当前的最小值min为100 */
  for(i=1; i<10; i++)
    {
      printf("input number %d=", i);
      scanf("%d", &integer);              /* 输入评委的评分 */
      sum+=integer;                       /* 计算总分 */
      if(integer>max) max=integer;        /* 通过比较筛选最高分 */
      if(integer<min) min=integer;        /* 通过比较筛选最低分 */
    }
   printf("Canceled max score:%d\n Canceled min score:%d\n", max, min);
   printf("Average score:%d\n", (sum-max-min)/7);
}
```

拓展：上述条件不变，但考虑同时对评委评分进行评判，即在 9 个评委中找出最客观（即评分最接近平均分）和偏差最大（即与平均分的差距最大）的评委，如何完善程序？

二、提高题

1. 36 人搬 36 块砖，男搬 4 块，女搬 3 块，2 个小孩抬 1 块，要求一次全搬完，求男、女及小孩各搬砖多少块？

2. 猜数游戏。随机产生一个 0 ～ 100 之间的整数，用户猜测这个随机整数，如果猜错，继续猜测；如果猜对，根据用户猜测的次数 N 的值，给出成绩。用户猜对或输入 -1，游戏结束。成绩评定的方法为

N<=4 次猜中，成绩：very good

4<N<=7 次猜中，成绩：good

7<N<=10 次猜中，成绩：normal

N>10 次猜中，成绩：poor

第 5 章　数组处理批量数据

本章思维导图

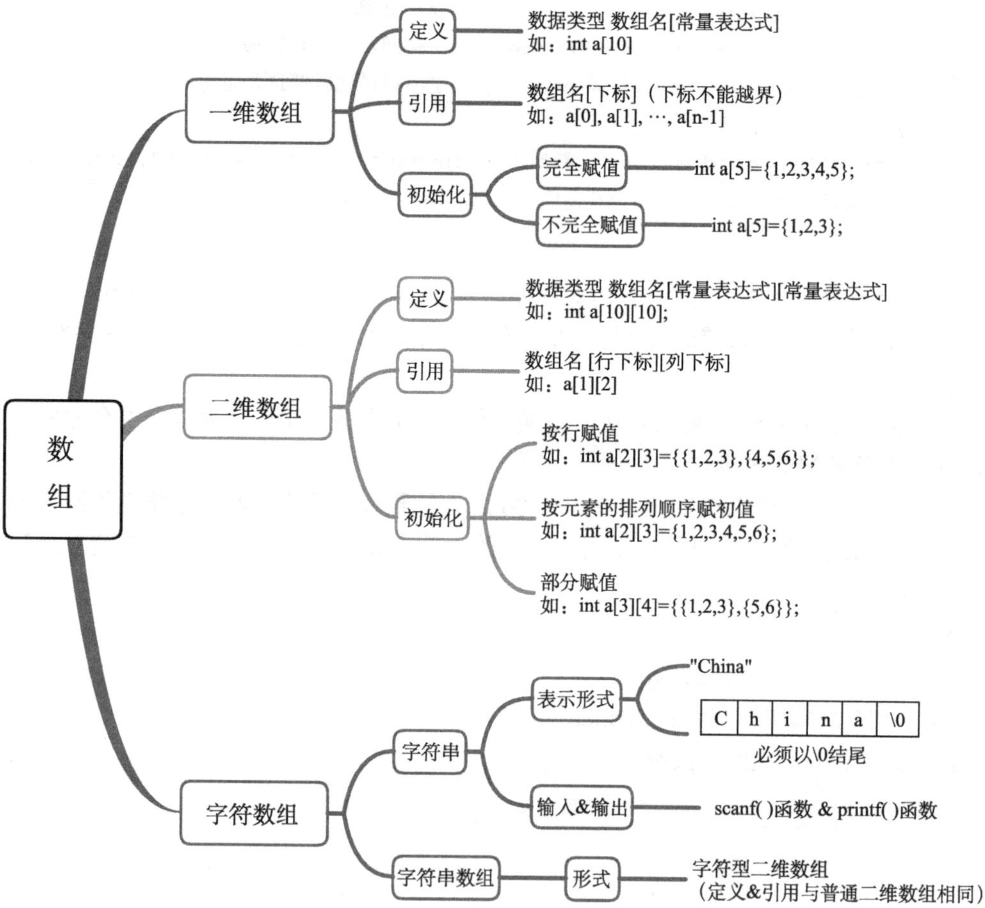

学习任务

1. 了解数组的作用；
2. 掌握一维数组的定义与使用；
3. 掌握二维数组的定义与使用；
4. 掌握字符数组的定义与使用；
5. 掌握字符串的输入输出方法；
6. 了解常用数据排序算法的基本思想；
7. 能够利用数组进行批量数据处理。

5.1 数组概述

使用基本类型处理少量数据比较容易，但对于大量数据的处理，用简单数据类型处理就很困难了。例如，一个班级有 50 名学生，要分别输入和输出每位学生的学号、姓名、出生日期、专业、班级、成绩等信息，需要定义大量的变量，不仅烦琐，且各个数据之间的联系也不能很好地体现。为了处理这类问题，人们把同一类性质的数据（如学生的学号）用同一个名字（如 SNo）来代表，在名字右下角加下标表示是哪一个学生的数据。这一组具有相同属性的数据就成为一个数组，SNo 是数组名，下标代表学生的序号。

C 语言规定，使用数组遵循“先定义，后使用”的原则。数组通过下标区分各个变量，数组元素的下标从 0 开始。

数组按维数可分为一维数组、二维数组、多维数组；按存储的变量类型可分为数值数组和字符数组。例如，存储某班 50 名同学 1 门课程的成绩，可以使用一维数值型数组；如果存储 5 门课程的成绩，可以使用二维数值数组；如果存储姓名、专业，可以使用二维字符数组。

由此可知，数组具有以下特征：

（1）数组是一组有序数据的集合。数组中各数据的排列有一定的规律，下标代表数据在数组中的序号；

（2）用一个数组名和下标来唯一地确定数组中的元素；

（3）数组中的每个元素都属于同一种数据类型，不能把不同类型的数据放在同一数组中。

5.2 一维数组

5.2.1 一维数组的定义

1. 一维数组的定义

定义一维数组的一般形式为

```
数据类型　数组名[常量表达式];
```

说明：

（1）数据类型：可以是 C 语言中的基本数据类型（如整型、实型、字符型）或构造数据类型（指针类型、结构体类型、共用体类型）中的一种。

（2）数组名：用来统一标识一组相同类型数据的名称。

（3）数组长度：用方括号 [ ] 括起来的常量表达式，表示数组中元素的个数。

2. 定义数组注意事项

（1）数组名应遵循标识符的命名规则，不能与其他变量名相同。

（2）数组长度只能用方括号 [ ] 括起来，不能使用圆括号或其他括号。

（3）方括号中表示数组长度的常量表达式可以是常量和符号常量，不能包含变量。

在主函数中不允许对数组的大小作动态定义，即数组的大小不依赖于程序运行过程中变量的值。除了 main( )函数之外，在其他函数中允许对数组的大小作动态定义。例如：

```
int  a['A'];              /* 方括号中字符'A'的ASCII码是65 */
char  c[2*2+6];           /* 方括号中表达式结果为正整数 */
```

下述定义是错误的：

```
int  arr[6.2];            /* 数组长度必须是正整数 */
int  n=50;
int  b[n];               /* 定义数组长度时，必须是一个确定的数值，不能使用变量 */
```

（4）数组元素个数必须大于 1。例如：

```
int  a[0];               /* 定义是非法的，方括号中的数组长度不能为0 */
```

5.2.2 一维数组的引用

数组的引用实际上是对数组元素的引用，引用数组元素采用数组名加下标的方式。数组元素只能逐个引用，不能试图通过引用数组名达到一次引用全部元素的目的，数组名代表数组的首地址，并不表示整个数组的值。

一维数组元素的表示形式为

```
数组名[下标]
```

下标可以是整型常量和整型表达式。表达式的值如果是字符型，则自动转成字符对应的 ASCII 码值。下面是合法的数组引用：

```
a[3+6], a[11/3], a[2*3], a['A'], a['a']
```

引用数组元素时，若超出数组长度范围，即访问了不属于数组的存储空间，称为数组下标越界。例如，定义数组：

```
int arr[10];
```

若引用 arr[10]则会出错，即数组下标越界，因为数组下标从 0 开始，到 9 结束。

数组下标越界会导致严重的后果。所以平时编程，应养成主动检查下标是否越界的良好习惯，避免发生数组越界的错误。因为 C 语言的编译器不检测数组下标是否超出定义范围。

【例 5-1】 利用循环语句给各数组元素赋值，并求各数组元素之和。

程序代码如下：

```
#include<stdio.h>
```

```
void main( )
{ int a[10], sum=0;
  for(int i=0; i<10; i++)
  { a[i]=i+1;
    sum=sum+a[i];
  }
  printf("sum= %d\n", sum);
}
```

该程序定义一个长度为 10 的一维数组，通过循环语句给 10 个元素赋值，并输出 10 个元素的和。

5.2.3　一维数组的初始化

在定义数组时每个数组元素的值并未确定，C 语言允许在定义数组的同时给数组元素赋值，称为数组的初始化。

一维数组初始化的一般形式为

```
数据类型　数组名[数组长度]={初值1,初值2,…,初值n};
```

其中，花括号{ }内的各初值之间用逗号分隔。

说明：

（1）定义数组时未进行初始化，数组元素也有值，但是不确定。

（2）定义数组时对全部元素赋初值，初值的个数与数组长度相等，数组长度可以省略。例如：

```
int a[5]={1, 2, 3, 4, 5};
```

可以写成等价形式：

```
int a[ ]={1, 2, 3, 4, 5};
```

赋值情况如图 5-1 所示。

1	2	3	4	5
a[0]	a[1]	a[2]	a[3]	a[4]

图 5-1　数组 a 赋值情况

（3）对部分元素赋初值，初值的个数小于数组的长度，花括号内的初值按顺序依次赋给数组前面的部分元素。后面剩余部分元素的值，若是数值型数组，则自动置零；若是字符型数组，则自动置空值。例如：

```
int data[5]={9, 10};
```

赋值情况如图 5-2 所示。

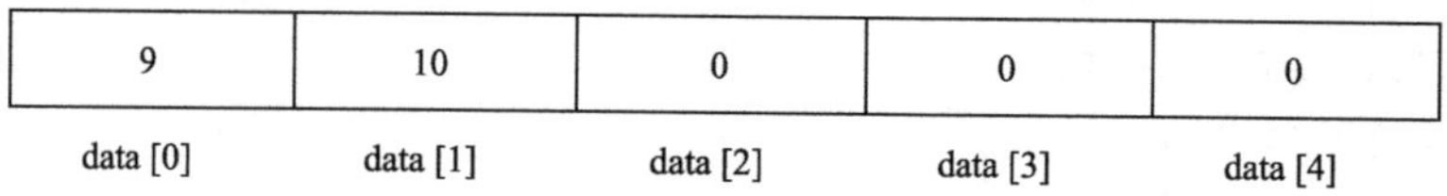

图 5-2　数组 data 赋值情况

```
char  cs[4]={'x', 'y', 'z'};
```

赋值情况如图 5-3 所示。

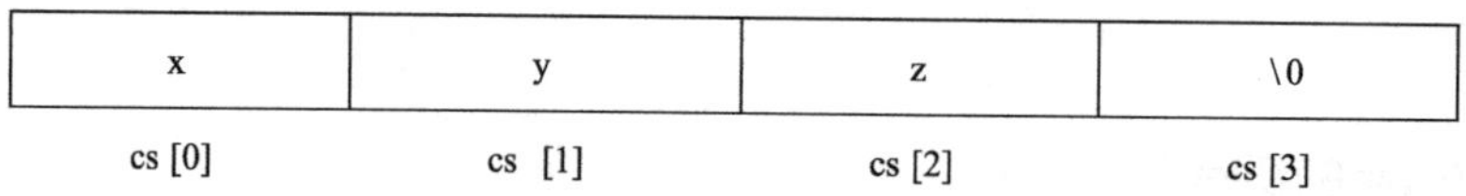

图 5-3　字符型数组 cs 赋值情况

（4）使一个数值型数组中的全部元素值为 0，可以写成：

```
int  a[5]={0,0,0,0,0};
```

或

```
int  a[5]={0};
```

或

```
int  a[5]={0*5};
```

后两个语句都是只给出一个初值 0，后四个元素自动置为 0。
若使一维数组中全部元素值为 1，只能写成：

```
int  a[6]={1,1,1,1,1,1};
```

若改为

```
int  a[6]={1*6};
```

则无法实现。

（5）数组初值的个数不能超过数组的长度，否则，编译系统报错。例如：

```
int  a[2]={1,2,3 };     /* 定义错误，赋初值的个数超过数组的长度 */
```

（6）不能只给出空花括号，花括号内没有任何值。例如：

```
int  a[5]={ };          /* 定义错误，花括号内没有任何值 */
```

【例 5-2】解释程序中函数体内各语句的含义。

```
#include<stdio.h>
```

```
void main( )
{
   int  a[5]={10,20,30,40,50};
   scanf("%d", a);
   a=3;
   printf("%d", a);
}
```

函数体中的语句 1:

```
int  a[5]={10,20,30,40,50};
```

表示在定义数组的同时赋初值，数组元素在内存中的存储分布（假设首地址的编号为 3000）如图 5-4 所示。

地址	值	元素
3000	10	a[0]
3004	20	a[1]
3008	30	a[2]
3012	40	a[3]
3016	50	a[4]

图 5-4　数组初值在内存中的存储分布

函数体中的语句 2:

```
scanf("%d", a);
```

表示给数组元素 a[0]输入值，而不能给整个数组的 5 个元素一次性输入 5 个数。

从键盘输入:

```
5
```

则该数组元素的存储状况如图 5-5 所示。

地址	值	元素
3000	5	a[0]
3004	20	a[1]
3008	30	a[2]
3012	40	a[3]
3016	50	a[4]

图 5-5　数组重新赋值在内存中的存储分布

函数体中的语句3:

```
a=3;
```

该语句错误，因为a是数组名，数组名的本质是数组的首地址，即数组所占存储单元的起始地址，是一个常量值，不能被赋值，也不能被改变。

函数体中的语句4:

```
printf("%d", a);
```

该语句实际上输出的是数组的起始地址对应的十进制值，不是第一个元素的值，也不是整个数组的5个元素值。

数组初始化的方法一般有三种：用赋值语句赋初值，用循环语句赋初值，用函数动态赋初值（后续章节介绍）。

5.2.4 一维数组应用举例

【例5-3】 从键盘输入10个小于1000的正整数，存入一维数组num[10]，找出最小数。

分析：假定第一个数组元素为最小数，依次用后面的元素与假定的最小数进行比较，一旦发现比它小的数据，则更新最小数。

程序代码如下：

```
#include<stdio.h>
#define N 10
void main( )
{  int i, min, num[N];
   printf("请输入10个小于1000的正整数: ");
   for(i=0; i<N; i++)                         /* 用for循环语句给数组赋值 */
       scanf("%d", &num[i]);
   min=num[0];                                /* 假定num[0]值是最小数 */
   for(i=1; i< N; i++)                        /* 循环9次 */
       if(num[i]<min)  min=num[i];
       // 每次用后面一个元素与min值比较，若发现有更小的元素，则更新min存储最小值
   printf("\n min=%d\n", min);
}
```

【例5-4】 将一维数组中的N个整数逆序输出。

分析：先通过循环语句给数组输入N个整数，然后将数组中的第一个数与最后一个数交换，第二个数与倒数第二个数交换，一直进行到中间。

程序代码如下：

```
#include<stdio.h>
```

```
#define N 10
void main( )
{ int a[N], i, t;
  printf("请输入%d个整数: ", N);
  for(i=0; i<N; i++)
      scanf("%d", &a[i]);
  for(i=0; i<N/2; i++)
     {t=a[i]; a[i]=a[N-1-i]; a[N-1-i]=t;}
     // 借助中间变量t，实现a[i]与a[N-1-i]的交换
  printf("逆序后的数据序列为: ");
  for(i=0;i<N;i++)                  /* 用for循环实现每个元素的输出 */
     printf("%d ",a[i]);
  printf("\n");
}
```

【例 5-5】用选择法对 10 个整数进行升序排序。

选择排序算法：

第一轮：从 n 个数中选出一个最小数，并与第一个数交换，使第一个数成为所有数中的最小数。

若 n 个数都存放在某一个数组中，则从 n 个数中选最小数的方法是：假定第一个元素 a[0]是最小数，用变量 min 记录其下标，然后用 a[min]与 a[1]比较，如果 a[1]比 a[min]小，则更新 min 的值为 1，否则，再用 a[min]与 a[2]比较，如果 a[2]比 a[min]小，则更新 min 的值为 2，……，一直比较到 a[n–1]，最后 min 中记录的就是最小数对应的下标。

第二轮：从第二个数开始的 n–1 个数中再选出一个最小数，并与第二个数交换，使第二个数成为剩余数中最小的数。从 n–1 个数中选最小数的方法与从 n 个数中选最小数的方法相同。

第三轮：重复以上过程，依次类推，直到 n–1 轮比较结束。

显然，在第一轮中对 n 个数要比较 n–1 次，第二轮中对 n–1 个数要比较 n–2 次，……，第 i 轮中对 n–i+1 个数要比较 n–i 次，n 个数要进行 n–1 轮比较。

程序代码如下：

```
#include<stdio.h>
#define N 10
void main( )
{ int i, j, min, t;
  int a[N]={12, 78, 19, 0, 890, 69, 278, 99, 15, 67 };
  // 用选择法对数组中的十个数进行排序
  for(i=0; i<N-1; i++)
    { min=i;                       /* 假设下标为i的元素是最小数 */
      for(j=i+1; j<N; j++)         /* 用假设的最小数与其后面的每一个元素进行比较 */
        if(a[min]>a[j]) min=j;/* 一旦发现更小者，则用min记录其下标 */
```

```
        if(min!=i)
          { t=a[i];  a[i]=a[min];  a[min]=t; }      /* 最小值与a[i]交换 */
      }
   printf("选择法排序后的数据序列是：\n");
   for(i=0; i<N; i++)
       printf("%d ", a[i]);
   printf("\n");
}
```

【例 5-6】用冒泡法对 10 个整数进行升序排序。

冒泡排序算法：依次比较相邻的两个数，将小数放在前面，大数放在后面。在排序过程中总是小数往前放，大数往后放，相当于气泡往上升，故称为冒泡排序。

第一轮：首先比较第 1 个数和第 2 个数，将小数放前，大数放后。然后比较第 2 个与第 3 个数，……，直到比较最后两个数，都是将小数放前，大数放后。n 个数经过 n–1 次两两比较后，最大的数被交换到最后一个位置。

第二轮：在剩余的 n–1 个数中，从前 2 个数开始比较，将小数放在前面，大数放在后面（可能由于第一轮第 2 个数与第 3 个数的交换，使得第 1 个数不再小于第 2 个数，此时需要交换），一直比较到倒数第二个数，n–1 个数经过 n–2 次两两比较后，次大数被交换到倒数第二个位置。

重复以上过程，直至最终完成排序。

假设有 5 个数：81　29　17　98　36，冒泡排序过程如图 5-6 所示。

程序代码如下：

```
#include<stdio.h>
#define N 5
void  main( )
{
  int  i,  j,  temp;
  int  bubble[N]={81, 29, 17, 98, 36};
  for(j=0;  j<N-1;  j++)                  /* 用冒泡法对数组中十个数进行排序 */
      for(i=0;  i<N-1-j;  i++)
      if(bubble[i]> bubble[i+1])
      {  temp=bubble[i]; /* 两两比较时，一旦发现后面的元素比前面元素小，则两者交换 */
         bubble[i]=bubble[i+1];
         bubble[i+1]=temp;
      }
  printf("用冒泡法排序后的数据是：\n");
  for(i=0; i<N; i++)    /* 用循环实现对数组中十个元素的输出 */
      printf("%d ", bubble[i] );
}
```

⇨【想一想】冒泡排序算法是否有可改进之处？如何改进？

从以上例题冒泡排序过程中可以看出，第二轮数据已经排好序，第三轮的每一次比较都没有发生交换，说明数据已经排序成功，没必要进行第四轮的比较。对此进行优化改进，可以减少排序的次数。

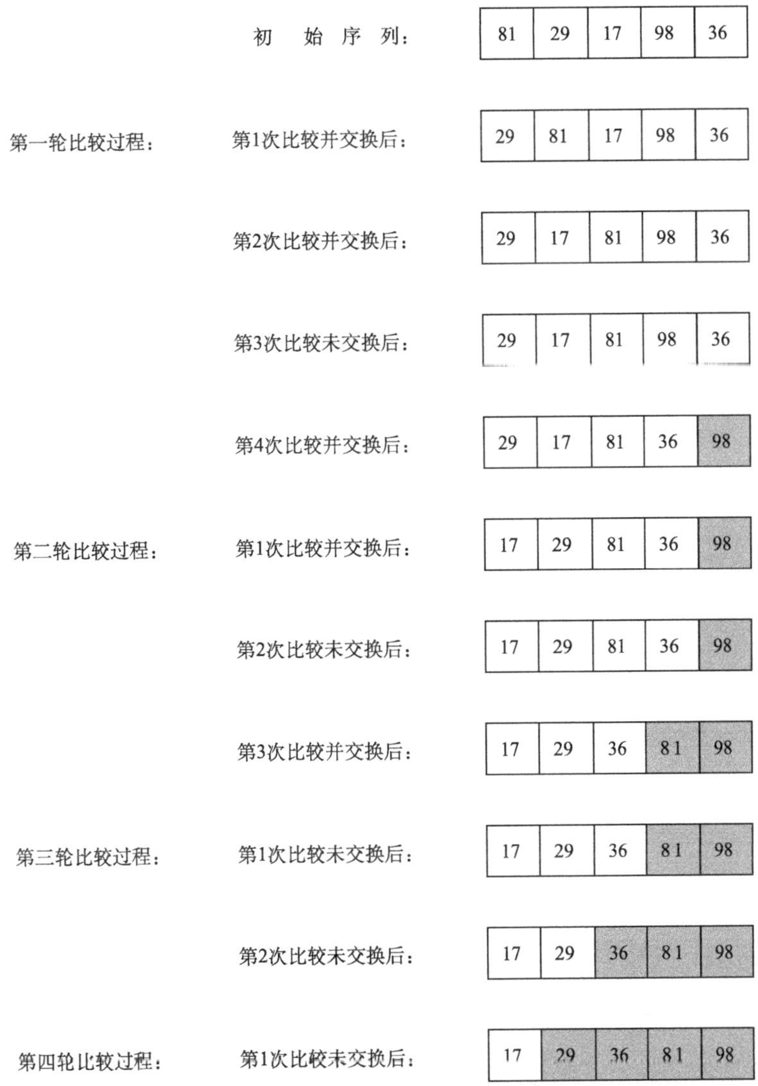

图 5-6　冒泡法排序过程

改进冒泡排序的方法：设置一个能表示交换状态的变量 flag，在每一轮开始前，使其初始状态为 0，在第 i 轮中，只要发生交换，就改变 flag 的状态，使其变为 1。如果在第 i 轮结束后，flag 的值始终是 0，说明第 i 轮中未发生交换，也就是说，这一轮之前已经排好序，没有必要再进行下一轮比较。

改进后的冒泡排序程序段如下：

```
for(j=0;  j<N-1;  j++)
```

```
{  flag=0;                /* flag初值设置为0 */
   for (i=0;  i<N-1-j;  i++)
    if(bubble[i]> bubble[i+1])
    {  temp=bubble[i];  bubble[i]=bubble[i+1];  bubble[i+1]=temp;
       flag=1;        /* 一旦发生交换flag更改为1 */
    }
    if(flag==0) break;  /* 若flag仍然为0，说明未发生交换，即数据已排好序，循环可退出 */
}
```

5.3 二 维 数 组

5.3.1 二维数组的定义

定义二维数组的一般形式为

```
数据类型  数组名[常量表达式][常量表达式];
```

例如：

```
int  arr[3][5];
```

在定义二维数组时，不能把行数和列数写在同一个中括号内。例如，下列定义是错误的：

```
int a[2,3];
float b[3,4];
```

二维数组元素按行的顺序依次连续存放，可以把二维数组看作一种特殊的一维数组：它的每个元素又是一个一维数组。例如，可以把 int arr[3][5]中 arr 看做一个一维数组，它有 3 个元素：arr[0]、arr[1]、arr[2]，每个元素又是一个包含 5 个元素的一维数组。可以把 arr[0]、arr[1]、arr[2]看作 3 个一维数组的名字。

5.3.2 二维数组的引用

引用二维数组元素的一般形式为

```
数组名[行下标][列下标]
```

其中，[行下标]、[列下标]可以是整常数或整型表达式。被引用的数组元素可以出现在表达式中，也可以被赋值。例如，a[1][2]、a[2-1][2*2-1]、a[i][j]、a[i+3][j-2]都是合法的引用。

引用二维数组元素时注意：

（1）两个下标不能写到同一个方括号内。例如，a[2,3]、a[2-1,2*2-1]都是错误的引用形式。

（2）二维数组元素的下标均从 0 开始。

（3）下标不要超出其定义的范围，即下标不能越界。例如：

```
int a[2][3];
a[2][3]=5;      /* 是错误的数组元素引用形式，因为下标越界 */
```

5.3.3　二维数组的初始化

二维数组初始化的一般形式为

```
数据类型 数组名[常量表达式][常量表达式]＝{初始化值};
```

二维数组初始化有两种方式，一种方式是按行分段赋值，另一种方式是不分段连续赋值。

（1）分行给二维数组赋初值。例如：

```
int  a[3][4]={{10, 20, 30, 40},{50, 60, 70, 80 },{90, 100, 110, 120}};
```

这种赋值方法把第 1 个大括号内的数据赋值给第 1 行的元素，第 2 个大括号内的数据赋给第 2 行的元素，……，即按行赋值。

（2）可以将所有数据写在一个大括号内，按数组元素的顺序对各元素赋初值。例如：

```
int  a[3][4]={10, 20, 30, 40, 50, 60, 70, 80, 90, 100, 110, 120};
```

这种方法不如第一种方法清晰明了，数据较多时容易遗漏。

（3）可以对部分元素赋初值。例如：

```
int  a[3][4]={{10}, {50}, {90}};
```

这种赋值方法只对各行第 1 列的元素赋初值，其余元素自动为 0。

也可以对各行的某些元素赋初值。例如：

```
int  a[3][4]={{10, 20},{50},{90, 100, 110}};
```

也可以只对某几行元素赋初值。例如：

```
int  a[3][4]={{10, 20, 30},{50, 60}};
```

（4）如果对全部元素赋初值，定义数组时可以不指定第一维的长度，但第二维的长度必须指明不能省略。系统会根据数据总个数和第二维的长度算出第一维的长度。例如：

```
int  a[ ][4]={10, 20, 30, 40, 50, 60, 70, 80, 90, 100, 110, 120};
int  a[3][4]={10, 20, 30, 40, 50, 60, 70, 80, 90, 100, 110, 120};
```

以上两种赋值方法等价。

（5）在定义数组时也可以只对部分元素赋初值而省略第一维的长度，但应分行赋值。例如：

```
int  a[ ][4]={{10, 20},{50 },{90, 100, 110, 120}};
```

由以上可知，对二维数组赋值方法多样，可根据实际需要灵活使用各种方法。

5.3.4 二维数组应用举例

【例 5-7】求 3×3 矩阵各列之和，并将其存入一维数组中。

分析：3×3 矩阵可以用一个 3×3 的二维数组来存放；二维数组共有 3 列，可以用一个长度为 3 的一维数组存储 3 列的和。

程序代码如下：

```
#include<stdio.h>
void main( )
{  int  i,  j,  data[3][3], sum[3];
   printf("请输入一个三行三列的矩阵:\n");
   for(i=0;i<3;i++)
        for(j=0;j<3;j++)
            scanf("%d", &data[i][j]);
   for(i=0; i<3; i++)
   {  sum[i]=0;               /* 列的和存放在数组sum中，每一列的和初值设为0 */
     for(j=0; j<3; j++)
         sum[i]=sum[i]+data[j][i];
     printf("第%d列的和为: %d\n", i, sum[i]); /* 每一列的和求出后，即输出该列的和 */
   }
}
```

【例 5-8】将一个 2×3 的二维数组 a 的行和列的元素互换（行列转置）后存到另一个二维数组 b 中。

分析：矩阵转置，是把行变为列，列变为行。数组 a[i][j]，则转置后的数组为 b[j][i]。

程序代码如下：

```
#include<stdio.h>
void main( )
{   int  i,  j;
    int  a[2][3]={{10,20,30},{40,50,60}};
    int  b[3][2];
    printf("数组a: \n");
    for(i=0; i<2; i++)
        {  for(j=0; j<3; j++)
              {  printf("%5d",a[i][j]);
                 b[j][i]= a[i][j];
              }
           printf("\n");
        }
```

```
    printf("数组b: \n");
    for(i=0; i<3; i++)
        {  for(j=0; j<2; j++)
              printf("%5d",b[i][j]);
           printf("\n");
        }
}
```

【例 5-9】求二维数组中最小元素值及其行列号。

分析：二维数组 data 最小的元素假定是 data[0][0]，把它存入变量 min 中，依次用后面的每一个元素与 min 比较，如果发现比 min 小的元素，则更新 min 值，同时用相应变量记录最小值所在的行号和列号。

程序代码如下：

```
#include<stdio.h>
void main( )
{  int  data[3][3]={{10, 20, 30}, {51, 8, 6}, {12, 87, 59}};
   int  i,  j,  row=0, colum=0, min;
   // 定义变量row、colum分别记录最小元素所在的行号和列号
   min=data[0][0];
   // 假定data[0][0]是最小元素，其所在行号和列号已记录在变量row和colum中
   // 用for循环嵌套访问二维数组中的每一个元素，并与当前最小值min比较
   for(i=0; i<=2; i++)
      for(j=0; j<=2; j++)
         if(data[i][j]<min)     /* 若发现更小的元素，则记录其值及所在行号、列号 */
         {  min=data[i][j];
            row=i;
            colum=j;
         }
   printf("min=%d, row=%d, colum=%d\n", min, row, colum);
}
```

【高维数组】

C 语言允许定义超过两个下标的数组，称为高维数组。高维数组仅适用某些特殊场合的数据处理。

高维数组定义的格式为

```
数据类型  数组名[常量表达式][常量表达式] […] [常量表达式];
```

定义一个三维数组：

```
int a[2][3][4];
```

高维数组在定义时初始化的一般形式为

数据类型 数组名[常量表达式][常量表达式] [⋯] [常量表达式] = {初始化数据};

访问高维数组元素的形式：

数组名[下标1][下标2][⋯][下标n]

高维数组元素个数=各常量表达式数值的乘积；

高维数组占用内存空间=元素个数×单个元素所占内存空间。

一般来说，高维数组会使程序调试和维护的复杂度增加。在实际应用中，常用二维、三维数组。

5.4 字符数组

5.4.1 字符数组的定义

用于存储字符数据的数组称为字符数组，字符数组中的一个元素只能存放一个字符。定义字符数组的方法与定义数值数组的方法类似。

一维字符数组的定义形式为

char 数组名[常量表达式];

二维字符数组的定义形式为

char 数组名[常量表达式][常量表达式];

例如：

```
char str[100];
char str[20][10+10];
```

5.4.2 字符数组的初始化

字符数组允许在定义数组时赋初值，即初始化。

字符数组初始化有两种方法：逐个字符赋初值，用字符串常量整体赋初值。

(1) 逐个字符赋值，大括号内的字符初值需用单引号括起来。例如：

```
char sen[13]={'I',' ','l','o','v','e',' ','C', 'h','i','n','a'};
```

一维字符数组赋值后各元素在内存中的存储分布，如图 5-7 所示。

I		l	o	v	e		C	h	i	n	a	\0
sen[0]	sen[1]	sen[2]	sen[3]	sen[4]	sen[5]	sen[6]	sen[7]	sen[8]	sen[9]	sen[10]	sen[11]	sen[12]

图 5-7　一维数组 sen 在内存中的存储分布

（2）用字符串常量整体赋初值。例如：

```
char country[3][10]={{'C','h','i','n','a'},{'A','m','e','r','i','c','a'},
                     {'E','n','g','l','a','n','d'}};
```

等价于

```
char country[3][10]={"China","America","England"};
```

二维字符数组赋值后在内存中的存储分布如图 5-8 所示。

	0	1	2	3	4	5	6	7	8	9
0	C	h	i	n	a	\0	\0	\0	\0	\0
1	A	m	e	r	i	c	a	\0	\0	\0
2	E	n	g	l	a	n	d	\0	\0	\0

图 5-8　二维数组 country 在内存中的存储分布

说明：

（1）定义字符数组时如果未初始化，则数组中各元素的值不确定。

（2）赋初值个数（即大括号内的字符个数）如果大于数组长度，则按语法错误处理。

（3）给字符数组全部元素赋初值的方法等同数值数组。

（4）给字符数组部分元素赋初值，未赋初值的元素自动置为空字符('\0')，'\0'的 ASCII 码值为 0。

（5）省略字符数组第一维长度时的处理方法与数值数组相同。

5.4.3　字符数组的引用

字符数组的引用实质是引用数组元素，引用的方式如下：

一维字符数组元素的引用形式为

```
数组名[下标]
```

二维字符数组元素的引用形式为

```
数组名[行下标][列下标]
```

【例 5-10】使用二维字符数组输出一个菱形。

程序代码如下：

```
#include<stdio.h>
```

```
void main( )
{ char diamond[ ][5]={{' ',' ','*',' ',' '},{' ','*',' ','*',' '},
                      {'*',' ',' ',' ','*'}, {' ','*',' ','*',' '},
                      {' ',' ','*',' ',' '}};
  int i, j;
  for(i=0;i<5;i++)
      { for(j=0;j<5;j++)
            printf("%c",diamond[i][j]);
        printf("\n");
      }
}
```

5.4.4 字符数组的输入输出

1. 字符数组存储字符串

C 语言没有提供专门的字符串变量存储字符串。存储字符串实质上存储的是字符串中的每一个字符，因此，可以借助字符数组存储字符串。

通常，用一个一维字符数组存放一个字符串，二维字符数组存放多个字符串，行数决定储字符串的个数，列数决定字符串的长度。

（1）字符串常量

用双引号 "" 引起来的字符称为字符串常量。

系统对字符串常量会自动加一个 '\0' 作为结束标志的串尾符，'\0' 以 %c 格式输出时，不显示任何内容，但会占一列。有了 '\0'，可以很方便地测试字符串的长度，即统计第一个 '\0' 前面的字符个数，就是字符串的长度。

注意：空格字符 ' '（单引号内有个空格）不同于空字符（'\0'），空格字符的 ASCII 码值为 32。

字符数组存储字符串，除了存储字符串的有效字符外，还要存储字符串的结束标志 '\0'，方便判断字符串是否结束。当然，对于字符数组本身，C 语言并不要求它一定要包含串尾符 '\0'。

（2）用字符串常量对字符数组整体赋初值

既然字符数组可以用来存储字符串，那么对字符数组初始化时可以用字符串常量对其整体赋初值。例如：

```
char  str[ ]={"C program "};
```

或去掉{ }，写成如下形式：

```
char  str[ ]="C program";
```

因为系统会给字符串常量自动加一个串尾符 '\0'，所以，给字符数组赋初值就是把字符串的有效字符'C'、' '、'p'、r'、'o'、'g'、'r'、'a'、'm' 和系统自动添加的 '\0' 赋给数组 str。

可见，用字符串方式赋值比用字符逐个赋值要多一个字节长度，多的一个字节用于存放字符串结束标志 '\0' 。

➪【想一想】字符数组的长度等于数组中字符串的长度吗?

数组 str 在内存中的存储分布如图 5-9 所示。

C		p	r	o	g	r	a	m	\0
str[0]	str[1]	str[2]	str[3]	str[4]	str[5]	str[6]	str[7]	str[8]	str[9]

图 5-9　数组 str 初始化后的存储情况

字符数组的长度是指数组实际所占的内存空间，可以使用运算符 sizeof 求出长度。例如，sizeof(str)的值是 10。

字符串的长度是指字符串的有效字符个数，即第一个 '\0' 前面的所有字符的个数，可以通过库函数 strlen( )求得。例如，strlen(str)的值是 9。

在用字符串对字符数组赋初值时，无须指定数组的长度，由系统自行处理。

2. 字符数组中字符串的输入输出

对字符数组中的字符串输入输出，可以用循环语句逐个字符进行输入输出，也可以用输入函数 scanf ( )一次性向字符数组输入字符串，使用输出函数 printf ( )一次性输出字符数组中的字符串，还可以使用专门的字符串处理函数。

（1）字符串的输出

可以使用 printf( ) 以 %s 格式输出一个字符串。

形式：

```
printf("%s", 字符数组的地址);
```

功能：从该地址开始，输出第一个 '\0' 前的每个字符。

例如：

```
char  str[ ]={"Good"};
printf("%s\n", str);
```

输出结果为

```
Good
```

说明：

①此例中的 printf( )函数中，与 %s 对应的输出项要求是一个地址。此例中的输出函数不能写为

```
printf("%s\n", str[ ]);
```

或

```
printf("%s\n ", str[0]);
```

但可以写为

```
printf("%s\n ", &str[0]);
```

若有

```
printf("%s\n ", &str[1]);
```

表示输出从数组元素str[1]所在地址开始的字符串，则输出结果为

```
ood
```

②输出时遇到第一个 '\0' 就结束，且输出的字符中不包括 '\0' 。例如：

```
char  str[ ]={"True\0or\0False"};
printf("%s", str);
```

输出结果为

```
True
```

（2）字符串的输入

可以用 scanf( ) 函数以 %s 格式说明符输入一个字符串。

形式：

```
scanf("%s", 地址);
```

功能：从键盘输入的字符串（包括字符串结束标志 '\0' ），依次存入以该地址为首地址的内存空间。

例如：

```
char  str[6];
scanf("%s", str);
```

从键盘输入：

```
C2021
```

则数组 str 在内存中的存放情况如图 5-10 所示。

C	2	0	2	1	\0
str[0]	str[1]	str[2]	str[3]	str[4]	str[5]

图 5-10　数组 str 的存放情况

通常，输入的字符串应短于已定义字符数组的长度。

说明：用 scanf( ) 函数以格式说明符 %s 输入字符串时，空格、回车或 Tab 键都被作为字符串的分隔符。也就是说，从键盘输入字符串时，输入空格、回车或 Tab 键，都

表示一个字符串的输入结束。

例如：

```
char  str[20];
scanf("%s", str);
printf("%s\n", str);
```

执行程序时，若通过键盘输入：

```
Have a good luck!
```

则程序继续执行后的输出结果为

```
Have
```

从输出结果可以看出，第一个空格以后的字符没有被写入数组，所以未能输出。

为了避免这种情况，可以使用字符串处理函数 gets( )，或者多定义几个字符数组来分段存放含空格的字符串。

5.4.5 常用字符串处理函数

C 语言函数库提供一些字符串处理函数，用来实现字符串的输入、输出、连接、比较、转换、复制等功能，使用便捷。

注意：在使用字符串处理函数时，程序的开头要用#include<string.h>将头文件<string.h>包含进来。一些 C 编译系统允许在使用 puts( )和 gets( )函数时可以不加#include<string.h>。

1. 字符串输出函数 puts( )

格式：

```
puts(字符串)
```

功能：把字符串（以 '\0' 结束的字符序列）输出到终端，输出完毕换行。

说明：括号内的字符串可以是字符串常量，也可以是字符串的首地址，如字符数组名、数组元素的地址或者指针变量。puts( )函数中的字符串中也可以包含转义字符。

例如，分析下列程序运行结果。

```
#include<stdio.h>
#include<string.h>
void main( )
{
  char  str[ ]="《The C Programming Language》\n Brian & Dennis ";
  puts(str);
}
```

2. 字符串输入函数 gets( )

格式：

```
gets(字符数组)
```

功能：输入一个字符串到字符数组，得到一个函数值，即该字符数组的首地址。

例如：

```
char str[50];
gets(str);
puts(str);
```

若从键盘输入：

```
爱国 敬业 诚信 友善!
```

则输出结果为

```
爱国 敬业 诚信 友善!
```

可以看出，当输入的字符串中含有空格时，利用 gets( )函数输入字符串，空格能被读取并写到数组内，说明 gets( )函数并不以空格作为字符串输入结束的标志，事实上 gets( )函数只以回车作为输入结束标志。这是与 scanf( )函数不同之处。

3. 字符串连接函数 strcat( )

格式：

```
strcat(字符数组1,字符数组2)
```

功能：把字符数组 2 连接到字符数组 1 的后面，并删去字符数组 1 后的串尾符 '\0' 。函数返回值是字符数组 1 的首地址。

说明：第一个参数要求是字符数组名，第二个参数可以是字符数组名、字符串常量或指针变量。

例如：

```
#include<stdio.h>
#include<string.h>
void main()
{
  char  str1[50]="社会主义",  str2[ ]="核心价值观";
  strcat(str1, str2);
  strcat(str1, "!");
  puts(str1);
}
```

输出结果为

```
社会主义核心价值观!
```

本程序把初始化赋值的字符数组 str1 与 str2 连接起来，存放在 str1 内，然后把字符数组 str1 与字符串常量"!"连接起来。

注意：字符数组 1 的长度应定义足够长，否则不能放入连接后的全部字符串。

【例 5-11】 编写程序模拟库函数 strcat( )的功能。

分析：函数 strcat( )的功能是连接两个字符串，第二个字符串的第一个字符应该放置在第一个字符串的第一个 '\0' 的位置，所以需要先找到这个 '\0' ，从这个 '\0' 开始的位置复制第二个字符串。

程序代码如下：

```
#include<stdio.h>
void main( )
{  char  s[80],  t[80];
   int  i,  j;
   printf("输入需要连接的第一个字符串: ");
   gets(s);
   printf("输入需要连接的第二个字符串: ");
   gets(t);
   for(i=0; s[i]!='\0'; i++);    /* 寻找s数组中的第一个'\0' */
   for(j=0; t[j]!='\0'; j++)
   // 从s数组的第一个'\0'的位置开始写入t数组中的每一个字符
      s[i+j]=t[j];
   s[i+j]='\0';
   printf("连接后的字符串为: ");
   puts(s);
}
```

4. 字符串复制函数 strcpy( )

格式：

```
strcpy(字符数组1,字符串2);
```

功能：把字符串 2 复制到字符数组 1 中，串结束标志 '\0' 也一同复制。

说明：第一个参数必须是一个字符数组名，第二个参数可以是字符数组名、字符串常量，或指针变量。字符数组 1 应有足够的长度，否则不能放入所复制的全部字符串。

例如：

```
#include<stdio.h>
#include<string.h>
```

```
void main( )
{
  char  str1[50],  str2[ ]="雄关漫道真如铁，";
  strcpy(str1,str2);
  puts(str1);
  strcpy(str1,"而今迈步从头越。");
  puts(str1);
}
```

输出结果为

```
雄关漫道真如铁，
而今迈步从头越。
```

5. 字符串比较函数 strcmp( )

格式：

```
strcmp(字符串1,字符串2)
```

功能：比较字符串 1 和字符串 2 的大小，比较结果由函数返回值返回。

如果字符串 1=字符串 2，则函数值为 0；

如果字符串 1>字符串 2，则函数值为一个正整数（1）；

如果字符串 1<字符串 2，则函数值为一个负整数（–1）。

比较规则：对两个字符串自左向右逐个字符相比（按字符的 ASCII 码值大小比较），直到出现不同的字符或遇到 '\0' 为止。如果字符全部相同，则认为两个字符串相等，函数值为 0；如果出现不相同的字符，则以第一个不相同字符的比较结果作为整个字符串的比较结果。

说明：字符串 1 和字符串 2 既可以是字符数组名，也可以是字符串常量或指针变量。

例如：

```
int  m;
char  str1[ ]="XZIT",  str2[ ]="Xuzhou  University";
m=strcmp(str1, str2);
printf("m=%d\n", m);
if(m>0)  printf("str1>str2\n");
else if(m==0) printf("str1=str2\n");
    else printf("str1<str2\n");
```

本程序段是比较数组 str1 和数组 str2 中的字符串，把比较结果赋给变量 m，根据 m 的值再输出比较的结果。数组 str1 中的字符串比数组 str2 中的字符串小，故 m<0，运行结果为

```
str1<str2
```

【例 5-12】编程模拟实现库函数 strcmp( )的功能。

分析：strcmp( )函数实现的是两个字符串的比较，先从两个字符串的第一个字符开始一一对应比较，直到遇到不相等的字符或 '\0' 结束比较。然后求出当前两个不同字符的 ASCII 码的差值。例如，"CD" 与 "CE"比较，由于字符串 "CD" 的第二个字符 'D' 与 "CE" 的第二个字符 'E' 不相等，结束比较，输出 'D'-'E' 的结果-1；同理，"This"和"That"比较，根据第 3 个字符比较结果，'i' 比 'a' 大 8，输出 8；若 "Jiangsu" 与 "Jiangsu"比较，当比较到两个串的第七个字符 'u' 时，依然相等，继续往后比较时，遇到串尾符 '\0'，结束比较，计算字符串第七个字符的差值 '\0'-'\0'，结果为 0。

程序代码如下：

```
#include<stdio.h>
void main( )
{  char  str1[80],  str2[80];
   int  i;
   printf("输入需要比较的第一个字符串：");
   gets(str1);
   printf("输入需要比较的第二个字符串：");
   gets(str2);
   for(i=0; str1[i]==str2[i] && str1[i]!='\0';  i++);
    // 遇到不相等的字符或'\0'，结束循环
    printf("比较结果是：%d\n", str1[i]-str2[i] );
    // 输出当前两个不同字符的差值
}
```

6. 测字符串长度函数 strlen( )

格式：

```
strlen(字符数组)
```

功能：测试字符串的实际长度(不包括字符串结束标志 '\0')。

例如：

```
printf("%d\n", strlen("C Program"));
```

输出结果为 9 。

7. 大写字母转换成小写字母函数 strlwr ( )

格式：

```
strlwr(字符串)
```

功能：将字符串中大写字母转换成小写字母。

8. 小写字母转换成大写字母函数 strupr( )

格式:

```
strupr(字符串)
```

功能：将字符串中小写字母转换成大写字母。

【例 5-13】 把一个字符串中所有的大写字母改成小写字母，其他字符不变，最后输出。

分析：利用字符数组存放字符串，对数组中第一个 '\0' 前的每一个字符进行判断，如果是大写字母，就改写成小写字母（其 ASCII 码值加 32），对于不是大写字母的字符，不做处理。

程序代码如下：

```
#include<stdio.h>
#define  N  30
void  main( )
{  char  str[N],  i;
   printf("输入一个字符串（长度<30）：");
   gets(str);
   for(i=0;  str[i]!='\0';  i++)
   // 用for循环语句访问每个元素，直到遇到'\0'
      if(str[i]>='A' && str[i]<='Z')  str[i]=str[i]+32;
      // 若是大写字母，则加上32，转换成小写字母
   printf("转换后的字符串为：");
   puts(str);
}
```

5.5 数组应用案例

5.5.1 Fibonacci 数列

Fibonacci（斐波那契）数列有如下特点：第 1、2 两个数为 1、1，从第 3 个数开始，该数是其前面两个数之和。即 Fibonacci 数列为：1, 1, 2, 3, 5, …。要求用数组求其前 40 个数。

Fibonacci 数列可以用一个有趣的古典数学问题来描述：有一对兔子，从出生后的第三个月起，每个月都生一对小兔子。小兔子长到第三个月后每个月又生一对小兔子。假设所有的兔子都能成活，问前 40 个月每月各有多少对兔子？

分析问题，设计算法：随着月份的增加，兔子数量如表 5-1 所示。

定义一维数组 “long int fib[41]={0,1,1};”，用 fib[1]，fib[2]，…，fib[40]保存每月兔子的数量。从第 3 个月，兔子的数量满足算式：

```
fib[n]= fib[n-1]+ fib[n-2];
```

程序代码如下：

```
#include<stdio.h>
void main( )
{
    long  int  fib[41]={0,1,1};
    int  i;
    for(i=3; i<=40; i++)    /* 从第3月开始，输出每月兔子数（对） */
        {
          fib[i]= fib[i-1]+ fib[i-2];
          printf("the %2d month  rabbit  amount :%12ld \n", i, fib[i]);
         }
    printf("\n the 40 month  rabbit  amount is :%12ld \n", fib[40]);
}
```

表 5-1　每一月份对应的兔子数量（对）

月数	小兔	中兔	老兔	兔子总数
1	1	0	0	1
2	0	1	0	1
3	1	0	1	2
4	1	1	1	3
5	2	1	2	5
⋮	⋮	⋮	⋮	⋮
40				

注：不满 1 个月的为小兔，满 1 个月不满 2 个月的为中兔，满 3 个月以上的为老兔。

5.5.2　投掷硬币

每次投掷三枚硬币，可能出现 4 种结果：3 个正面，3 个反面，2 个正面 1 个反面，2 个反面 1 个正面。编写程序，利用随机函数模拟投币结果，共投 100 次，求每种结果出现的次数。

问题分析：定义三维整型数组 int a[2][2][2]，其元素 a[1][1][1]表示 3 个正面的次数，a[0][0][0]表示 3 个反面的次数，2 个正面 1 个反面的次数是：a[0][1][1]+a[1][0][1])+a[1][1][0])；1 个正面 2 个反面的次数是：a[0][0][1]+a[0][1][0]+a[1][0][0])。

程序代码如下：

```
#include<stdio.h>
#include<stdlib.h>
#include<time.h>
void  main( )
```

```
{  int  i, n1, n2, n3;
   int  a[2][2][2]={0};
   srand(time(NULL));           /* 为了产生不同的数据，重置随机数种子 */
   for  (i=1;i<=100;i++)
     {  n1=rand()%2;
        n2=rand()%2;
        n3=rand()%2;
        a[n1][n2][n3]=a[n1][n2][n3]+1;
     }
   printf("投币结果如下\n");
   printf("3个正面的次数是%d\n", a[1][1][1]);
   printf("3个反面的次数是%d\n", a[0][0][0]);
   printf("2个正面1个反面的次数是%d\n", a[0][1][1]+a[1][0][1]+a[1][1][0]);
   printf("1个正面2个反面的次数是%d\n", a[0][0][1]+a[0][1][0]+a[1][0][0]);
}
```

5.6 答疑解惑

1. 定义数组易错点

疑问：

```
int  m=10, d[m];
```

编译时为什么出错？

解惑：数组定义时，方括号内是常量表达式，不能含有变量，而此处 m 是变量，所以编译会出错。

2. 数组初始化问题

疑问：

```
int  arr[3][ ]={10, 20, 30, 40, 50, 60};
```

编译时为什么有错？

解惑：在定义二维数组的同时，若对全部元素初始化，可以省略第一维的长度，但第二维的长度不能省略。可改为

```
int  arr[ ][3] ={10, 20, 30, 40, 50, 60};
```

疑问：

```
int  arr[3][3]={{10, 20, 30},{ },{80, 90}};
```

编译时为什么有错？

解惑：二维数组初始化时，不能出现空的花括号。应改为

```
int a[3][3]={{10,20,30},{0},{80,90}};
```

3. 数组名的本质

疑问：数组名的本质含义是什么？编译下列语句时为何有错？

```
char  str[10];
str="Xuzhou!";
```

解惑：数组名 str 表示数组首地址，是一个常量，不能给常量赋值。若希望把字符串赋值给数组，可采用形式为

```
char  str[10]="Xuzhou!";
```

也可采用 strcpy(str, "Xuzhou")的方式赋值。

4. 字符数组与字符串的区别

疑问：字符数组存储字符串时为何要存储 '\0' ？

解惑：C 语言没有直接的字符串变量，只能借助字符数组存储字符串，且字符串以 '\0' 结束，所以存储字符串时，字符数组都要存储 '\0'。

5. strlen( )与 sizeof( )的区别

疑问：若有

```
char  str[10]= "xyz\0abc"
```

strlen(str)与 sizeof(str)有何不同？

解惑：函数 strlen( )求的是字符串的长度，遇到 '\0' 就表示字符串结束，此处 strlen(str)的值为 3；运算符 sizeof( )是求数组所占内存空间的字节数，sizeof(str)的值为 10。

习 题 5

5.1 单选题

1．有定义语句：int a; char str[10];，下列正确的输入语句是（　）。

A．scanf("%d%s", &a, &str);　　B．scanf("%d%s", a, &str);

C．scanf("%d%s", a, str);　　D．scanf("%d%s", &a, str);

2．正确定义一维数组的是（　）。

A．int arr[5]={8,9,18,20,30};　　B．char str={0,1,2,3,4,5};

C．char str={'A', 'B', 'C'};　　D．int m[5]="56789";

3．已有定义：char s[5]="abc", t[5]={'a', 'b', 'c'};，下列选项正确的是（　）。

A．数组s长度大于数组t长度　　B．数组s长度小于数组t长度

C．数组s和数组t的长度相同　　D．上述说法都不对

4．数组定义如下，错误的是（　）。

A．int　a[ ][3]={0};　　B．int　a[2][3]={{1,2},{3,4},{5,6}};

C．int　a[ ][3]={{1,2,3},{4,5,6}};　　D．int　a[2][3]={1,2,3,4,5,6};

5．若有定义语句：int　a[3][4];，在内存中按行的存放顺序，数组a的第10个元素为（　）。

A．a[2][1]　　B．a[1][3]　　C．a[0][3]　　D．a[1][4]

6．下列关于字符串的叙述，正确的是（　）。

A．C语言中有字符串类型的常量和变量

B．当两个字符串中的字符个数相同时，才能进行字符串大小的比较

C．可以用关系运算符比较字符串的大小

D．空串一定比空格打头的字符串小

5.2 填空题

1．下列程序的输出结果是__________。

```
#include<stdio.h>
void  main()
{ int  i, sum=0,  a[3][3]={{10,20,30},{4,5,6},{7,8,9}};
  for(i=0; i<3; i++)  sum=sum+a[i][i]+a[i][3-i-1];
      printf("%d\n", sum);
}
```

2．下列程序的输出结果是__________。

```
#include<stdio.h>
void  main( )
{  int  i,  a[3]={3};
   for(i=1; i<3;  i++)
       {  a[i]=a[i-1]*3+3;  printf("%d ", a[i]);  }
}
```

3．下列程序的输出结果是________。

```
#include<stdio.h>
#include<string.h>
void main( )
{  printf("%d\n",strlen("HuaWei\n012\1\\"));   }
```

4．下列程序的输出结果是________。

```
#include<stdio.h>
void main( )
{  char  str[10]= "abcde";
```

```
  printf("%d\n ", sizeof(str));
}
```

5．下列程序的功能是：求出数组 x 中相邻两个元素的和依次存放到数组 y 中，在划线处填空。

```
#include<stdio.h>
void main( )
{ int x[10], y[9], i;
  for(i=0; i<10; i++) scanf("%d", &x[i]);
  for(_________; i<10; i++ )
     y[i-1]=x[i]+_________;
  for(i=0; i<9; i++) printf("%d", y[i]);
  printf("\n");      }
```

5.3　编程题

1．编写程序：输入十个国家的英文名称，按字母顺序排列输出。

编程思路：应用二维字符数组处理十个国家的英文名称。可以把一个二维数组当成多个一维数组处理。本题可以按十个一维数组处理，每个一维数组存储的是一个国家名称的字符串。用字符串函数 strcmp( )比较各一维数组的大小，并排序输出结果。

2．二维数组某一位置上的元素在该行中最大，且在该列中最小，称为鞍点。从键盘输入一个二维数组的元素值，当鞍点存在时，编写程序找出所有的鞍点。

3．某班级有 N 位学生，每位学生有 X 门课程成绩，编程求出每门课程的平均成绩和每位学生的平均成绩。

4．回文是指字符串中的字符对称相等，例如， level、deed 均为回文。输入一串长度不超过 10 的字符串，判断它是否为回文。

算法分析：判断一串字符对称位置上的字符是否相等，需要用循环语句控制。可设一维字符型数组 a，长度为 10，用来存放此字符串，再设循环变量 i、j，兼做数组下标，进行循环时 i 的值为 0，表示第 0 个元素，j 的值为数组长度减 1，表示最后一个元素，判断 a[i]和 a[j]是否相等，若不等，则退出循环；若相等，则进行下次循环 i 增 1，j 减 1，继续判断 a[i]和 a[j]的关系，直到 i>=j 时，都不曾出现不等的情况，则是回文。

5．用筛选法求 100 之内的素数。

实验项目 5　数组的应用

通过实验掌握一维数组、二维数组和字符数组的定义、引用和初始化。能利用数组进行批量数据处理。

【实验目的】

（1）掌握一维数组、二维数组和字符数组的定义、引用和初始化方法；

（2）掌握常用字符串函数的使用方法；

（3）能编程实现各种数据排序算法，例如，选择法、冒泡法排序。

（4）能利用数组解决实际问题。

【实验内容】

一、基础题

1．求一个 3×3 矩阵的所有行元素之和、列元素之和、两条对角线上元素之和。矩阵如下：

```
1  2  3
4  5  6
7  8  9
```

问题分析：可将矩阵中的元素存储到一个二维整型数组中，对每一行、每一列元素之和需定义两个一维整型数组，每一对角线上元素之和需定义两个变量。

程序代码如下：

```
#include<stdio.h>
void main( )
{  int  i,  j;
   int  a[3][3]={{1,2,3},{4,5,6}, {7,8,9}};
   int  RowSum[3]={0}, ColSum[3]={0}, DiagSum1=0, DiagSum2=0;
   printf("3×3的矩阵是: \n");
   for(i=0; i<3; i++)
      {  for(j=0; j<3; j++)  printf("%5d", a[i][j]);
         printf("\n");
      }
   for(i=0; i<3; i++)
   {  for(j=0; j<3; j++)
        {  RowSum[i]=RowSum[i]+a[i][j];
           ColSum[i]=ColSum[i]+a[j][i];
        }
     DiagSum1= DiagSum1+a[i][i];
     DiagSum2=DiagSum2+a[i][2-i];
   }
```

```
  for(i=0; i<3; i++)
    printf("RowSum[%d]=%d, ColSum[%d]=%d\n", i, RowSum[i], i, ColSum[i]);
  printf("DiagSum1=%d,  DiagSum2=%d\n",  DiagSum1, DiagSum2);
}
```

2. 编写程序，打印杨辉三角形的前 10 行。

```
1
1   1
1   2   1
1   3   3   1
1   4   6   4   1
1   5   10  10  5  1
…
```

3. 比较两个字符串 str1 和 str2 的大小，str1>str2，输出一个正数；str1=str2，输出 0；str1<str2，输出一个负数。要求：不使用 strcmp( )函数，两个字符串用 gets( )函数读入；输出的正数或负数应是相比较的两个字符串对应字符 ASCII 码值的差。

二、提高题

1. 编写程序，将两个字符串连接起来。要求：不使用 strcat( )函数。例如，输入 police 和 man 两个字符串，输出结果为 policeman。

2. 魔方矩阵是指：每一行、每一列、每一对角线上的元素之和都相等。编程判断某一矩阵是否为魔方矩阵。例如，三阶魔方矩阵为

```
8  1  6
3  5  7
4  9  2
```

【提示】编写程序将矩阵中的这些元素读到一个二维整型数组中，然后检验其每一行、每一列、每一对角线上的元素之和是否都是相等的。

第 6 章　函数实现模块化程序设计

本章思维导图

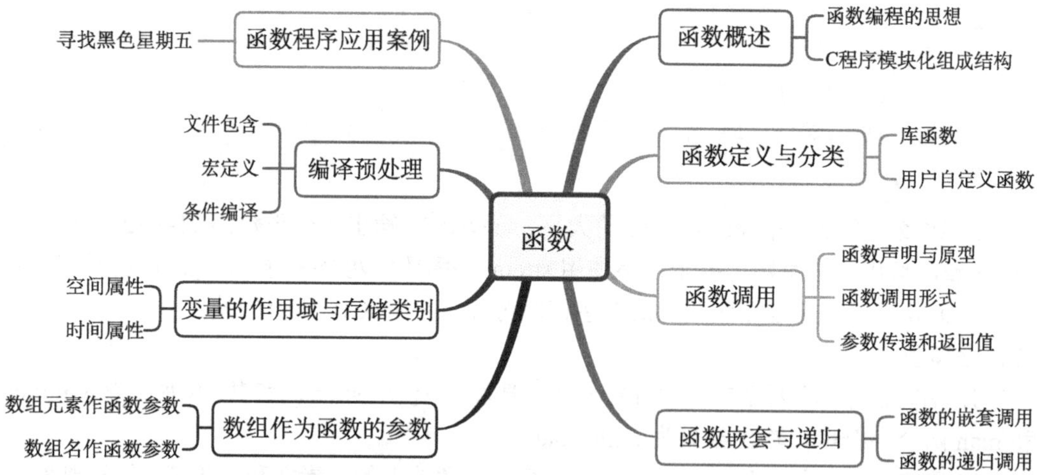

学习任务

1. 掌握函数定义的一般形式和调用方法；
2. 掌握函数间用参数和返回值进行数据传递的过程；
3. 熟悉函数嵌套和递归；
4. 熟悉变量的作用域和存储类别；
5. 掌握编译预处理命令；
6. 理解数组作为函数参数的意义；
7. 学会用函数编写应用程序。

6.1 函数概述

C 语言常用的代码以固定的格式封装（包装）成一个独立的模块，只要知道这个模块的名字就可以多次使用它，这个模块就叫做函数（function）。

函数的本质是一段可以重复使用的代码，这段代码被提前编写好放到指定的文件中，使用时直接调用即可。

6.1.1 函数编程的思想

模块化程序设计采用“分而治之”的思想：把一个复杂的大问题分解为若干相对独立的小问题即自顶而下，逐步求精；然后，对每个小问题编写出一个功能上相对独立的程序块（函数）；最后将各个程序块进行组装成为一个完整的程序，实现模块化编程。

函数与函数之间是平行的、独立的，通过数据接口进行数据交流，这样编写的程序结构清晰，可读性好，易于开发与维护，同时也提高了函数的可重用性及程序开发效率。

⇨【思考】函数编程的思想是否蕴含“团队合作”精神。众人拾柴火焰高，同学之间互相帮助，各取所长，这样的团队不论做什么事，效率更高、进度更快。

6.1.2 C 程序模块化组成结构

C 程序模块化组成结构如图 6-1 所示。

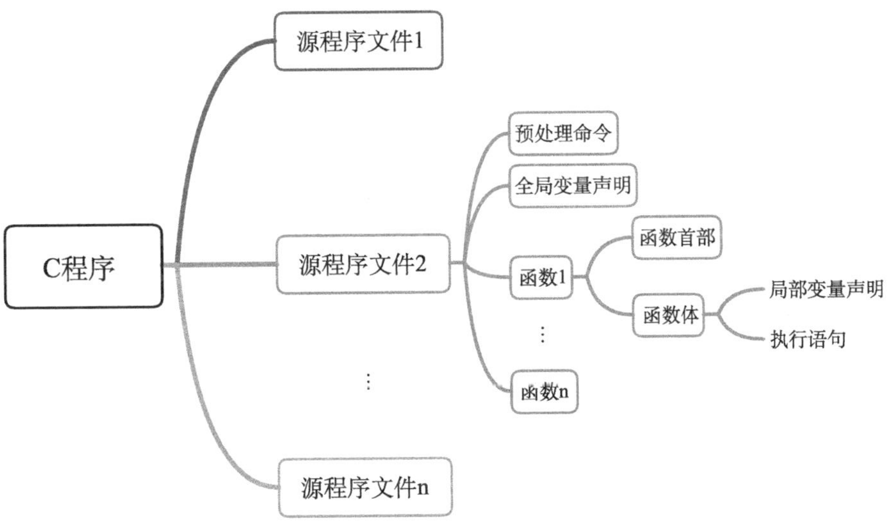

图 6-1 C 程序模块化组成结构

6.2 函数定义与分类

将代码段封装成函数的过程叫做函数定义。

（1）从函数定义的角色，可分为库函数和用户自定义函数两种。

库函数是把一些常用的函数放到一个文件里，使用时把它所在的头文件名放在“#include< >”的尖括号里，例如，#include<math.h>、#include<string.h>等。

用户自定义函数，放在当前源文件中，不需要引入头文件。

（2）从函数有无返回值的角度，可分为有返回值函数和无返回值函数两种。

①有返回值函数：函数被调用执行完后，向调用者返回一个执行结果，这个结果称为函数返回值。

②无返回值函数：被调函数执行完成后，不需向调用者返回函数值。

（3）从函数的有无参数形式，可分为无参函数和有参函数两种。

①无参函数：主调函数和被调函数之间不进行参数传送。

②有参函数：也称为带参函数。主调函数通过参数向被调函数进行数据的传递。通常情况下，有参的被调函数会有一个返回值，供主调函数使用。

每个C程序有且只有一个主函数。一个C程序总是从主函数开始执行，而不论主函数在程序中的任何位置。

主函数可以调用其他函数，但其他函数不能调用主函数，必要时主函数一般由系统调用。

6.2.1 库函数

C语言自带的函数称为库函数（library function）。库（library）是编程中的一个基本概念，可以简单地认为它是一系列函数的集合，在磁盘上往往是一个文件夹。C语言自带的库称为标准库，其他公司或个人开发的库称为第三方库。

库函数又称为标准函数，系统内已被定义过，用户可以直接使用。例如，printf( )、scanf( )、getchar( )、putchar( )、gets( )、puts( )、strcat( )等。

使用库函数首先需要包含相应的“头文件”。头文件是包含库函数声明语句的文件名后缀是“.h”的文件。

例如，要想使用输出、输入函数printf( )和scanf( )，必须在程序代码前包含头文件stdio.h，包含头文件的写法如下：

```
#include<stdio.h>
```

包含头文件不是C语言的语句，语句末尾不需要加分号。

库函数分以下几类：

（1）I/O函数：printf( )、scanf( )、getchar( )、putchar( )等，需要用包含的头文件stdio.h。

（2）字符/字符串函数：strcpy( )、strcmp( )、strcat ( )等，需要用包含的头文件string.h。

（3）数学函数：sqrt( )、fabs( )、exp( )、sin( )、cos( )等，需要用包含的头文件math.h。

（4）日期、时间函数：time( )、ctime( )、clock( )等，需要用包含的头文件time.h。

（5）动态分配、随机函数：rand( )、free( )等，需要用包含的头文件stdlib.h。

6.2.2　用户自定义函数

除了库函数，用户还可以编写自己的函数，拓展程序的功能。用户自己编写的函数称为自定义函数。自定义函数和库函数在编写和使用方式上完全相同。

自定义函数可以无参数，也可以带参数。函数应当先定义，后调用。用户自定义函数也可以通过“文件包含”的方式引入到当前编写的代码中。

函数一般由函数首部和函数体组成。“类型标识符 函数名( )”称为函数首部；花括号中的内容称为函数体。如果一个函数内有多层花括号，则最外层的一对花括号为函数体的范围。

函数体一般包括声明部分、执行部分两部分。

（1）声明部分：包括函数类型、函数名、函数参数及参数的类型；

（2）执行部分：函数体，由若干条语句组成命令序列（可以在其中调用其他函数）。

函数是一段可以重复使用的代码，用来独立地完成某个功能，它可以接收用户传递的数据，也可以不接收。接收用户数据的函数在定义时要指明参数，不接收用户数据的不需要指明，根据这一点可以将函数分为有参函数和无参函数。

1. 无参函数

如果函数不接收用户传递的数据，那么定义时可以不带参数。

无参函数的定义形式为

```
类型标识符 函数名( )
{
    声明部分
    执行部分
}
```

例如：

```
void printstar()
{
    printf("***************");      /*无声明部分，无返回值*/
}
```

说明：

（1）函数首部中的“类型标识符”指明函数值的类型，函数值的类型实际上是函数返回值的类型，也就是该函数要传递给主调函数的数据类型。该类型标识符可以是基本类型，如 char、int、float、double 等，也可以是后续章节将要介绍的指针等类型。函数可以有返回值，也可以无返回值。在很多情况下无参函数没有返回值，此时函数的类型标识符为 void。

（2）函数名是由用户定义的标识符，给函数命名时建议做到“见名知义”并符合标识符的命名规则。

（3）函数体中的声明部分可以是对函数体内所用到的变量的声明，也可以是对函数体内所调用函数的声明。

2. 有参函数

有参函数的定义形式为

```
类型标识符 函数名(形式参数表列)
{
    声明部分
    执行部分
}
```

说明：

（1）函数的参数：分为形式参数和实际参数两种。

形式参数：定义函数时，函数名后面圆括号中的变量名称为形式参数，简称形参。形参的个数可以是一个或多个，多个参数之间用逗号间隔，形参应给出类型说明。

实际参数：在调用函数时函数名后面括号中的参数称为实际参数，简称实参。实参可以是常量、变量或表达式。

（2）函数不能嵌套定义：C 语言规定所有函数都是平行的、独立的，函数在定义时不能嵌套，即不允许在一个函数中定义另一个函数。

【例 6-1】 函数的实参与形参的应用：编程求两个数中的大值。

程序代码如下：

```
#include<stdio.h>
#include<stdlib.h>
int max(int a, int b)        /* a、b为形式参数*/
{
  if(a>b)
      return a;
  else
      return b;
}

void main()
{
  int m,n, result;           /* m、n为实际参数*/
  scanf("%d,%d",&m,&n);
  result=max(m,n);           /*实参m的值传给形参a，n的值传给形参b*/
  printf("max is %d",result);
  system("pause");
}
```

运行结果如图 6-2 所示。

程序中的语句“result=max(m,n);”是主函数对 max( )函数的调用语句，并把 max( )函数的返回值赋给 result。

注意：当形参变量为多个时，且它们的数据类型相同时，需要分别说明各自的类型。例如：

```
int max(int a, b)     /*应改为：int max(int a,int b)*/
{
    if(a>b) return a;
    else return b;
}
```

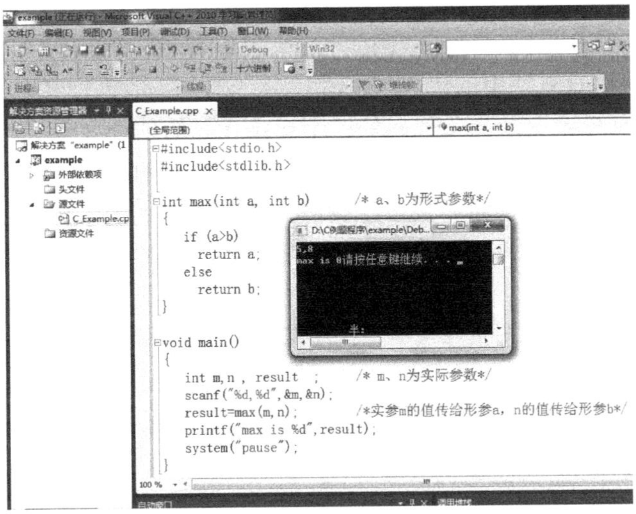

图 6-2 实参与形参的应用（求两数中的大值）运行结果

3. 空函数

空函数定义形式为

```
类型标识符 函数名()
{
}
```

例如：

```
void dummy( )
{
}
```

空函数 dummy( ) 函数体内没有语句，什么工作也不做，只是表明“这里要调用一个函数”，一般留待以后扩充函数功能时补充代码。

6.3 函数调用

在C语言中，主函数main( )可以调用其他函数，其他函数可以相互调用，也可以嵌套调用，甚至可以自身调用自身（递归调用），但是都不能调用主函数main( )。

函数定义后只有通过调用才能实现其功能。将调用其他函数的函数称为主调函数，被调用的函数称为被调函数。当主调函数执行到被调函数时，主调函数会暂停，转而执行被调函数的代码；被调函数执行完毕后再返回主调函数，主调函数根据刚才的状态继续往下执行。

一个C语言程序的执行过程可以认为是多个函数之间的调用过程，它们形成了一个或简单或复杂的调用链条。这个链条的起点是main( )，终点也是main( )。当main( )调用完了所有的函数，它会返回一个值（例如return 0;）结束整个程序。

函数是一个可以重复使用的代码块，CPU会一条一条地执行其中的代码，当遇到函数调用时，CPU首先要记录当前代码块中下一条代码的地址（假设地址为0X1000），然后跳转到另外一个代码块，执行完毕后再回来继续执行0X1000处的代码。整个过程相当于CPU开了一个小差，暂时放下手中的工作去做点别的事情，做完了再继续刚才的工作。

函数调用过程如图6-3所示。

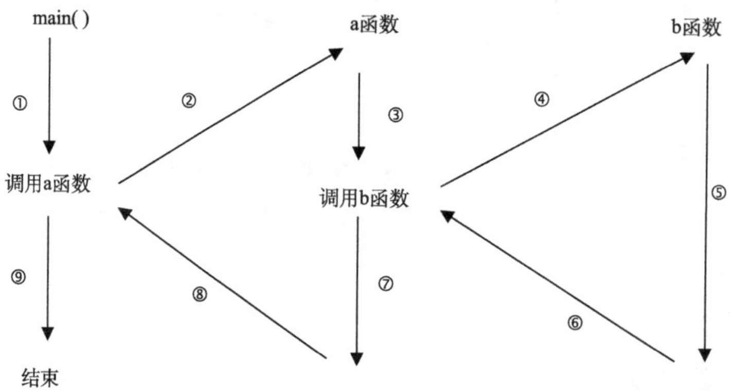

图6-3　函数的调用过程

6.3.1 函数声明与原型

C语言代码由上到下依次执行，原则上函数定义要出现在函数调用之前，否则就会报错。但在实际开发中，经常会在函数定义之前使用它们，这个时候就需要提前声明。

所谓声明（declaration），就是告诉编译器要使用这个函数，现在没有找到它的定义不要紧，请不要报错，稍后会把定义补上。

函数声明给出了函数名、返回值类型、参数列表（重点是参数类型）等与该函数有关的信息，称为函数原型（function prototype）。函数原型的作用是告诉编译器与该函数有关的信息，让编译器知道函数的存在，以及存在的形式，即使函数暂时没有定义，编译器也知道如何使用它。

函数声明一般格式为

```
函数类型  函数名(形参类型[形参名],…);
```

或

```
函数类型  函数名();
```

函数声明与函数定义的第一行相同。函数声明可以不写形参名，只写形参类型。

函数声明位置：位于函数调用之前，一般在程序的数据说明部分。如果在所有函数定义之前，预先对各个函数进行了声明，则在以后的各主调函数中，可不再对被调函数作声明。例如：

```
char f1(int a);          /*函数声明*/
float f2(float b);       /*函数声明*/
void main()
{
   ⋮
}
char f1(int a)           /*函数定义*/
{
   ⋮
}
float f2(float b)        /*函数定义*/
{
   ⋮
}
```

（1）程序中，第一、二行对 f1( )函数和 f2( )函数预先作了声明。因此在以后各函数中无需对 f1( )和 f2( )函数再作声明就可直接调用。

（2）如果被调函数的返回值是整型或字符型时，可以不对被调函数作声明，而直接调用。这时系统将自动对被调函数返回值按整型处理。但有的编译系统要求对所有被调函数都要进行声明，所以为了程序的清晰性、安全性和通用性，建议都加上函数原型声明。

初学者编写的程序都比较简单，代码量较少，完全可以放在一个源文件中。对于单个源文件的程序，通常是将函数定义放到 main( )的后面，将函数声明放到 main( )的前面，这样就使得代码结构清晰明了，主次分明。

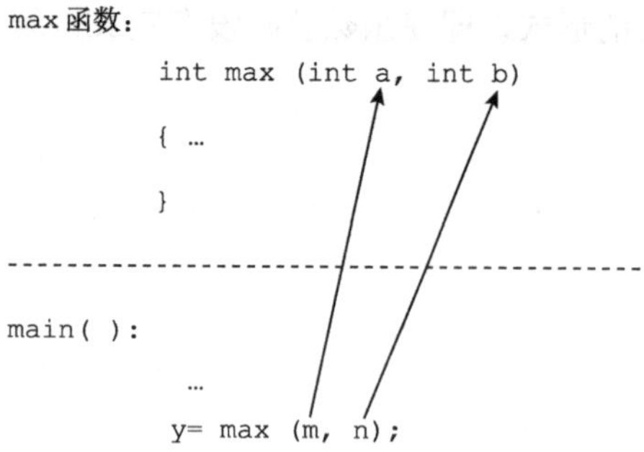

图6-4 函数调用时实参应向形参传递数据

6.3.2 函数调用形式

函数调用格式一般为

函数名([实参表列])

实参表列中的参数可以是常量、变量、表达式或构造类型数据。

如果有多个实参，则各实参之间用逗号分隔，且实参的个数与形参的个数应相等，类型匹配，实参按先后顺序对应向形参传递数据，如图6-4所示。

6.3.3 参数传递和返回值

1. 函数的返回值

函数的返回值又称函数的值，是指函数被调用之后，执行函数体中的代码所得到的结果，这个结果通过return语句返回。函数返回值实现了数据从被调函数到主调函数的传递。

（1）return语句的一般形式

```
return (表达式);
```

或

```
return 表达式;
```

有没有( )都是正确的，为了简明，一般也不写( )。例如：

```
return max;
return a+b;
return (100+200);
```

如果函数无返回值，return语句可以省略。

以例6-1的程序为例，若形参a和b已分别接收实参传递来的数据3和5，则执行if语句时，条件a>b不成立，而执行else后面的语句“return b;”，将return语句表达式b的值返回到主调函数，数据传递过程如图6-5所示。

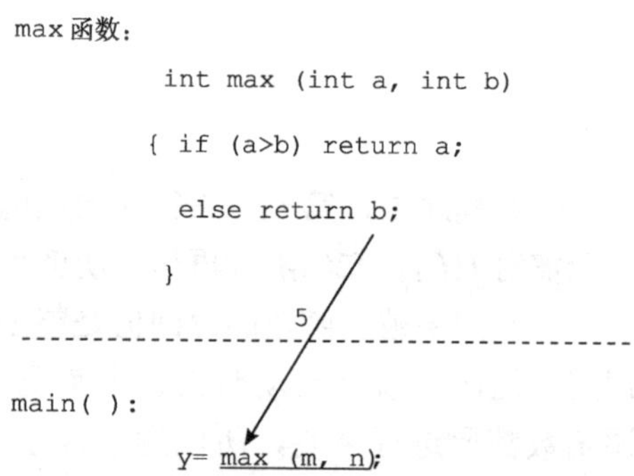

图6-5 被调函数向主调函数的数据传递过程

（2）return语句中表达式的类型

return 语句中表达式的类型通常和函数定义中函数的类型保持一致。如果两者不一致，则以定义时说明的函数类型为准，自动进行类型转换。

例如，max( )函数在定义时，函数值类型说明为整型，函数体内return语句中的表达式a（或b）也是整型，两者是一致的。但是，如果有如下函数定义：

```
int  compare(int x, int y)
{
  if(x>y)  return(1.6);
  if(x==y)  return(0.7);
  return(-1.9);
}
```

其中，三个 return 语句中的表达式分别是 1.6、0.7、–1.9，它们都是浮点类型，与定义整型不匹配，则系统自动把浮点类型的数据转换成整型 1、0、–1，然后作为函数的值。

说明：若无 return 语句，执行程序结束时，自动返回主调函数，可能返回一个不确定或无用的值。

（3）对 C 语言返回值的说明

①没有返回值的函数为空类型，用 void 表示。例如：

```
void func()
{
  printf("How are you\n");
}
```

一旦函数的返回值类型被定义为 void，就不能再接收它的值了。例如，下面的语句是错误的：

```
int a = func();
```

为了使程序有良好的可读性并减少出错，凡不要求返回值的函数都应定义为 void 类型。

②return 语句可以有多个，可以出现在函数体的任意位置，但是每次调用函数只能有一个 return 语句被执行，所以只有一个返回值。例如：

```
//返回两个整数中较大的一个
int max(int a, int b)
{
    if(a > b)
        return a;
    else
        return b;
  }
```

如果 a>b 成立，则执行 return a，return b 不会执行；如果不成立，则执行 return b，return a 不会执行。

③函数一旦遇到 return 语句就立即返回，后面的所有语句都不会被执行。从这个角度看，return 语句还有强制结束函数执行的作用。例如：

```
//返回两个整数中较大的一个
int max(int a, int b)
```

```
{
    return (a>b) ? a : b;
    printf("Function is performed\n");
}
```

第 4 行代码“printf("Function is performed\n");”没有执行的机会。

【例 6-2】定义一个判断素数的函数。

```
#include<stdio.h>
#include<stdlib.h>
int prime(int n)
{
    int is_prime = 1, i;
    //n一旦小于0就不执行后面的代码了，所以提前结束函数
    if(n < 0)
    {
        return -1;
    }
    for(i=2; i<n; i++)
    {
        if(n % i == 0)
        {
            is_prime = 0;
            break;
        }
    }
    return is_prime;
}

int main()
{
    int num, is_prime;
    scanf("%d", &num);
    is_prime = prime(num);
    if(is_prime < 0)
    {
        printf("%d is a illegal number.\n", num);}
    else if(is_prime > 0)
    {
        printf("%d is a prime number.\n", num);}
    else
    {
```

```
        printf("%d is not a prime number.\n", num);    }
    system("pause");
    return 0;
}
```

运行结果如图 6-6。

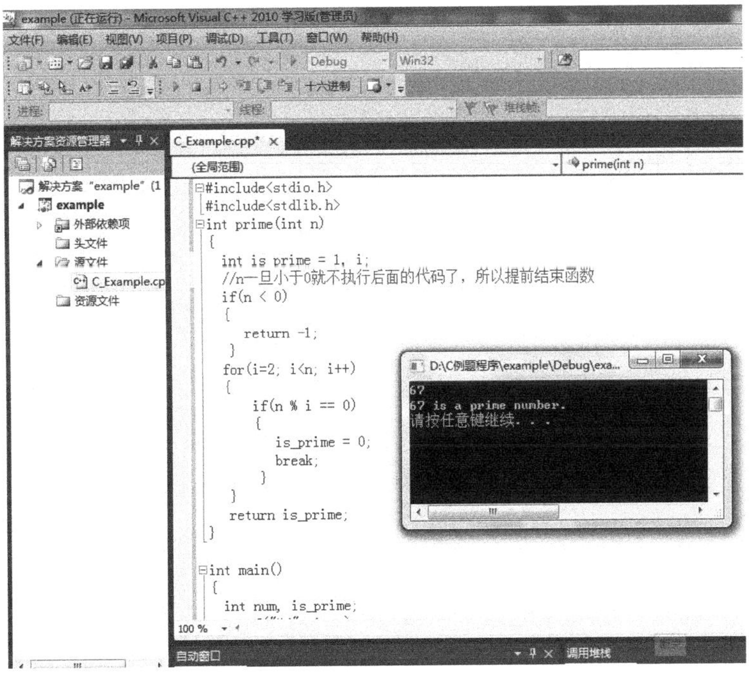

图 6-6　判断素数的函数运行结果

prime( )是一个用来求素数的函数。素数是自然数，它的值大于等于零，一旦传递给 prime( )的值小于零就没有意义，所以一旦检测到参数 n 的值小于 0，就使用 return 语句提前结束函数。

④return 后面可以跟一个数据，表示将这个数据返回到函数外面；return 后面也可以不跟任何数据，表示什么也不返回，仅仅用来结束函数。

更改例 6-2 程序代码，使得 return 后面不跟任何数据：

```
#include<stdio.h>
#include<stdlib.h>
void prime(int n)
{
    int is_prime = 1, i;
    if(n < 0)
    {
        printf("%d is a illegal number.\n", n);
```

```
        return;  /* return后面不带任何数据 */
    }
    for(i=2; i<n; i++)
    {
        if(n % i == 0)
        {
            is_prime = 0;
            break;
        }
    }
    if(is_prime > 0)
    {
        printf("%d is a prime number.\n", n);
    }
    else
    {
        printf("%d is not a prime number.\n", n);
    }
}
int main()
{
    int num;
    scanf("%d", &num);
    prime(num);
    system("pause");
    return 0;
}
```

prime( )的返回值是 void，return 后面不能带任何数据，直接写分号即可。

2. 形参和实参的区别

（1）形参变量在未进行函数调用时，并不占用内存中的存储单元。只有函数被调用时才为它们分配内存单元，调用结束时，立刻释放所分配的内存单元。因此，形参只在函数内部有效。函数调用结束返回主调函数后则不能再使用该形参变量。

（2）实参可以是常量或变量，也可以是复杂的表达式。

（3）函数调用发生前，所有实参表达式都会先被计算而得到一个最终结果，然后在调用时传递给形参变量。只是，不同的编译器对这些实参表达式的计算顺序有可能不同。

（4）如果实参是一个普通变量，则实参与形参可以同名，它们分配不同的存储单元。

（5）实参和形参在数量、类型、顺序上应一致。类型上的一致也可以赋值兼容。例如，整型和字符型是赋值兼容。

（6）函数调用时发生的参数传递是单向值传递，即只能把实参的值传送给形参，而不能把形参的值反向地传送给实参。因此在函数调用过程中，形参的值发生改变，而实参中的值不会变化。

【例 6-3】编程实现两个数的交换。

```
#include<stdio.h>
#include<stdlib.h>
void exchange(int a, int b)
{
   int t;
   printf("函数调用中，交换前a=%d, b=%d\n",a,b);
   t=a;a=b;b=t;
   printf("函数调用中，交换后a=%d,b=%d\n",a,b);
}

void main()
{
   int m,n;
   printf("请输入两个整数：");
   scanf("%d%d",&m,&n);
   printf("函数调用前m=%d, n=%d\n",m,n);
   exchange(m,n);
   printf("函数调用后m=%d,n=%d\n",m,n);
   system("pause");
}
```

程序运行结果如图 6-7 所示。

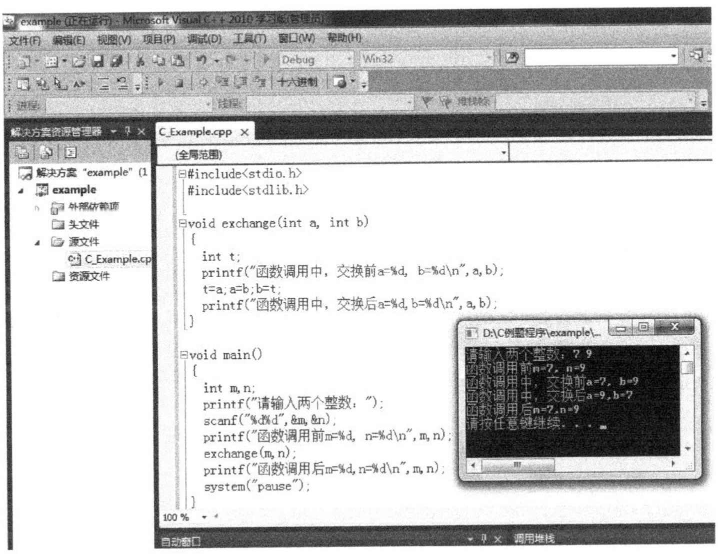

图 6-7　两个数的交换程序运行结果

程序具体执行流程如图 6-8 所示。

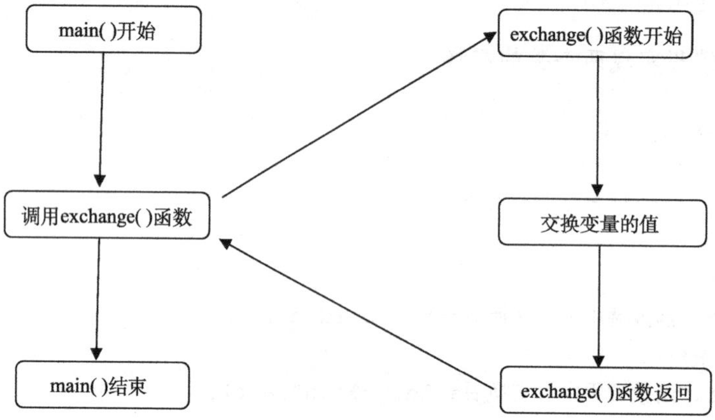

图 6-8　例 6-3 的程序执行流程

在程序的执行过程中，需要注意两个关键问题，一是执行流程的转移，二是参数的传递。

程序的执行开始于主函数 main( )，当执行到 exchange( )函数调用时，执行流程跳转到 exchange( )函数的开始，当 exchange( )函数执行结束后，执行流程再回归到主调函数的调用点，然后继续执行调用点后面的其他语句，直到主函数 main( )结束，当 main( )被执行完毕，整个程序的执行全部结束。

在 main( )开始执行，直到 main( )中的 scanf( )函数调用前，主函数内的变量 m 和 n 都未被赋值，其值未知，其存储情况如图 6-9 所示。

当执行 scanf( )函数时，若用户输入 7 和 9，则主函数内的变量 m 的值是 7，n 的值是 9，其存储情况如图 6-10 所示。

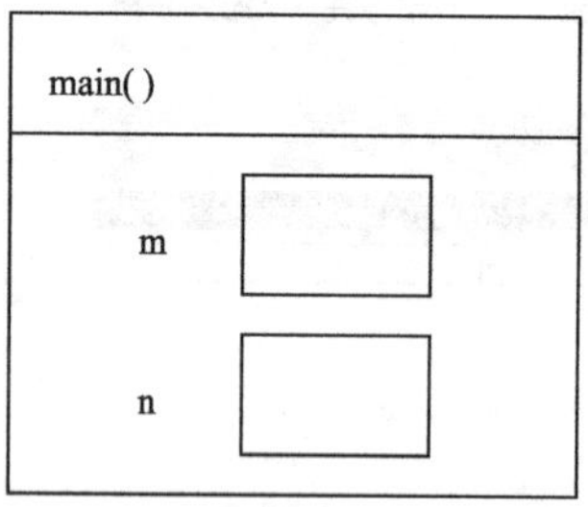

图 6-9　调用 scanf( )函数前

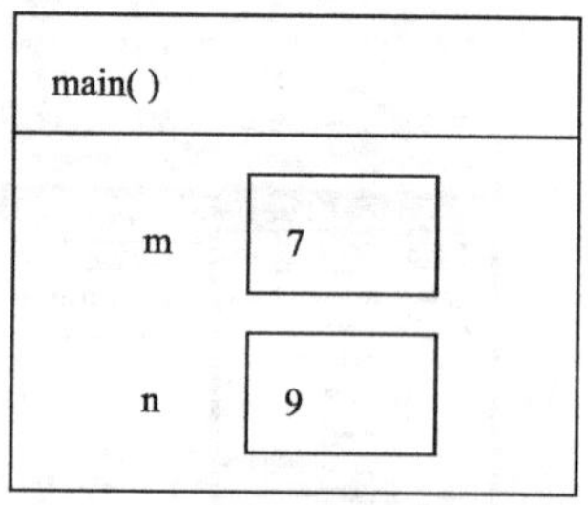

图 6-10　调用 scanf( )函数后

当调用 exchange( )函数时，会为 exchange( )函数的形参变量 a 和 b 分配内存空间，并把实参 m 的值复制给形参变量 a，把实参 n 的值复制给形参变量 b，参数传递情况如图 6-11 所示。

执行 exchange( )函数时，对形参 a 和 b 进行了交换，但形参和实参是不同的数据对象，它们占用的是不同的内存空间，所以形参交换后，不会影响到实参。形参交换后的存储情况如图 6-12 所示。

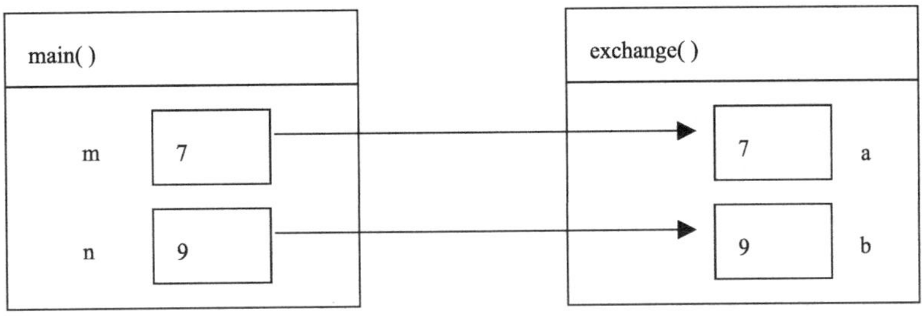

图 6-11　实参向形参的数据传递

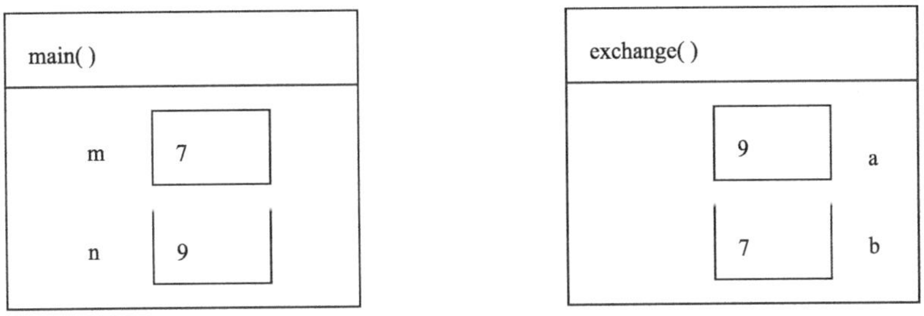

图 6-12　形参交换后的存储情况

当 exchange( )函数执行完毕后，形参 a 和 b 的内存空间被释放。流程回归到 main( )后，实参 m 还是原来的 7，实参 n 还是原来的 9。

可见实参的值不随形参的变化而变化，参数的传递只是单向传递，是从实参传递给形参，不会反过来再把形参的值传递给实参。

6.4　函数嵌套与递归

6.4.1　函数嵌套调用

C 语言不允许函数嵌套定义，但允许函数嵌套调用。

当函数调用第一个函数时，如果在执行第一个函数的函数体过程中又出现调用第二个函数，称为函数的嵌套调用，即在被调函数中又调用其他函数。

【例 6-4】 求三个数中最大数与最小数的差值。

```
#include<stdio.h>
#include<stdlib.h>
int dif(int x,int y,int z);
int max(int x,int y,int z);
int min(int x,int y,int z);

void main()
{
  int a,b,c,d;
```

```
    scanf("%d%d%d",&a,&b,&c);
    d=dif(a,b,c);
    printf("Max-Min=%d\n",d);
    system("pause");
}

int dif(int x,int y,int z)
{
    return max(x,y,z)-min(x,y,z);
}

int max(int x,int y,int z)
{
    int r;
    r=x>y?x:y;
    return(r>z?r:z);
}

int min(int x,int y,int z)
{
    int r;
    r=x<y?x:y;
    return(r<z?r:z);
}
```

程序运行结果如图 6-13 所示。

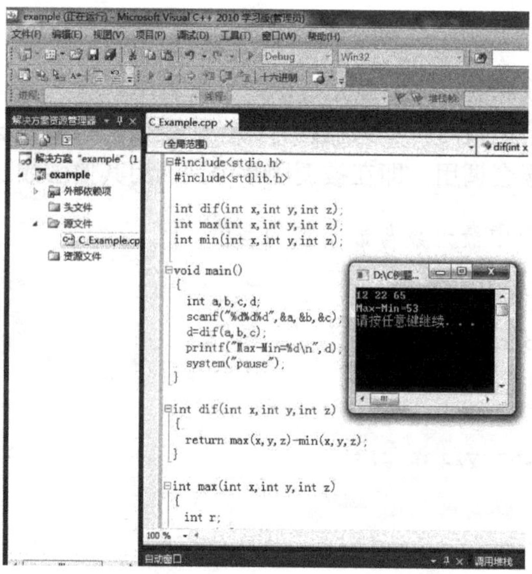

图 6-13　求三个数中最大数与最小数的差值程序运行结果

程序执行嵌套调用函数的流程如图 6-14 所示。

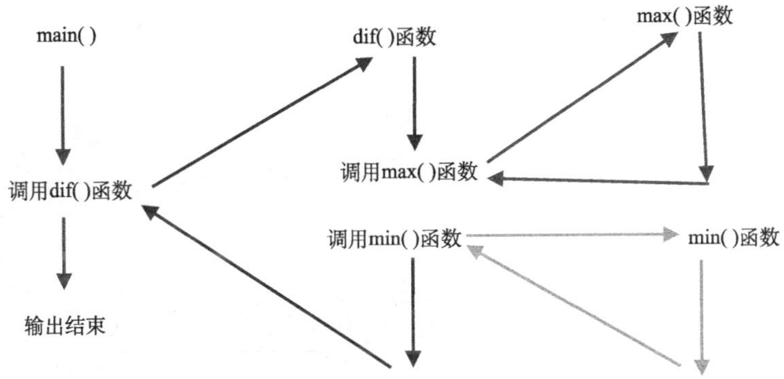

图 6-14　例 6-4 的程序执行流程

【例 6-5】编程实现从键盘输入两个整数，求其平方之积。

```
#include<stdio.h>
#include<stdlib.h>

int fun1(int x,int y);

void main(void)
{
    int a,b;
    scanf("%d%d",&a,&b);
    printf("The result is: %d\n",fun1(a,b) );
    system("pause");
}

int fun1(int x,int y)
{
    int fun2(int m);
    return ( fun2(x)*fun2(y) );
}

int fun2(int m)
{
    return (m*m);
}
```

程序运行结果如图 6-15 所示。

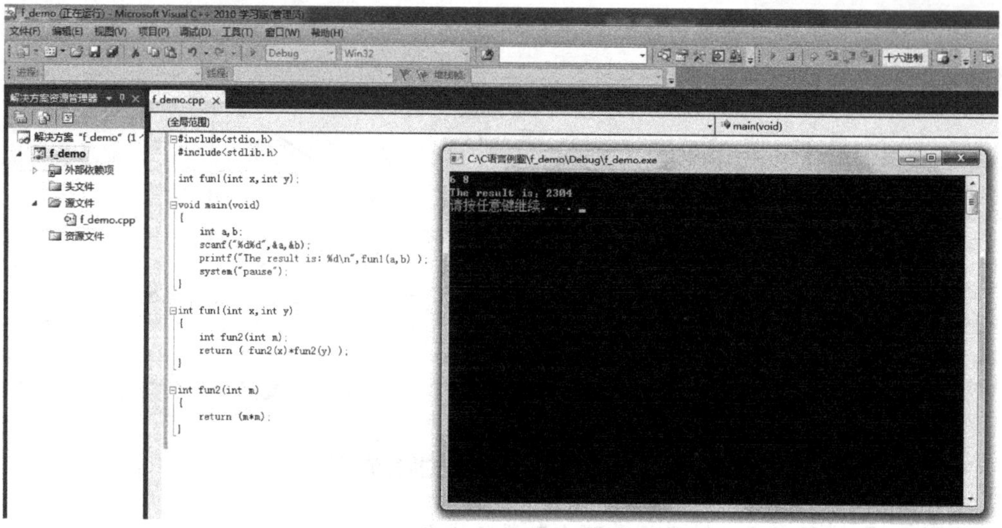

图 6-15　求两数平方和程序运行结果

执行流程如图 6-16 所示，箭头方向表示程序执行的流向。

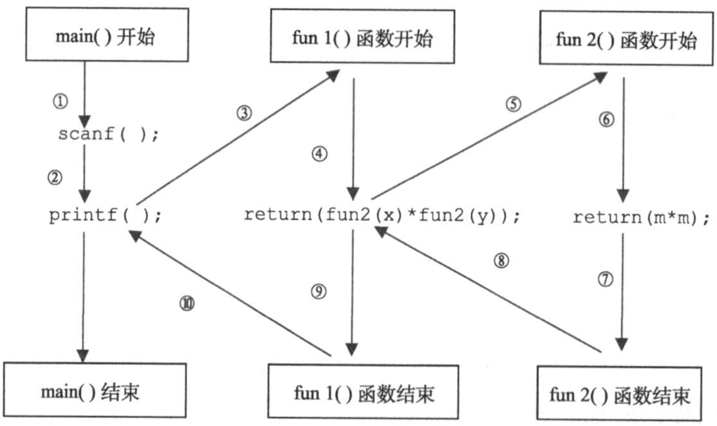

图 6-16　函数嵌套调用时的执行流程

6.4.2　函数递归调用

在函数调用过程中直接或间接地调用该函数自身，称为函数的递归调用。函数的递归调用是 C 语言程序非常重要的一种设计思想。

（1）直接递归

以下面的程序段 1 为例，在 f( )函数体内部调用了 f( )函数自身，即 f( )函数自己调用自己，这种情况称为直接递归。

```
int  f(int  a)
{
  …
```

```
  f(e);
  …
}
```

（2）间接递归

以下面的程序段 2 为例，f1( )函数的函数体内调用了 f2( )函数，f2( )函数的函数体内又有对 f1( )函数的调用，这种情形是 f1( )函数对自己的间接递归调用。

```
int  f1(int  a)
{
  …
  f2(x);
  …
}

int  f2(int  y)
{
  …
  f1(w);
  …
}
```

根据算法有穷性的特点，对于上述两个例子，不能让它们无休止地调用自身，必须在函数内有终止递归调用的语句。常用的办法是加条件判断，满足某种条件后就不再递归调用，然后逐层返回。

（3）举例说明递归调用的执行过程

【例 6-6】 用递归法编程实现 n!。

分析：求 n! 可用下述公式表示：

$$n!=\begin{cases}1 & (n=0,1)\\ n\times(n-1)! & (n>1)\end{cases}$$

程序代码如下：

```
#include<stdio.h>
#include<stdlib.h>

long  fac(int n)
{
  long f;
  if(n<0)  printf("n<0, error!");
  else if  (n==0||n==1)  f=1;
       else f=fac(n-1)*n;    /*fac( )函数中又调用fac( )函数自己*/
```

```
  return(f);
}

void main()
{
  int x;
  long m;
  printf("Please input a integer number:");
  scanf("%d",&x);
  m=fac(x);
  printf("\n %d!=%ld\n",x,m);
  system("pause");
}
```

程序运行结果如图 6-17 所示。

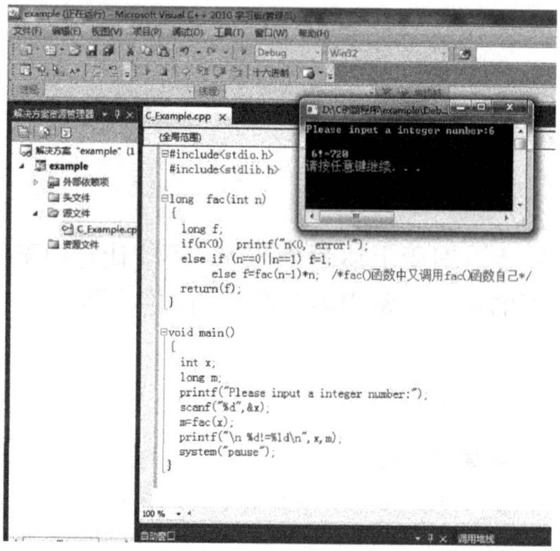

图 6-17　递归实现 n!程序运行结果

fac( )就是一个典型的递归函数。调用 fac( )后即进入函数体，只有当 n==0 或 n==1 时函数才会执行结束，否则就一直调用它自身。

由于每次调用的实参为 n–1，即把 n–1 的值赋给形参 n，所以每次递归实参的值都减 1，直到最后 n–1 的值为 1 时再作递归调用，形参 n 的值也为 1，递归终止，会逐层退出。

要想理解递归函数，重点是理解它是如何逐层进入，又是如何逐层退出的，下面我们以 5!为例进行讲解。

①递归的进入：

求 5!，即调用 fac(5)。当进入 fac( )函数体后，由于形参 n 的值为 5，不等于 0 或 1，所以执行 fac(n-1)*n，也即执行 fac(4)*5。为了求得这个表达式的结果，必须先调用 fac(4)，并暂停其他操作。换句话说，在得到 fac(4)的结果之前，不能进行其他操作。这就是第一次递归。

调用 fac(4)时，实参为 4，形参 n 也为 4，不等于 0 或 1，会继续执行 fac(n-1)*n，也即执行 fac(3)*4。为了求得这个表达式的结果，又必须先调用 fac(3)。这就是第二次递归。

依此类推，进行四次递归调用后，实参的值为 1，会调用 fac(1)。此时能够直接得到常量 1 的值，并把结果 return，不需要再次调用 fac( )函数，递归结束。

表 6-1 列出了逐层进入递归的过程。

表 6-1　逐层进入递归的过程

层次/层数	实参/形参	调用形式	需要计算的表达式	需要等待的结果
1	n=5	fac(5)	fac(4) * 5	fac(4) 的结果
2	n=4	fac(4)	fac(3) * 4	fac(3) 的结果
3	n=3	fac(3)	fac(2) * 3	fac(2) 的结果
4	n=2	fac(2)	fac(1) * 2	fac(1) 的结果
5	n=1	fac(1)	1	无

②递归的退出：

当递归进入到最内层的时候，递归调用结束，开始逐层退出，也就是逐层执行 return 语句。

n 的值为 1 时达到最内层，此时 return 返回的结果为 1，也即 fac(1)的调用结果为 1。

有了 fac(1)的结果，就可以返回上一层计算 fac(1)*2 的值。此时得到的值为 2，return 返回的结果也为 2，即 fac(2)的调用结果为 2。

依此类推，当得到 fac(4)的调用结果后，就可以返回最顶层。经计算，fac(4)的结果为 24，那么表达式 fac(4)*5 的结果为 120，此时 return 得到的结果也为 120，即 fac(5)的调用结果为 120，这样就得到了 5!的值。

表 6-2 列出了逐层退出递归的过程。

表 6-2　逐层退出递归的过程

层次/层数	调用形式	需要计算的表达式	从内层递归得到的结果（内层函数的返回值）	表达式的值（当次调用的结果）
5	fac(1)	1	无	1
4	fac(2)	fac(1) * 2	fac(1) 的返回值是 1	2
3	fac(3)	fac(2) * 3	fac(2) 的返回值是 2	6
2	fac(4)	fac(3) * 4	fac(3) 的返回值是 6	24
1	fac(5)	fac(4) * 5	fac(4) 的返回值是 24	120

③递归的条件：每一个递归函数都应该只进行有限次的递归调用，否则它就会进入死胡同，永远不能退出，这样的程序是没有意义的。

④要想让递归函数逐层进入再逐层退出，需要解决两个方面的问题：

存在限制条件，当符合这个条件时递归便不再继续。对于 fac( )，当形参 n 等于 0 或 1 时，递归就结束了。

每次递归调用之后越来越接近这个限制条件。对于 fac( )，每次递归调用的实参为 n-1，这会使得形参 n 的值逐渐减小，越来越趋近于 1 或 0。

递归函数也只是一种解决问题的技巧，它和其他技巧一样，也存在某些缺陷，具体来说就是：递归函数的时间开销和内存开销都非常大，极端情况下会导致程序崩溃。

⑤有些问题，可以用递归，也可以用递推的方法解决。

递推：从一个已知的事实出发，按一定规律推出下一个事实，再从已知的新事实推出下一个新事实。

例 6-6 也可以不用递归的方法来完成，改用递推法，即在 1 的基础上，乘以 2，再乘以 3…直到 n，这个算法用循环即可实现，且递推法比递归法更容易理解。

【例 6-7】 用递推法求 n!。

假设 n=5，程序代码如下：

```
#include<stdio.h>
#include<stdlib.h>
void main(   )
{
    int  i, s=1;
    for(i=1;i<=5;i++)
       s=s*i;
    printf("s=%d\n",s);
    system("pause");
}
```

程序运行结果如图 6-18 所示。

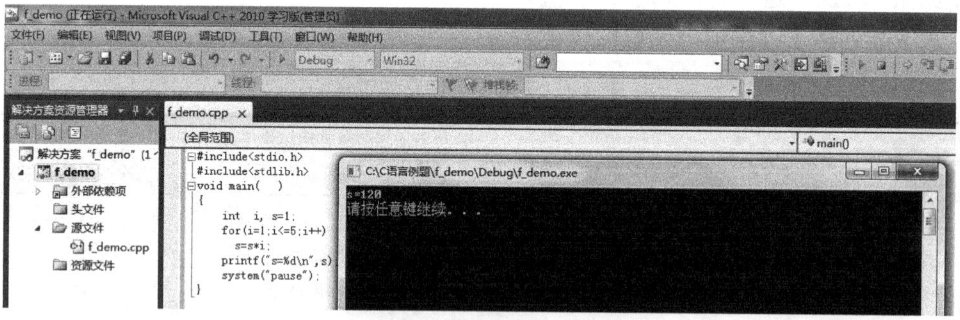

图 6-18　递推法求 n!程序运行结果

6.5　数组作为函数的参数

数组作为函数的参数有两种形式：一种是把数组元素即数组下标变量作为函数实参，用来传递数值；另一种是把数组名作为实参，也可以作形参，用来传递数组的首地址。

6.5.1 数组元素作函数参数

数组元素作为函数参数，与变量作实参时一样，传递的是数值，是单向传递，属于“值传递”方式，接收实参值的形参应是数组元素具有相同类型的变量。

【例 6-8】一维数组 a 中有十个元素，求其最大值。

```
#include<stdio.h>
#include<stdlib.h>

void main()
{
   int max(int a,int b);
   int a[10]={2,4,6,8,10,1,3,5,7,9},i,m;
   m=a[0];
   for(i=1;i<=9;i++)
      m=max(m,a[i]);
   printf("Max is %d\n",m);
   system("pause");

}

int max(int a,int b)
{
   return (a>b)?a:b;
}
```

程序运行结果如图 6-19 所示。

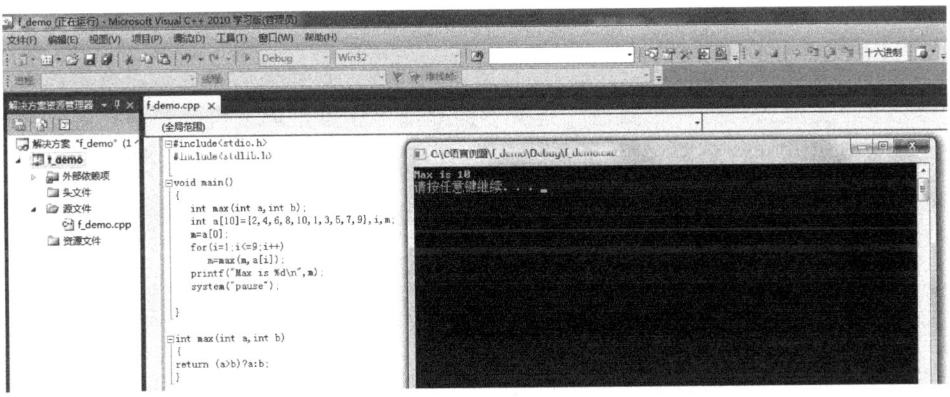

图 6-19　求一维数组最大值程序运行结果

6.5.2 数组名作函数参数

数组名既可以作函数实参，又可以作函数形参。数组名作函数实参时，对应的形参应该是数组名或指针变量（关于指针在后面章节中介绍）。

【例 6-9】计算 10 个学生的平均成绩，要求用数组名作函数参数。假设从键盘输入的 10 个分数为：78、89、93、65、72、90、77、81、76、63。

```
#include<stdio.h>
void main( )
{
   int score[10], i;
   float a, ave(int y[10]);
   for (i=0;i<10;i++)
      scanf("%d",&score[i]);
   a=ave(score);
   printf("%.2f \n",a);
}

float ave( int y[10] )
{
   float r, s;
   int i;
   s=0;
   for (i=0;i<10;i++)
      s=s+y[i];
   r=s/10;
   return(r);
}
```

程序执行到语句“a=ave(score);”进行函数调用时，把实参的数据，即数组的首地址传递给形参。这里形参是一个数组，则实参的地址传递给形参数组，形参数组 y 的首地址与实参的地址相同，如图 6-20 所示，score 数组与 y 数组是同一块内存空间。

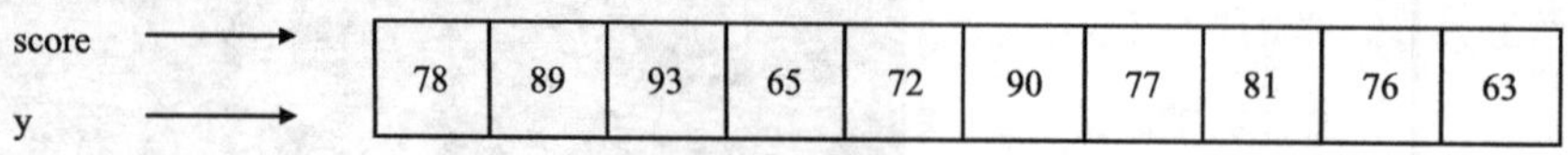

图 6-20　形参实参的内存分配状况（1）

实际上，形参数组的长度可以不指定，因为编译时不对形参数组的长度进行检查，只是将实参的地址传递给形参数组，作为形参数组的首地址。上面的 ave( )函数首部可以改写为

```
float ave( int y[] )
```

同时把 main( )中对 ave( )函数的声明改写为

```
float ave( int y[] );
```

ave( )函数功能比较固定，只能求 10 个学生的平均成绩，不具有通用性，可稍微修改，把学生成绩的个数即函数体内的 for 循环的终值由 10 改为变量 n 作为形参，值从主调函数的实参传递过来，代码如下：

```
float ave( int y[ ], int n)    /*加下划线处是对上例程序的修改*/
{
   float r,s;
   int i;
   s=0;
   for (i=0;i<n;i++)
      s=s+y[i];
   r=s/n;
   return(r);
}
```

如果实参传来的是 50，则是求 50 个学生的平均成绩，如果实参传来的是 800，求的是 800 个学生的平均成绩。

在主函数 main( )中可以这样来调用：

```
a=ave(score,300);     /*求score数组中300个元素的平均成绩*/
a=ave(score,1080);    /*求score数组中前1080个元素的平均成绩*/
```

其实，数组名作形参时，实参不一定是数组名，可以是一个基类型相同的地址，例如数组元素的地址，或者指针变量。

例如，若有函数定义：

```
float ave( int y[ ], int n)
```

则可以这样调用：

```
a=ave(&score[4],6);
```

这实际求的是从 score[4]元素开始的 6 个元素的平均值。因为实参是&score[4]，传递给形参的就是 score[4]的地址，形参数组的首地址就是&score[4]，如图 6-21 所示：

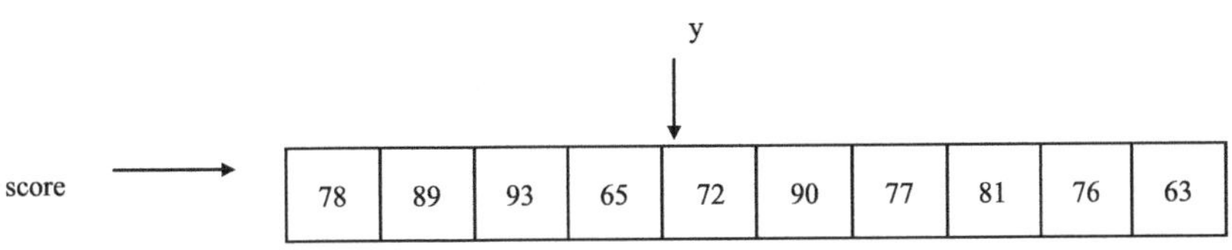

图 6-21　形参实参的内存分配状况（2）

y[0]实际上就是score[4]，y[1] 实际上就是score[5]，……，y[5]实际上就是score[9]，实际求的是72、90、77、81、76、63这6个数的平均值。

形参数组实际和实参数组共占同一内存空间，所以当在被调函数中对形参数组元素进行修改值时，实参数组元素的值也被修改。

例如，若在ave( )函数中进行如下修改：

```
float ave( int y[ ], int n)
{  float r,s;
   int i;
   s=0;
   for (i=0;i<n;i++)
      s=s+y[i];
   r=s/n;
   y[3]=0;     /*在被调函数中对形参数组元素进行修改*/
   return(r);
}
```

若在main( )中有以下语句：

```
a=ave(score,10);
printf("%d\n",score[3]);  /*实参数组元素的值也被修改了，这里输出为0*/
```

则printf( )函数输出的score[3]的值就不再是65，而是0。

【例6-10】用冒泡法将n个数由小到大排序。

```
#include<stdio.h>
#include<stdlib.h>
void  sort(int  a[ ],int  n)    /*对数组a中的n个元素进行排序*/
{
   int i,j,t;
   for (i=0;i<n-1;i++)
      for (j=0;j<n-1-i;j++)
         if (a[j]>a[j+1])
         {  t=a[j];
            a[j]=a[j+1];
            a[j+1]=t;
         }
}

void main( )
{
   int  a[5],i;    /*数组长度为5*/
   void sort(int  a[ ],int  n);
```

```
  for (i=0;i<5;i++)
     scanf("%d",&a[i]);
  sort(a,5);    /*对数组a中的5个元素进行排序*/
  for (i=0;i<5;i++)
     printf("%5d",a[i]);
  printf("\n");
}
```

主函数中的语句“sort(a,5);”是对从地址 a 开始的 5 个元素进行排序，即对数组 a 中的 5 个元素进行排序。

主函数若改成：

```
void main( )
{
  int a[1000],i,n;        /*数组长度为1000*/
  void sort(int a[ ],int n);
  scanf("%d",&n);
  for (i=0;i<n;i++)
     scanf("%d",&a[i]);
  sort(a,n);              /*对数组a中的前n个元素进行排序*/
  for (i=0;i<n;i++)
     printf("%5d",a[i]);
  printf("\n");
}
```

主函数中的语句“sort(a,n);”是对从地址 a 开始的 n 个元素进行排序，即对数组 a 中的前 n 个元素进行排序。

主函数若改成：

```
void main( )
{
  int a[3][4], i, j;    /*数组a是一个二维数组*/
  void sort(int a[ ],int n);
  for(i=0;i<3;i++)
     for(j=0;j<4;j++)
        scanf("%d",&a[i][j]);
  sort(&a[0][0],3*4);   /*对二维数组a中的12个元素进行排序*/
  for(i=0;i<3;i++)
     {
        for(j=0;j<4;j++)
           printf("%5d",a[i][j]);
        printf("\n");
     }
}
```

主函数中的语句“sort(&a[0][0],3*4);”是对从地址&a[0][0]开始的 12 个元素进行排序，由于二维数组在内存中是线性存放的，所以该语句是正确的，并且就是对二维数组 a 中的 12 个元素进行排序的。

主函数若改成：

```
void main( )
{
  int a[3][4], i, j;     /*数组a是一个二维数组*/
  void sort(int a[ ],int n);
  printf("请输入3行4列的矩阵：\n");
  for(i=0;i<3;i++)
    for(j=0;j<4;j++)
      scanf("%d",&a[i][j]);
  for(i=0;i<3;i++)
    sort(a[i],4);        /*对二维数组a中每一行进行排序*/
  printf("每行排序后的矩阵是：\n");
  for(i=0;i<3;i++)
  {  for(j=0;j<4;j++)
      printf("%5d",a[i][j]);
     printf("\n");
  }
  system("pause");
}
```

程序运行结果如图 6-22 所示。

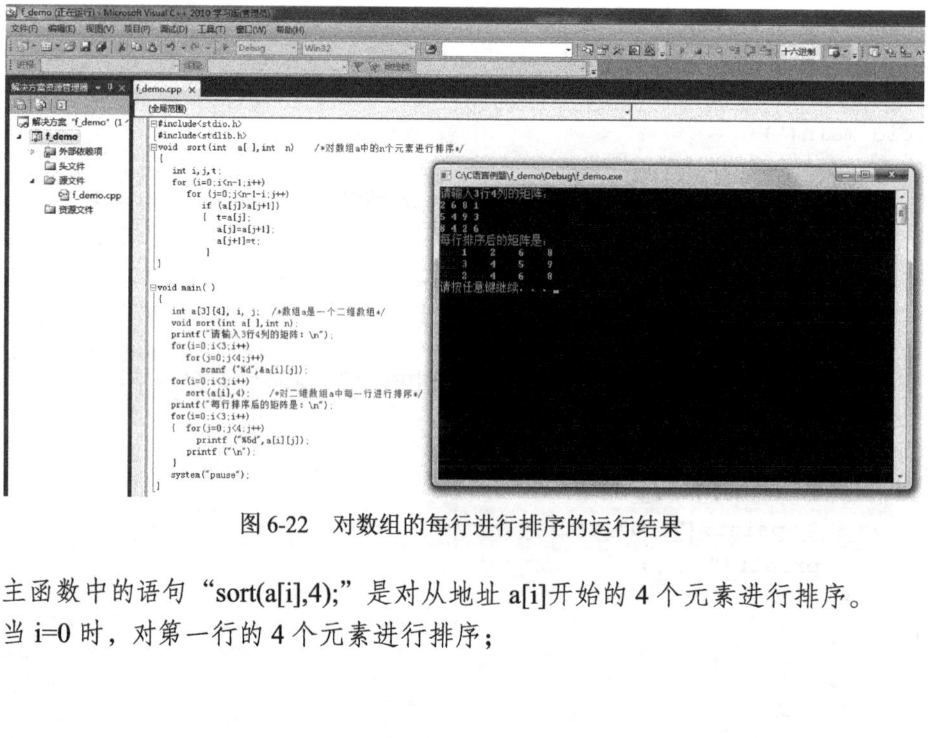

图 6-22　对数组的每行进行排序的运行结果

主函数中的语句“sort(a[i],4);”是对从地址 a[i]开始的 4 个元素进行排序。

当 i=0 时，对第一行的 4 个元素进行排序；

当 i=1 时，对第二行的 4 个元素进行排序；
当 i=2 时，对第三行的 4 个元素进行排序；
程序运行完后，行内是有序的，但行间不一定有序。

从这个例子中可以看到：

（1）形参数组与主调函数中的数组维数可以相同，也可以不同，只要实参的地址与形参的地址类型一致（主调函数中的数组是二维时，实参的地址涉及行地址和列地址的问题，将在指针部分介绍）。

（2）若主调函数中需要得到多个值，可将这多个值组织为一个或几个形参数组。

【例 6-11】 求一个 3×4 矩阵中的最大值。

```
#include<stdio.h>

int arrmax(int y[ ][4])  /*求3行4列的二维数组中的最大值*/
{
  int i, j,max;
  max=y[0][0];
  for (i=0;i<3;i++)
    for (j=0;j<4;j++)
      if (y[i][j]>max)  max=y[i][j];
  return(max);
}

void main( )
{
  int  a[3][4]={{1,3,25,17},{22,4,6,18},{15,17,36,12}};
  printf("矩阵中的最大值是：%d\n",arrmax(a));
  // 调用后返回3行4列的数组a中的最大值
}
```

arrmax( )函数只能在具有 4 列的二维数组的连续 3 行中找最大值，功能固定，通用性差，可修改如下：

```
int arrmax(int y[ ])
{
  int i,max;
  max=y[0];
  for(i=1;i<12;i++)
    if(y[i]>max) max=y[i];
  return(max);
}
```

arrmax( )函数修改后，就可以求连续的 12 个数据中的最大值，而不一定是具有 4 列的二维数组，主调函数中的数组可以是3行4列，也可以是4行3列或2行6列等。

例如：

```
void main( )
{
   int  a[3][4]={{1,3,25,17},{22,4,6,18},{15,17,36,12}};
   printf("%d\n",arrmax(a[0]));  /*调用后返回三行四列的数组a中的最大值*/
}
```

这里最好把实参由a修改为a[0]，与形参的类型匹配，都是列地址（元素的地址）。如果不修改，形参是列地址，实参是行地址，虽然有的系统会执行输出正确的结果，但是也会有警告（warning）。

也可以是

```
void main( )
{
   int  a[3][5]={{1,3,25,17,20},{22,4,6,18,19},{15,17,36,12,26}};
   printf("%d\n",arrmax(&a[0][2]));
   // 调用后返回从a[0][2]开始的12个数据中的最大值
}
```

此处，arrmax( )函数的通用性不是很好，还可以进一步修改为

```
int arrmax(int y[ ], int n)
{
   int i,max;
   max=y[0];
   for(i=1;i<n;i++)
      if(y[i]>max) max=y[i];
   return(max);
}
```

被调函数中数组的个数不是固定的12，而是变量n，使n作为形参从主调函数中的实参传递过来。

例如：

```
void main( )
{
   int a[3][4]={{1,3,25,17},{22,4,6,18},{15,17,36,12}};
   printf("%d\n",arrmax(a,12));
}
```

或

```
void main( )
```

```
{
   int a[3][4]={{1,3,25,17},{22,4,6,18},{15,17,36,12}};
   printf("%d\n",arrmax(&a[0][2],5));
   // 调用后返回从a[0][2]开始的5个数据中的最大值
}
```

用数组名作函数参数时还应注意以下 4 点：

（1）形参数组和实参数组的类型必须一致，否则将引起错误。

（2）形参数组和实参数组的长度可以不相同，因为在调用时，只传送首地址而不检查形参数组的长度。当形参数组的长度与实参数组不一致时，虽不至于出现语法错误（编译能通过），但程序执行结果将与实际不符，应予以注意。

【例 6-12】 形参数组和实参数组的长度不相同的情况。

```
#include<stdio.h>

int arrmax(int y[12])
{
   int i,max;
   max=y[0];
   for(i=1;i<12;i++)
      if(y[i]>max) max=y[i];
   return(max);
}

void main()
{
   int a[10]={2,4,6,8,10,1,3,5,7,9};
   printf("%d\n",arrmax(a));
}
```

形参数组 y 和实参数组 a 的长度不一致。编译能够通过，但从结果来看，数组 y 的元素 y[10]，y[11]显然是无意义的。

（3）在函数形参表中，允许不给出形参数组的长度，或用一个变量来表示数组元素的个数。

（4）多维数组也可以作为函数的参数。在函数定义时对形参数组可以指定每一维的长度，也可省去第一维的长度。因此，以下写法都是合法的：

```
int arrmax(int a[3][4])
```

或

```
int arrmax(int a[][4])
```

6.6 变量作用域与存储类别

变量的作用域是指变量在程序中能够起作用的区域范围。按照变量的作用域范围可分为局部变量和全局变量。变量的作用域反映了变量的空间属性。

变量的生存期是从变量空间被开辟到该空间被释放所经历的时间。有的变量在程序整个运行期间都存在，有的变量则在调用其所在函数时才被分配空间，调用结束后空间被收回，不再存在。变量的生存期反映了变量的时间属性。

6.6.1 空间属性——局部变量和全局变量

1. 局部变量

局部变量也称为内部变量，是指在函数内定义的变量。局部变量的作用域仅限于本函数内，即只能在本函数内使用它们，离开该函数后再使用这种变量是非法的。就像中国各省份的高考招生计划及分数线在本省内有效，到外省无效。

若在 f1( )函数内定义三个变量，i 为形参，j、k 为一般变量，则 i、j、k 在 f1( )函数范围内有效，或者说 i、j、k 变量的作用域仅限于 f1( )函数内。同理，x、y、z 的作用域仅限于 f2( )函数内。a、b 的作用域仅限于主函数 main( )内。如图 6-23 所示。

```
int f1(int i)  /*函数f1*/       \
{                                |
     int j,k;                    >  i,j,k的作用域
     …                           |
}                                /

int f2(char x)  /*函数f2*/      \
{                                |
     float y,z;                  >  x,y,z的作用域
     …                           |
}                                /

void main()                      \
{  int a,b;                      >  a,b的作用域
   …                             |
}                                /
```

图 6-23 局部变量的作用域

说明：

（1）主函数 main( )中定义的变量 a、b 只能在主函数中使用，不能在其他函数中使用。同时，主函数中也不能使用其他函数中定义的变量。因为在 C 语言中主函数也是一个函数，它与其他函数是平行关系。

（2）形参变量是属于被调函数的局部变量，实参变量是属于主调函数的局部变量。

（3）允许在不同的函数中使用相同的变量名，例如：

```
float f1(int i)
{
```

```
  int j,k;
  …
}

char f2(int x, int y)
{
  int  j, k;
  …
}
```

f1()函数中变量 j、k 只在 f1()函数内有效，f2()函数中变量 j、k 只在 f2()函数内有效，它们是不同的对象，占用不同的内存单元，不会发生混淆。

（4）在复合语句中也可定义变量，其作用域只在复合语句范围内。如图 6-24 所示。

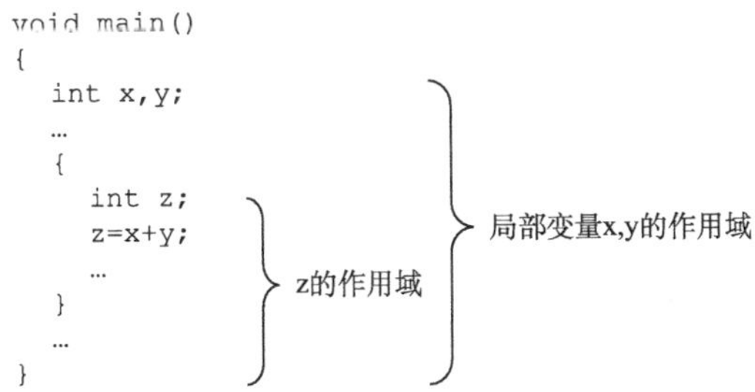

图 6-24　复合语句内局部变量的作用域

（5）同一层函数体内或同一层的复合语句内，变量不可以重名。例如，下面程序是错误的：

```
#include<stdio.h>
void main()
{
  int x;
  int x;
  x=3;
  x=6;
  printf("%d\n",x);
  printf("%d\n",x);
}
```

（6）不同层的复合语句间，变量可以重名；且执行到内层时，内层的同名变量起作用，外层同名变量被屏蔽。

例如：

```
#include<stdio.h>
void main()
{
```

```
  int x;
  x=3;
  printf("%d\n",x);
  {
     int x=5;
     printf("%d\n",x);
  }
  printf("%d\n",x);
}
```

2. 全局变量

全局变量也称外部变量，是在函数外部定义的变量。如果没有特殊说明，则其作用域是从定义变量的位置开始到本源文件结束。

由图 6-25 可以看出 a、b、x、y 都是在函数外部定义的变量，所以都是全局变量。但 x、y 定义在函数 fx( )之后，而在 fx( )内又没有对 x、y 进行说明，所以它们在 fx 内无效。a、b 定义在源程序最前面，因此在 fx( )、fy( )及 main( )内不加说明也可使用。

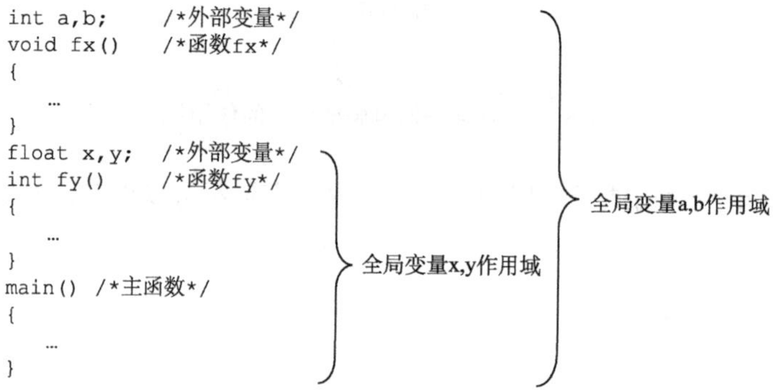

图 6-25　全局变量的作用域

【例 6-13】 输入圆的半径 r 的值，求圆的周长和面积。

分析：本题需要求两个值带回到主调函数，前面讨论过，通过函数值只能返回一个值到主调函数，所以需要用其他的方法来带回一个以上的返回值，利用全局变量就是方法之一。

程序代码如下：

```
#define PI 3.14
#include<stdio.h>
float c,s;

void f(float r)
{
  c=2*PI*r;
```

```
   s=PI*r*r;
}

void main()
{
   float r;
   printf("Please input the radius:r=");
   scanf("%f",&r);
   f(r);
   printf("\nC=%.2f\nS=%.2f\n",c,s);
}
```

全局变量说明如下：

（1）全局变量可加强函数模块之间的数据联系，但是又使函数要依赖这些变量，因而使得函数的独立性降低。从模块化程序设计的观点来看这是不利的，因此尽量不要使用全局变量。

可以把主调函数中需要得到的多个值，组成一个数组，即可用数组名作函数参数来实现返回多个值。

例 6-13 可以改为

```
#define PI 3.14
#include<stdio.h>

void f(float r, float a[])
{
   a[0]=2*PI*r;
   a[1]=PI*r*r;
}

void main()
{
   float r,b[2];
   printf("please input the radius:");
   scanf("%f",&r);
   f(r,b);
   printf("\ncircle=%.2f\narea=%.2f\n",b[0],b[1]);
}
```

（2）在同一源文件中，允许全局变量和局部变量同名。在局部变量的作用域内，全局变量不起作用。

```
int x=1;
```

```
void main( )
{
  void func(int);
  func(x);
  printf("x=%d\n",x);
}
void func(int y )
{
  int x;
  x=y+3;
}
```

上述程序定义一个全局变量 x，它的作用范围是从定义处开始到本文件结束，然而在 func( )函数中又定义了一个同名的局部变量 x，则在 func( )函数内，全局变量 x 就不起作用。

程序从 main( )开始执行，先调用 func(x);，这里的 x 是全局变量 x，即是调用 func(1);，执行流程转向 func( )函数，执行 x=y+3;，这里的 x 是局部变量，x 被赋予 1+3，计算后局部变量 x=4，往后遇到 func( )函数的右花括号，func( )执行完毕，回归到 main( )的调用点，然后继续执行 printf( )函数，这里要输出 x 的值，很显然，这个 x 是全局变量，在 func( )函数中修改的是局部变量 x 的值，全局变量 x 的值没有被修改，还是原来的 1，所以输出结果是：x=1。

3. 多个不同的作用域中同名的变量

每个 C 语言程序都包含了多个作用域，不同的作用域中可以出现同名的变量，C 语言会按照从小到大的顺序、一层一层地去父级作用域中查找变量，如果在最顶层的全局作用域中还未找到这个变量，那么就会报错。

【例 6-14】多个作用域出现同名的变量。

```
#include<stdio.h>
int m = 13;
int n = 10;
void func1()
{
   int n = 20;
   {
      int n = 822;
      printf("block1 n: %d\n", n);
   }
   printf("func1 n: %d\n", n);
}
void func2(int n)
```

```
{
    for(int i=0; i<10; i++)
    {
        if(i % 5 == 0)
        {
            printf("if m: %d\n", m);
        }
        else
        {
            int n = i % 4;
            if(n<2 && n>0)
            {
                printf("else m: %d\n", m);
            }
        }
    }
    printf("func2 n: %d\n", n);
}
void func3()
{
    printf("func3 n: %d\n", n);
}
int main()
{
    int n = 30;
    func1();
    func2(n);
    func3();
    printf("main n: %d\n", n);
    return 0;
}
```

图 6-26 展示了这段代码的作用域。

6.6.2 时间属性——变量的存储类别

变量的生存期与变量的存储方式相关。变量的存储方式分为两种：静态存储和动态存储。

静态存储变量是在程序开始执行时，就在静态存储区为其分配存储单元，并一直占用这固定的空间，直至整个程序结束。

动态存储变量是在其所在函数被调用时，才在动态存储区为其分配存储单元，函数调用结束立即释放。如，函数的形式参数。如果多次调用该函数，其中的动态存储变量则多次被分配空间，多次被释放空间，每次被分配的空间不一定是同一块空间。

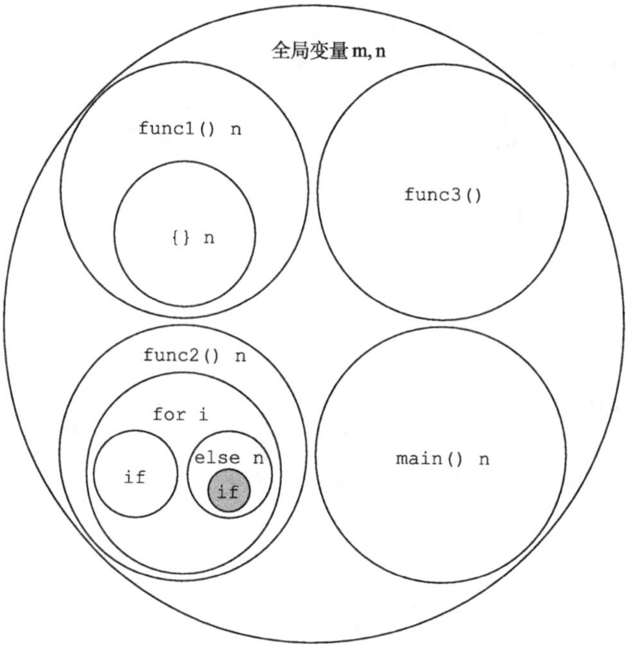

图 6-26　多个作用域同名的变量

一个变量究竟属于哪一种存储方式，并不能仅从其作用域来判断，还应该有明确的存储类别说明。因此，在C语言中，变量定义的一般格式为

```
存储类型　数据类型　变量名表;
```

变量按存储时分配的不同空间可分为四种存储类别：auto（自动存储变量）、register（寄存器存储变量）、extern（外部存储变量）、static（静态存储变量）。

1. auto

自动变量是C语言程序中使用最广泛的一种类型。
自动变量的定义格式为

```
auto　数据类型　变量名;
```

C语言规定，函数内凡未加存储类别说明的变量均视为自动变量，auto类型说明符用来声明自动变量。前面各章程序中定义的变量未加存储类别说明符的局部变量都是自动变量。例如：

```
int a,b;
char c,d;
```

等价于：

```
auto int a,b;
```

```
auto char c,d;
```

说明：

（1）自动变量在定义时不会自动初始化，如果编程人员未初始化自动变量的值，则它的值是随机的、不确定的。

（2）auto 只能用来说明函数体内（包括复合语句内）的局部变量，使之成为动态存储的局部变量。不能用来说明形参、全局变量。函数中的形参虽然不可以用 auto 来说明，但是也默认是自动变量。

（3）自动变量属于动态存储方式，只有在使用它时，即定义该变量的函数被调用时才给它分配存储单元，开始它的生存期。函数调用结束，释放存储单元，结束生存期。因此函数调用结束之后，自动变量的值不能保留。

（4）由于自动变量的作用域和生存期都局限于定义它的个体内（函数或复合语句内），因此不同的个体中允许使用同名的变量而不会混淆。即使在函数内定义的自动变量也可与该函数内部的复合语句中定义的自动变量同名。

2. register

寄存器是计算机 CPU 内部的一种容量较小、运算速度极快的存储器，它与一般存储器的区别是：寄存器是按名访问的，存储器是按地址访问的。由于寄存器放置于 CPU 芯片内部，其数量和容量是有限的，因此，寄存器的空间是有限和宝贵的，不能任意存放大容量数据。若有一些数据的读写比较频繁，例如循环次数比较多的循环中使用的变量，则可以把数据存放在寄存器中。

寄存器变量的定义格式为

```
register 数据类型  变量名;
```

现代计算机的编译系统能自动优化程序，能自动把频繁使用的普通变量优化为寄存器变量，因此，一般不需要将变量声明为 register 类型。目前声明 register 变量已经没有多少意义，这里仅供读者了解。

3. extern

外部变量的定义格式为

```
extern  数据类型  变量名;
```

extern 类型说明符可以用来扩展外部变量的作用域。

在不加任何声明时，全局变量的作用域只是从定义处开始，直到本源文件结束，如果要把作用范围扩展到本文件的其他区域或扩展到其他文件中，就需要用到 extern。例如：

（1）如果是在本文件内声明，从定义处可以扩展其在本文件内的作用范围。

（2）如果是在其他文件内声明，作用范围可以扩展到其他文件内。

【例 6-15】全局变量 A、B 在本文件中扩展范围。

```
#include<stdio.h>
extern A,B;   /*外部变量声明*/

void main()
{
   void f();
   printf("%d\n",max(A,B));
   f();
}

void f()
{                                                    范围2
   printf("%d,%d\n",A,B);
}

int A=13,B=-8; /*定义外部变量*/

int max(int x,int y)
{
   int z;                                 范围1
   z=x>y?x:y;
   return(z);
}
```

运行结果为

```
13
13,-8
```

全局变量 A、B 是在 f( )函数后，max( )函数前定义的，如果程序没有第二行的声明，则它们的作用范围只是在上例的范围 1 内，有了第二行的声明后，A、B 的作用范围就扩展成范围 2。

把例 6-15A、B 的作用范围扩展到其他文件内，文件 file1.c 中的内容为

```
#include<stdio.h>

int A;              /*定义外部变量*/

void main()
{
   int power(int); /*函数声明*/
   int b=3,c,d,m;
   scanf("%d,%d",&A,&m);
   c=A*b;
   printf("%d*%d=%d\n",A,b,c);
   d=power(m);
   printf("%d^%d=%d\n",A,m,d);
 }
```

文件 file2.c 中的内容为

```
// 对已定义的外部变量A进行声明，把A的作用范围扩展到文件file2.c中
extern  A;

int power(int n)
{
   int i,y=1;
   for(i=1;i<=n;i++)
       y*=A;
   return(y);
 }
```

若输入：

```
2,3
```

则输出：

```
2*3=6
2^3=8
```

多个文件组成的程序，每个文件是单独编译的。如果文件中没有第一行对 A 的声明，则对 file2.c 编译时报错，编译系统认为在 file2.c 文件中 A 是未定义的变量。

4. static

静态变量的定义格式为

```
static 数据类型  变量名;
```

类型说明符 static 有两个作用：

（1）把未用 auto 说明的局部变量的存储方式由动态存储方式改为静态存储方式，即改变了其生存期。

若函数内的局部变量明确用 static 说明，则该变量即为静态存储方式的局部变量，称为静态局部变量，是在变量定义时就被分配存储单元，并一直存在着，直到整个程序结束。

注意：静态局部变量虽然在整个程序执行过程中都一直存在，但是其作用域仍与动态局部变量相同，即只能在定义该变量的函数内使用。退出该函数后，尽管这个变量还继续存在，但不能使用它。如果再次调用其所在函数，则又可以使用它，并且保留上次调用结束时的值。

如果变量明确用 static 说明为静态局部变量后，若未被赋初值，则系统会自动为其赋予 0 值。

【例 6-16】动态局部变量与静态局部变量的比较。

程序 1（动态局部变量）：

```
#include<stdio.h>
#include<stdlib.h>
int fun();

void main()
{
   int i,s=1;
   for(i=1;i<=5;i++)
      s+=fun();
   printf("%d\n",s);
   system("pause");
}

int fun()
{
   int x=1;
   x++;
   return x;
}
```

程序 2（静态局部变量）：

```
#include<stdio.h>
#include<stdlib.h>
int fun();

void main()
{
   int i,s=1;
   for(i=1;i<=5;i++)
      s+=fun();
   printf("%d\n",s);
   system("pause");
}

int fun()
{
   static int x=1;
   x++;
   return x;
}
```

程序 1 的运行结果如图 6-27 所示，程序 2 的运行结果如图 6-28 所示。

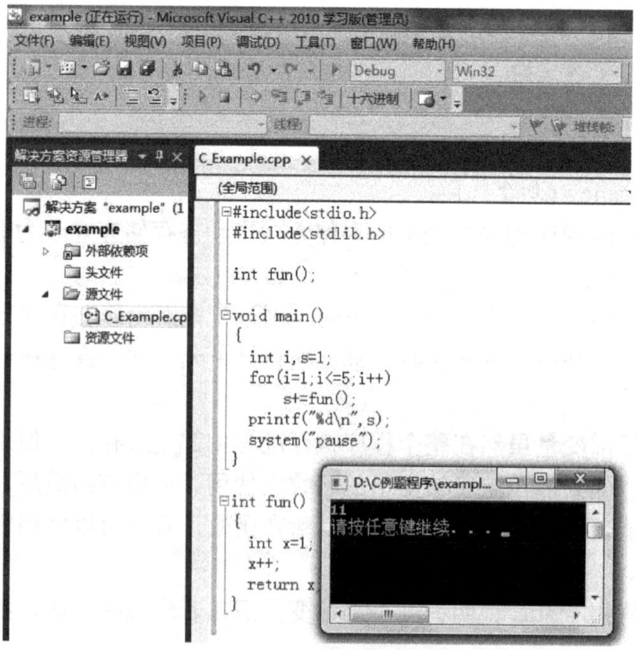

图 6-27　例 6-16 的程序 1 的运行结果

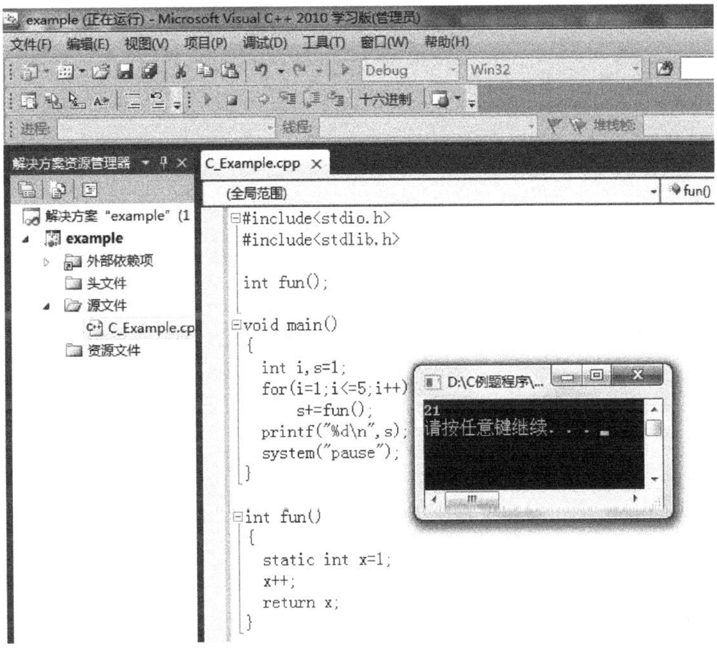

图 6-28　例 6-16 的程序 2 的运行结果

程序 1 中的 x 是动态局部变量，每次函数调用结束时空间被收回，每次函数调用时被重新分配空间，其值都会被赋为初值 1，fun( )函数每次都带回 2。所以主函数中 s=1+2+2+2+2+2，最后为 11。

程序 2 中的 x 是静态局部变量，定义后，空间一直保留，某次函数调用结束后，其值也被保留，并会被用于下次调用。第一次调用 fun( )函数后 x 为 2，fun( )函数返回 2；由于初值只被赋一次，所以第二次调用时 x 不会再被赋初值 1，此时 x 还是 2，然后自增为 3，fun( )函数返回 3，……，依此类推。所以主函数中 s=1+2+3+4+5+6，最后为 21。

（2）使全局变量的作用域无法扩展到其他文件中。

通常在一个大型程序中，每个程序员只是完成其中的一小块，为了保持自己程序具有一定的独立性，各人的程序之间不会互相干扰，所以程序员并不希望自己的变量被其他程序员使用，这样就可以使用 static 来完成。即在声明全局变量时，加上 static 修饰符，那么该变量就只在当前文件内使用，可以用 extern 把一个文件中的作用域扩展到其他文件中。

【例 6-17】 用 static 改变 extern 的作用域。

若有三个文件构成的程序如下：

```
// file.c
#include<stdio.h>
#include<stdlib.h>
void a();
```

```
void b();

void main()
{
   extern int num;  /*只能扩展file1.c中的全局变量*/
   num=7;           /*这个num实际是file1.c中的全局变量*/
   a();
   b();
   system("pause");
}

// file1.c
#include<stdio.h>
int num;              /*本文件中的全局变量num的作用域可以扩展到其他文件中*/
void a()
{
   printf("file1中: %d\n",num);
}

// file2.c
#include<stdio.h>
static int num;      /*本文件中的全局变量num的作用域只局限在本文件中*/
void b()
{
   printf("file2中: %d\n",num);
}
```

程序运行结果如图 6-29 所示。

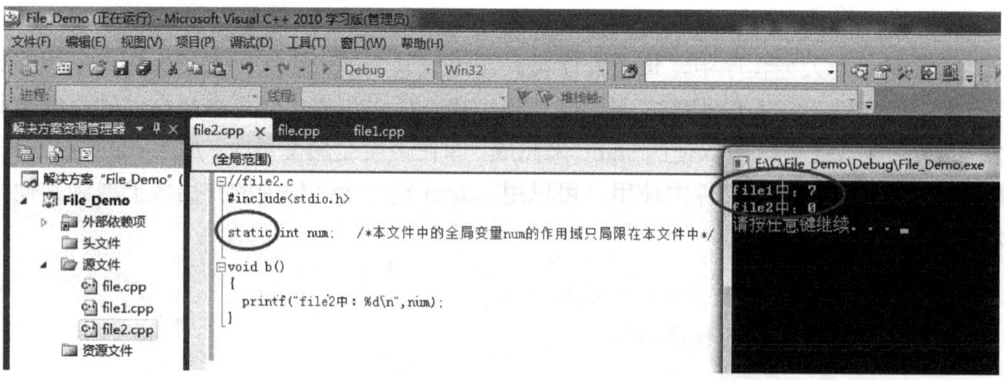

图 6-29　有 static 的程序运行结果

5. 四种存储类别对比

四种存储类别的特点如表 6-3 所示。

表 6-3　变量存储类别的特点

存储类别	存储方式	存储位置	作用域	生存期	初值
auto	动态	内存动态存储区	所在函数内或复合语句内有效	离开函数或{}消失	随机数、不确定的值，每次函数调用时重新初始化
register	动态	CPU 寄存器	所在函数内或复合语句内有效	离开函数或{}消失	与 auto 相同
extern	静态	内存静态存储区	函数外或复合语句外，其他文件	从定义处开始，到本程序文件的末尾	未赋初值自动赋初值 0 或空字符；编译时赋初值，只赋 次
static	静态	内存静态存储区	所在函数内，或复合语句内有效	永久保留	与 extern 相同

6.7　编译预处理

编译预处理是在编译之前由编译系统中的预处理器对源程序的预处理命令进行加工。C 预处理器不是编译器的组成部分，但是它是编译过程中一个单独的步骤。简言之，C 预处理器只不过是一个文本替换工具而已，它们会指示编译器在实际编译之前完成所需的预处理。把 C 预处理器（C Preprocessor）简写为 CPP。

所有的预处理器命令都是以井号（#）开头。它必须是第一个非空字符，为了增强可读性，预处理器指令应从第一列开始。

编译预处理命令主要有三类：

（1）文件包含命令：#include。

（2）定义或宏替换命令：#define 和#undef。

（3）条件编译命令：#if - #endif 和#if - #else - #endif。

6.7.1　文件包含

文件包含是指一个源文件可以将另一个源文件的内容全部包含到本文件中，被包含的文件与其所在的文件，在预编译后已成为同一个文件；一个#include 命令只能指定一个被包含文件；文件包含允许嵌套，例如，文件 file1.c 包含 file2.c，file2.c 又包含 file3.c，则可在 file1.c 中分别用两条命令包含 file2.c 和 file3.c，而且 file2.c 应该出现在 file3.c 之前，文件 file1.c 包含 file2.c 和 file3.c 的内容。

C 语言用“#include”命令实现文件包含的操作。例如：

```
#include<stdio.h>
```

```
#include"myheader.h"
```

第一条命令告诉 CPP 从系统库中获取 stdio.h，并添加其内容到当前的源文件中。

第二条命令告诉 CPP 从本地目录中获取用户自定义的头文件 myheader.h，并添加其内容到当前的源文件中。

文件包含的一般形式有两种格式：

```
#include<文件名>
#include"文件名"
```

说明：两种书写格式的区别：使用尖括号表示在包含文件目录中查找（包含目录是由用户在设置环境时设置的），而不在源文件目录查找；使用双引号表示先在当前的源文件目录中查找，若未找到，再到包含目录中去查找。

6.7.2 宏定义

宏定义的功能是用一个标识符来表示一个字符串，标识符称为宏名。

宏定义的格式为

```
#define 宏名 替换文本
```

其中，“#”表示这是一条预处理命令，“define”为宏定义命令。

例如：

```
#define PI 3.1415926
```

在编译预处理时，对程序中所出现的宏名(PI)都用宏定义中的替换文本(3.1415926)来代换，也称为宏代换、宏替换，简称“宏”。在C语言中，宏分为无参和有参两种。

1. 无参宏定义

无参宏定义的一般形式为

```
#define 标识符 字符串
```

其中，“标识符”就是所谓的符号常量，又称为宏名；“字符串”可以是常量、表达式、格式串等。对程序中反复使用的表达式进行宏定义，会给程序的书写带来方便。

无参宏定义也称简单宏替换，无参宏定义经常用于定义常量。例如：

```
#define MAX_ARRAY_LENGTH 20
```

这个指令告诉 CPP 把所有的 MAX_ARRAY_LENGTH 替换为 20。

程序中有时需要使用 #define 定义常量来增强可读性。

说明：

（1）宏名虽然没有特殊规定，但一般用大写，最好“见名知义”。

（2）使用宏可提高程序的通用性和易读性，便于修改，减少输入错误。

（3）预处理不做语法检查。

（4）宏定义不分配内存，变量定义分配内存。

（5）字符串双引号" "中的内容不进行宏替换。例如，有宏定义：

```
#define  PRICE  100
```

请分析这一条语句：

```
printf("PRICE=%d\n", PRICE );
```

这条语句将替换成：

```
printf("PRICE=%d\n",100);
```

其中，“PRICE=%d\n”中的 PRICE 不会被替换。

（6）宏定义可以包含不止一个常量值，也可以包含表达式。

例如，下面的函数是计算一个数的平方：

```
int square(int x)
{
    return x * x;
}
```

使用宏重写上面的代码，如下：

```
#define square(x) ((x) * (x))
```

在宏定义的表达式中适当使用括号是十分必要的。

另外，C 语言中的一些符号容易用错，例如，一个常见的错误把“==”写成“=”。可以巧妙利用宏定义减少这类书写错误，并且增强程序的可读性。

```
#define EQUALS  ==
#define AND &&
#define OR ||
#define NOT_ EQUALS  !=
```

一个经#define 定义的宏名，也可以用#undef 命令终止宏定义的作用域。例如：

```
#undef  FILE_SIZE
#define FILE_SIZE 42
```

这个指令告诉 CPP 取消已定义的 FILE_SIZE，并重新定义它为 42。

```
#ifndef MESSAGE
#define MESSAGE "You wish!"
#endif
```

这个指令告诉 CPP 只有当 MESSAGE 未定义时，才定义 MESSAGE。

2. 有参宏定义

有参数的宏定义一般形式是

```
#define 宏名（参数表） 字符串
```

其中，参数表中的参数类似于函数的形参，字符串中包含括号内所指定的参数。例如：

```
#define  S(a,b)  a*b
area=S(3,2);
```

定义矩形面积S，a和b是边长。在程序中用了(3,2)，即把3、2分别代替宏定义中的形参a和b，即用3*2代替S(3,2)。

因此该赋值语句展开为

```
area=3*2;
```

在程序中如果有带参的宏，则按#define命令行中指定的字符串从左到右进行置换。

如果字符串中包含宏中的形参，则将程序语句中相应的实参代替形参，如果宏定义中的字符不是参数字符，则保留。这样就形成了置换的字符串。

常用带参数的宏定义如下：

```
#define  MAX(a,b)  (( (a)>(b) ) ? (a): (b) )
#define  MIN(a,b)  (( (a)<(b) ) ? (a): (b) )
#define  ABS(x)  (( (x)>0 ) ? (x): (-x) )
#define  STREQ(s1,s2)  (strcmp((s1), (s2))==0 )
#define  STRGT(s1,s2)  (strcmp((s1), (s2))>0 )
```

说明：

（1）在宏定义中的形参最好用圆括号 () 括起来，以避免出错。

（2）对带参宏的展开只是将语句中的宏名后面括号内的实参字符串代替#define命令行中的形参，需要注意宏展开后的正确性。

（3）带参宏定义与函数相似但不同。

（4）宏定义时，宏名与带参的圆括号之间不能有空格。

【例6-18】下列程序使用带参宏定义，分析输出结果。

程序代码如下：

```
#include<stdio.h>
#include<stdlib.h>
#define MU(x,y)(x)*(y)
int main()
 {
    int a,b;
```

```
    a= MU(5,2);
    b= 6/MU(a+3,a);
    printf("a=%d,b=%d\n",a,b);
    system("pause");
 }
```

输出结果如图 6-30（a）所示。

若把

```
#define  MU(x,y)   (x)*(y)
```

改为

```
#define  MU(x,y)   x*y
```

则输出结果为 a=10,b=30。如图 6-30（b）所示。请读者对比分析。

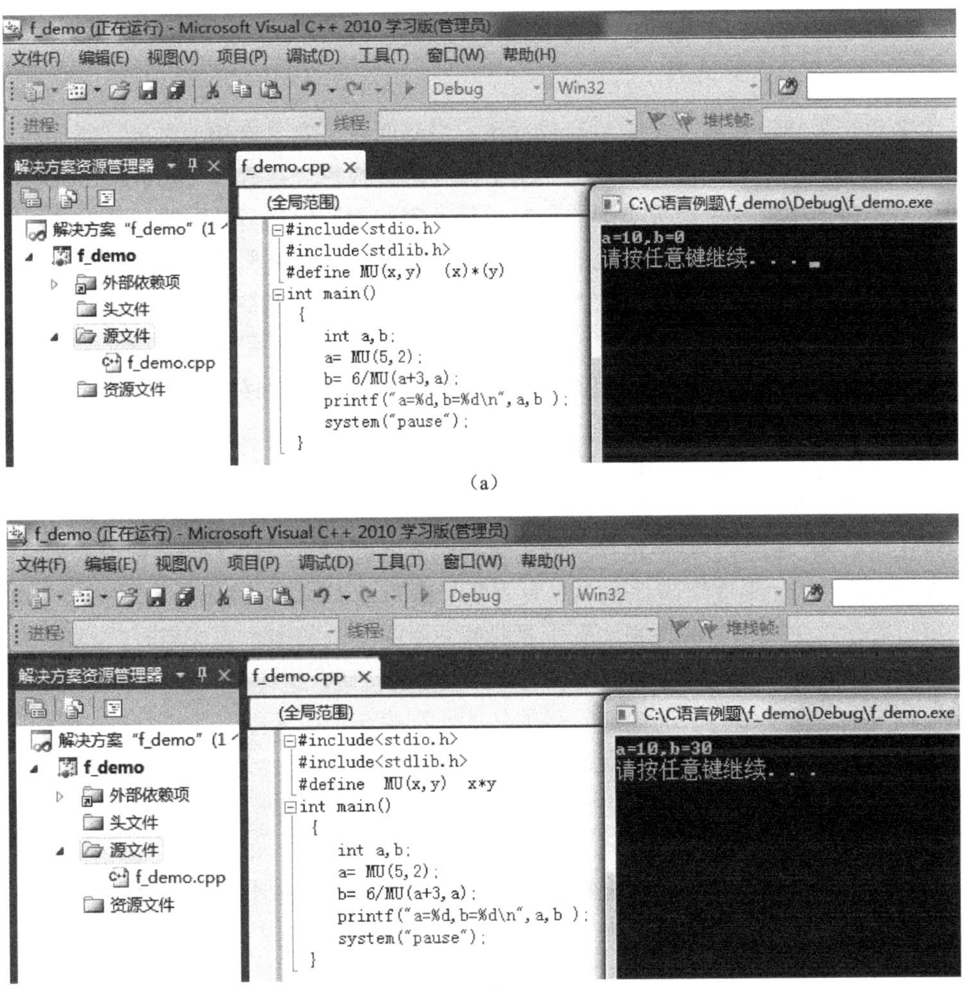

图 6-30　带参宏定义例题程序运行结果

3. 宏嵌套

在一个宏定义中使用另一个宏，称为宏嵌套。例如：

```
#define M  5
#define N  M+1
```

宏扩展（macro expansion）：是将宏调用替换为其含义的过程。

一个宏还可以用做另一个宏的参数。例如，给 MAX 定义，用以下宏定义来计算两个数中者的最大值：

```
#define  MAX(a,b)  (( (a)>(b) ) ? (a): (b) )
```

同样，给定MAX(a,b)的定义，使用以下嵌套调用得出 x、y、z 三者的最大值。

```
MAX(x,MAX(y,z))
```

4. 带参宏与函数的区别

大多数初学者经常将带参宏与函数混淆，虽然两者确实具有相似之处（例如，都具有实参和形参，使用方式很类似，都要求实参与形参数目一致等），但其主要差别在于：

（1）宏替换中没有对参数类型的限制，带参宏的参数仅是替换文本，没有类型上的任何要求；而在函数调用中，函数的形参与实参都具有固定类型，并且必须保持一致。

（2）宏替换是在编译前进行的，宏替换前并不会计算实际参数的值，在其替换过程中也不会发生存储空间分配的现象，更不会进行实参与形参的值传递，也不存在返回值。而函数调用是在程序执行时处理的，系统会为形式参数分配存储空间，并且在调用前计算所有实际参数的值后传递给形参。

（3）宏替换不占用运行时间，只占用编译时间，而函数调用需要占用程序运行空间。函数调用时要分配内存单元，保留现场，参数值传递，有时还有“返回值”，因此宏的执行效率比函数高。但是宏每使用一次就会将代码写入源程序一次，使用 n 次，则复制 n 次到在源程序中；如果调用函数 m 次，只需要函数的 1 个副本，因此函数比宏节省空间。

可以看出，宏与函数的选择实际上是时间与空间上的权衡。在应用时，要根据实际情况权衡。一般地，应该用宏去替代小的，可重复的代码，这样可以使程序执行速度快。对于比较复杂，需要多行代码才能实现的任务，则应该使用函数。

（4）多次使用宏替换会导致代码膨胀，而多次使用函数会导致代码收缩。

5. 预定义宏

ANSI C 定义了许多宏。在编程中可以使用这些宏，但是不能直接修改这些预定义的宏。例如：

宏	描述
__DATE__	当前日期，一个以 "MMM DD YYYY" 格式表示的字符常量。

__TIME__　　当前时间，一个以 "HH:MM:SS" 格式表示的字符常量。
__FILE__　　当前文件名，一个字符串常量。
__LINE__　　当前行号，一个十进制常量。

实例：

```
#include<stdio.h>
#include<stdlib.h>
main()
{
  printf("File :%s\n", __FILE__ );
  printf("Date :%s\n", __DATE__ );
  printf("Time :%s\n", __TIME__ );
  printf("Line :%d\n", __LINE__ );
}
```

上面的代码（在文件 test.c 中）被编译和执行后的结果如图 6-31 所示。

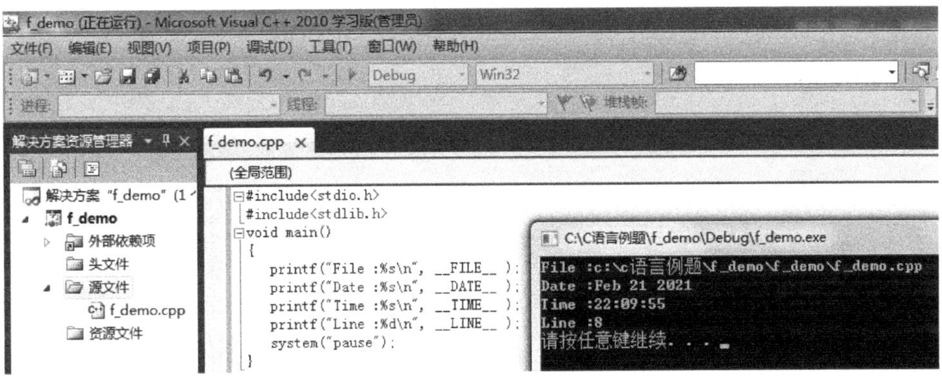

图 6-31　预定义宏实例

6.7.3　条件编译

通常源程序对其中一部分内容只有在满足一定的条件下才进行编译，也就是对一部分内容指定编译条件，这对于程序的移植和调试是很有用的。

条件编译的主要目的是解决软件兼容性和跨平台移植问题。例如，部分软件需要为某种特定类型的数据对象采用固定长度的存储表示，而直接依赖计算机硬件、操作系统和编译器提供的 int 类型不能完成这样的任务，因为 int 类型的长度与具体的计算机硬件、操作系统和编译器有关。此时可以用条件编译来解决。

如果没有条件编译，则在 64 位 Windows 操作系统下，计算机硬件和操作系统已完全变成 64 位，却因编译器只支持 32 位整数的问题不能将数据对象定义为与计算机硬件同长度的类型是十分令人遗憾的。

用条件编译可以使目标程序变小，运行时间变短。预编译使问题或算法的解决方案增多，有助于人们选择合适的解决方案。

条件编译有如下三种形式：

第一种形式：

```
#ifdef 标识符
        程序段1
#else
        程序段2
#endif
```

这种形式的作用是：当标识符已被#define定义过，则对程序段1进行编译，否则编译程序段2。和if-else语句类似，#else部分也可以省略，即可以写为

```
#ifdef  标识符
         程序段
#endif
```

程序段可以是语句组，也可以是命令行，条件编译对于提高C源程序的通用性是很有好处的。

第二种形式：

```
#ifndef 标识符
       程序段1
#else
       程序段2
#endif
```

与第一种的区别是把# ifdef 改为# ifndef，其作用是：如果标识符未被定义则编译程序段1，否则编译程序段2，这与第一种情况的作用正好相反。

第三种形式：

```
#if 常量表达式
       程序段1
#else
       程序段2
#endif
```

这种形式的功能是：当指定的常量表达式的值为真（非0）时，则编译程序段1，否则编译程序段2。可以事先设置一定条件，使程序在不同条件下执行不同的功能。

6.8 函数程序案例

寻找黑色星期五。在西方，黑色星期五是指星期五和当月13号重合。输入某年年份和该年的元旦是星期几（1 ～ 7），求出该年所有的“黑色星期五”的日期（年/月/日）。

问题分析：根据某年的元旦是星期几，先求出该年第一个星期五是这一年中的第几天（假设为x）。根据年份，判断该年是否是闰年，确定每个月的固定天数，然后计算该年每个月的13号是这一年中的第几天（假设为y）。若黑色星期五在这一年中是第z天，则z一定满足z=x+7*n（当n=1，说明是该年的第二个星期五，n=2，说明是该年的第三个星期五，依次类推）。所以，如果y满足(y–x)%7=0，则该月的13号即为黑色星期五。

程序代码：

```
//黑色星期五是指星期五与当月13号重合
//输入某年年份和该年的元旦是星期几（1-7）
//输出该年所有的"黑色星期五"的日期（年/月/日）
#include<stdio.h>
#include<stdlib.h>
void main()
{ void blackfriday(int,int);
  int year,weekday;
  printf("请输入年份：");
  scanf("%d",&year);
  printf("\n该年的元旦是星期几？请输入1-7的数字：");
  scanf("%d",&weekday);
  blackfriday(year,weekday);
  system("pause");
}
//输出某年的所有黑色星期五的函数
void blackfriday(int year,int weekday)
{ int leap(int year);
  int monthdays[13]={0,31,0,31,30,31,30,31,31,30,31,30,31};
  // 该数组用来存储每个月的总天数
  int i,day=13,firstfridate;
  if (leap(year)==1) monthdays[2]=29;
  // 闰年的二月是29天，非闰年的二月是28天
  else monthdays[2]=28;
  // 求一年中第一个星期五的日期，即这一年的第一个星期五是这一年中的第几天
  if (weekday<=5) firstfridate=1+(5-weekday);
  else  firstfridate=1+(7-weekday)+5;
  // 计算每个月的13号是这一年中的第几天，然后判断该天是不是黑色星期五
  printf("\n%d年中所有的黑色星期五的日期是：\n",year);
  for(i=1;i<=12;i++)
     { day=day+monthdays[i-1];        /*第i个月的13号在该年中是第day天*/
       if((day-firstfridate)%7==0)    /*是黑色星期五*/
          printf("%d//%d//13 \n",year,i);
     }
}
```

```
//判断某年是否是闰年的函数
int leap(int year)
{
  if(year%4==0&&year%100!=0||year%400==0)
    return 1;
  else return 0;
}
```

程序运行结果如图 6-32 所示。

该例中，代码相对长些，但采用函数后，结构依然显得很清晰，很方便阅读，体现了使用函数的优点。

图 6-32 黑色星期五程序运行结果

6.9 答疑解惑

1. C 程序为什么需要包含头文件？头文件里面又包含了什么内容？

软件在实际开发中，程序往往有几千行、上万行、百万行的代码，将这些代码都放在一个源文件中简直是灾难，不但检索麻烦，而且打开文件也很慢，所以必须将这些代码分散到多个文件中。对于多个文件的程序，通常是将函数定义放到源文件（.c 文件）中，将函数的声明放到头文件（.h 文件）中，使用函数时引入对应的头文件就可以，编译器会在链接阶段找到函数体。

在使用 printf( )、puts( )、scanf( )等函数时引入了 stdio.h 头文件，很多初学者认为 stdio.h 中包含了函数定义（也就是函数体），只要有了头文件就能运行，其实不然，头文件中包含的都是函数声明，而不是函数定义，函数定义都放在其他的源文件中，这些源文件已经提前编译好了，并以动态链接库或者静态链接库的形式存在，只有头文件没有系统库的话，在链接阶段就会报错，程序根本不能运行。

2. 函数的定义、声明与调用有何区别？

函数的定义是指对函数功能的确立，包括指定函数值类型、函数名、形参及其类型，还包括函数体等；

函数的声明是把函数值的类型、函数的名字、形参类型、形参格式和顺序通知编译系统，以便在调用该函数时系统按此声明进行对照检查。

函数的调用是执行该函数的功能，调用的必须是已存在的函数。

函数的定义、声明与调用之区别如表 6-4 所示

表 6-4　函数的定义、声明与调用之区别

区别之处	函数的定义	函数的声明	函数的调用
函数头部	函数头部后无“;”	函数头部后有“;”	调用时使用函数名，并给出实参，不写参数类型，不写返回值类型
有无{}和函数体	有{}和函数体，且要完整地写出函数体语句	无{}，无函数体语句	无{}，无函数体语句
出现的位置	只能出现其他函数外定义，函数不能嵌套定义	出现在函数调用之前，既可以出现在函数外，也可以出现在函数内	只能在函数内部调用函数
出现的次数	只能出现一次	可以出现多次	可以出现多次，每次调用都会执行该函数一次

3. 使用递归的条件是什么？

解惑： 采用递归解决问题，必须符合下列两个条件：

（1）需要解决的问题可以转化为与原问题解法相同的新问题，只是新问题较原问题的规模是递增或递减的（通常为递减），即存在递归公式。

（2）必须有一个终止递归的条件。

若满足上述两个条件，就可以采用下面形式的语句来实现：

```
if(递归结束条件)  return(递归终止值)
else  return(递归公式)
```

4. 递归算法有什么优缺点？

解惑： 递归在解决问题时，往往思路清晰，算法简单明了，即编写代码的效率高。

但程序在调用函数时，系统会自动将主调函数中的当前变量、形参、断点信息和返回地址保存起来，这样在递归调用的每一次递推时，系统都需要分配相应的内存空间保存这些信息，递归调用的层次越多，所占用的空间就越多，所以递归执行时比较占用时间和空间。

实际上，递归和循环有时可以相互转换，循环执行时不存在递归的上述问题，所以执行效率较高，但循环理解起来不如递归简单易懂。

5. 什么是预处理？预处理命令为何不是C语言本身的组成部分？

解惑：C语言提供了一些预处理命令用于改善编程环境，提高编程效率。预处理是在编译之前对这些命令进行处理。预处理命令不是C语言本身的组成部分，而是由ANSI C标准规定的，编译器无法识别，不能对它们直接进行编译，必须在编译前由编译预处理程序对这些命令进行处理。经过预处理后的程序不再包含预处理命令，之后再由编译程序对预处理后的源程序进行通常的编译处理，得到可执行代码。

现在很多C编译系统都包含了预处理、编译和连接部分。有些读者因此误认为预处理命令是C语言的组成部分，这一点一定要注意。正确合理地使用预处理功能，可使程序书写更加简练清晰，便于阅读、修改、移植和调试，也有利于模块化程序设计。

在C语言中，凡是以“#”号开头的行，都称为“预编译处理”命令行，主要有宏定义、文件包含、条件编译。注意，预处理命令和语句不同，结尾处没有分号“;”。

根据需要，预处理命令行可以出现在程序的任何位置，作用域从命令行开始处到源文件结束，或遇到#undef时结束。

习 题 6

6.1 填空题

给定程序中，函数fun ()的功能是根据形参i的值返回某个函数的值。当调用正确时，程序输出：

```
x1=5.000000,x2=3.000000,x1*x1+x1*x2=40.000000
```

请在程序的下划线处填入正确的内容并把下划线删除，使程序得出正确的运行结果。

```
#include<stdio.h>
double f1(double x)
{   return x*x;}
double f2(double x, double y)
{   return x*y;}
_____fun(int i, double x, double y)
{   if (i==1)
      return_____(x);
    else
      return_____(x, y);
```

```
}
main()
{    double x1=5, x2=3, r;
     r = fun(1, x1, x2);
     r += fun(2, x1, x2);
     printf("\nx1=%f, x2=%f, x1*x1+x1*x2= %f\n\n",x1, x2, r);
}
```

6.2 程序修改题

1. 给定程序 MODI1.C 中函数 fun ()的功能是：从整数 10 到 55 之间，选出能被 3 整除且有一位上的数是 5 的那些数，并把这些数放在 b 所指的数组中，这些数的个数作为函数值返回。规定，函数中 a1 放个位数，a2 放十位数。

请改正程序中的错误，使它能得出正确结果。

注意：不要改动 main( )函数，不得增行或删行，也不得更改程序的结构。

```
#include<stdio.h>
int fun(int *b)
{     int k,a1,a2,i=0;
      for(k=10; k<=55; k++)
      {
        /************found begin************/
        a2=k/10;
        a1=k-a2*10;
        if((k%3==0 && a2==5)||(k%3==0 && a1==5))
         {   b[i]=k; i++;}
      }
     /************found end************/
     return k;
}
main()
{  int a[100],k,m;
   m=fun(a);
   printf("The result is :\n");
   for(k=0; k<m; k++) printf("%4d", a[k]); printf("\n");
}
```

2. 给定程序 MODI2.C 中函数 fun( )的功能是：计算小于形参 k 的最大的 10 个能被 13 或 17 整除的自然数之和。k 的值由主函数传入，若 k 的值为 500，则函数值为 4622。

请改正程序中的错误，使程序能输出正确的结果。

注意：不要改动 main( )函数，不得增行或删行，也不得更改程序的结构！

```
#include<stdio.h>
int fun(int k)
```

```
{     int m=0, mc=0;
      while ((k >= 2) && (mc < 10))
      {
         /***********found begin***********/
         if ((k%13 = 0) || (k%17 = 0))
         {m = m+ k; mc++;}
         k--;
       }
     return m;}
     /***********found end***********/
main()
{
    printf("%d\n", fun(500));
}
```

6.3 编程实战题

汉诺塔（Tower of Hanoi），又称河内塔，是一个源于印度古老传说的益智玩具。有三根柱子，在一根柱子上从下往上按照大小顺序摞着 64 片黄金圆盘，如图 6-33 所示。现要求把这 64 片圆盘重新摆放在另一根柱子上，并规定，圆盘在摆放过程中始终保持大盘在下、小盘在上，且每次只允许移动一片圆盘。

图 6-33 汉诺塔示意图

要求利用函数编写程序解决汉诺塔问题，打印输出移动的步骤。

（1）算法分析

把三根柱子编号为：A、B、C，现将 n 个圆盘从 A 柱移到 C 柱分解为以下三个步骤：

将 A 上 n–1 个圆盘借助 C 柱先移到 B 柱上。

把 A 柱上剩下的一个圆盘移到 C 柱上。

将 n–1 个圆盘从 B 柱借助于 A 柱移到 C 柱上。

（2）参考源代码

```
#include<stdio.h>
void  move(char getone, char putone)
{
   printf("%c-->%c\n",getone,putone);
}
void  hanoi(int n, char one, char two, char three)
{
   // 将 n个盘从 one 借助 two，移到 three
   if(n==1)  move(one,three);
   else
```

```
  {
      hanoi(n-1,one,three,two);
      move(one,three);
      hanoi(n-1,two,one,three);
   }
}
void main( )
{
    int m;
    printf("input the number of diskes:");
    scanf("%d",&m);
    printf("The step to movinq%3 d diskes : \n ", m);
    hanoi(m,'A','B','C');
}
```

实验项目 6　函数的应用

本次实验主要涉及函数的定义、声明及调用。

【实验目的】

（1）掌握函数的定义方法；

（2）掌握函数的调用及函数声明；

（3）掌握函数实参与形参的对应关系及“值传递”的方式；

（4）掌握函数实参与形参的对应关系及“地址传递”的方式；

（5）掌握函数的嵌套调用和递归调用方法；

（6）掌握全局变量和局部变量、动态变量和静态变量的概念和使用方法；

（7）了解对多文件程序的编译和运行；

（8）熟悉宏定义、文件包含、条件编译的使用方法。

【实验内容】

一、基础题

1. 编写一个函数 narcissisticNumber( )，其功能是判断一个三位数是不是水仙花数（又称自恋数、自幂数）。水仙花数是指一个 n(n≥3)位数，它的每位数字的 3 次幂之和等于该数本身，例如，153、370、371 都是水仙花数。（验证：1*1*1 + 5*5*5 + 3*3*3 = 153，则 153 是水仙花数。）要求主函数 main( )调用 narcissisticNumber( )，输出 100 ～ 1000 内所有水仙花数。

2. 输入 m 个学生 n 门课的成绩（例如 10 个学生 5 门课的成绩），分别用函数求：

（1）每个学生的平均分；

（2）每门课的平均分；

（3）找出最高的分数所对应的学生和成绩。（要求用数组名作为函数参数）

二、提高题

1. 用递归算法处理 Fibonicci 数列问题，计算 Fibonicci 数列第 9 项即 f(9)的值。递归公式为

$$f(\mathrm{n})=\begin{cases}1 & (\mathrm{n}=1)\\ 1 & (\mathrm{n}=2)\\ f(\mathrm{n}-1)+f(\mathrm{n}-2) & (\mathrm{n}>2)\end{cases}$$

注意：函数 f(n)是一个有返回值的函数；在主函数中提供参数 n 的值。

2. 编写带参的宏，实现 $y=x^2+6x+1$。在主函数中输入 x，输出对应的 y 值。

3. 用递归法将一个整数 n 转换成字符串。例如，输入整数“789”，应输出字符序列'7', '8', '9'。n 的位数不固定，可以是 9 位数内的任意整数。

【提示】将一个整数 n 分解成字符序列，首先将问题划分成两个部分，一部分是终止递归的条件，另一部分是继续更深层次递归的条件：

（1）当 n/10!=0 时，将 n /10 作为参数继续更深层次递归。

（2）否则如果当 n/10=0 时（1 位数，可以直接转换），把整数 n 转换成单个字符并输出，c=n%10+'0'，打印 c。

注意：函数 convert(int n)完成输出功能，它是一个 void 函数；在主函数中提供参数 n 的值。

4．用递归法求 n 阶勒让德多项式的值。递归公式为

$$P_n(x)=\begin{cases} 1 & (n=0) \\ x & (n=1) \\ ((2n-1)xP_{n-1}(x)-P_{n-2}(x))/n & (n>1) \end{cases}$$

5．求两个整数的最大公约数和最小公倍数。

（1）要求不使用全局变量的方法实现。分别用两个函数求最大公约数和最小公倍数。两个整数在主函数中输入，并传送给函数 f1( )，求出的最大公约数返回主函数，然后再与两个整数一起作为实参传递给函数 f2( )，以求出最小公倍数，再返回到主函数输出最大公约数和最小公倍数。**（函数调用形式的表达式作为函数参数）**

（2）要求不使用全局变量的方法实现。分别编写两个函数，函数 f1( )求最大公约数，f2()求最小公倍数。在函数 f2( )中调用 f1( )函数来实现求最小公倍数。**（嵌套调用）**

（3）使用全局变量的方法，分别用两个函数求最大公约数和最小公倍数，但其值不由函数带回。将最大公约数和最小公倍数都设为全局变量，在主函数中输出它们的值。

（4）将两个函数单独存放在 file1.c 中，主函数存放在 file2.c 中，对它们进行编译和运行。**（多文件程序的编译和运行）**

6．从键盘输入一串字符，将其中的小写字母全部转换为大写字母后再输出到屏幕上。要求小写字母转换为大写字母用自定义函数完成。**（数组名作为函数参数）**

第 7 章　揭开指针的面纱

本章思维导图

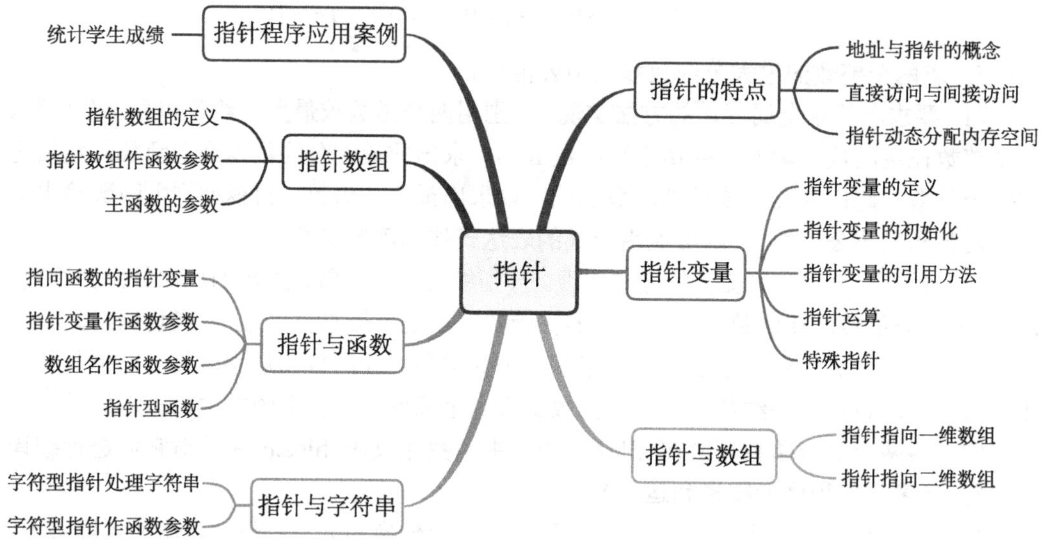

学习任务

1. 理解地址、指针、指针变量、二级指针的基本概念；
2. 掌握指针的基本运算：取地址运算、取值运算；
3. 掌握指针作函数参数的使用方法；
4. 熟悉指针与数组的关系，使用指针操作数组；
5. 理解字符串指针的应用，理解指针、数组与字符串的关系。

7.1　地址与指针

7.1.1　地址与指针的概念

正确理解和使用指针首先要掌握地址和指针的基本概念。

1. 地址

计算机中所有的数据都必须放在内存中，不同类型的数据占用的字节数不一样，例如 int 占用 4 个字节，char 占用 1 个字节。为了正确地访问这些数据，必须为每个字节都编上号码，就像门牌号、身份证号一样，每个字节的编号是唯一的，根据编号可以准确地找到某个字节。地址从 0 开始依次增加，对于 32 位环境，程序能够使用的内存为 4GB，最小的地址为 0，最大的地址为 0xFFFFFFFF。

图 7-1 是 4G 内存中每个字节的编号（以十六进制表示）。

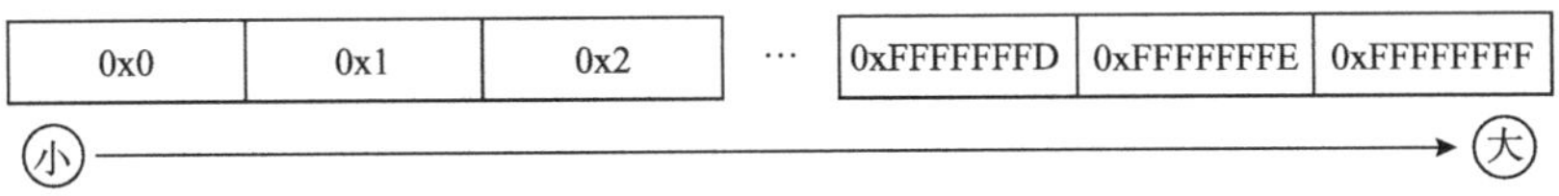

图 7-1　4G 内存每个字节的编号（十六进制）

将内存中字节的编号称为地址（address）或指针（pointer）。

【例 7-1】 输出一个整型变量的地址和字符数组的首地址。

```
#include<stdio.h>
#include<stdlib.h>
int main()
{
    int a = 100;
    char str[20] = "I Love China!";
    printf("%#X, %p\n", &a, str);
    system("pause");
    return 0;
}
```

运行结果如图 7-2 所示。

%#X 表示以十六进制形式输出，并附带前缀 0X。a 是一个整型变量，用来存放整数，需要在前面加&来获得它的地址；字符数组 str 本身就表示字符串的首地址，不需要加&。

C 语言有一个控制符“%p”，专门用来以十六进制形式输出地址，不过 %p 的输出格式并不统一，有的编译器带 0X 前缀，有的不带。

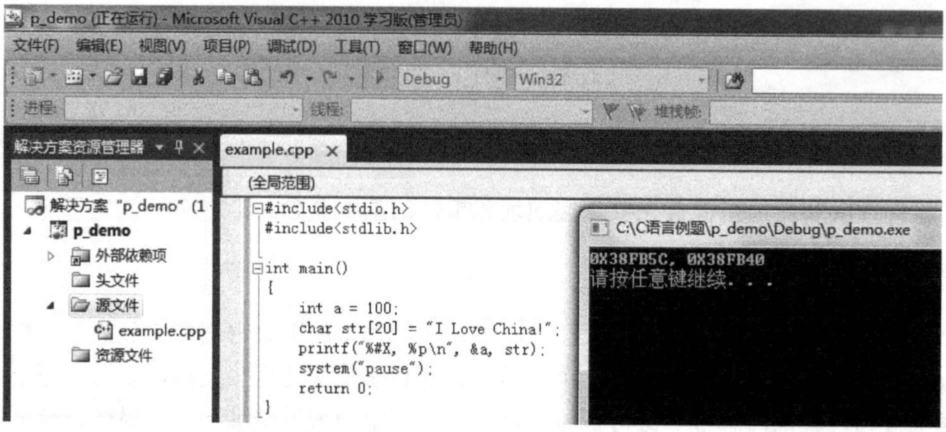

图 7-2 输出一个地址

注：输出的地址值和机器相关

2. 指针

指针是C语言的灵魂，是C语言最有特色、最为精华的一部分。使用指针不仅可以表示很多复杂的数据结构、高效地使用数组、便捷地处理字符串、方便地调用函数，而且还可以动态分配内存等。

计算机内存存储单元的编号称为地址，通常把这个地址称为指针。每一个变量都有一个内存位置，每一个内存位置都可使用&运算符访问。

【例 7-2】 用& 运算符访问变量的地址。

```
#include<stdio.h>
int main()
{
    int var = 10;
    int *p;              /* 定义指针变量p */
    p = &var;
    printf("var 变量的地址： %p\n", p);
    return 0;
}
```

此程序在某计算机被编译和执行后的结果：

```
var 变量的地址： 0x7ffeeaae08d8
```

此地址值与机器相关。

指针指向变量用一张示意图表示，如图 7-3 所示。

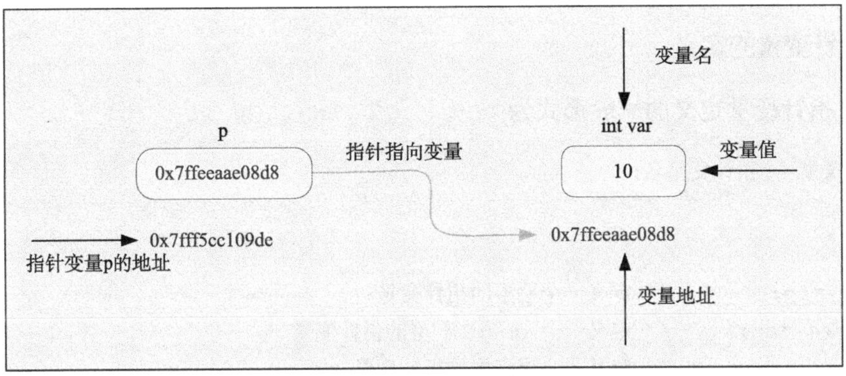

图 7-3　指针指向变量示例

说明：

（1）p 是一个指针，用来存储变量 var 的地址；

（2）指针 p 的类型必须与变量 var 的类型一致，因为整型的指针只能存储整型变量的指针地址。

7.1.2　直接访问与间接访问

存取变量的值称为访问，访问内存中的数据有两种方式：一是通过变量名直接访问；二是通过指针间接访问。

（1）直接访问

例 7-2 程序中，增加一条输出语句：

```
printf("var=%d\n", var);
```

该语句的执行过程：通过变量名 var 找到 var 的起始地址（0x7ffeeaae08d8），然后取出其值 10 并输出。

（2）间接访问

如图 7-3，通过指针 p 存取变量 var 值的过程如下：首先找到指针变量 p 的地址（0x7fff5cc109de），取出该地址所在存储单元的值 0x7ffeeaae08d8（变量 a 的首地址）；然后从 0x7ffeeaae08d8 首地址所在存储单元中取出变量 var 的值 10。

7.2　指针与指针变量

C 语言中，允许用一个变量来存放指针，这种变量称为指针变量。指针变量的值就是某数据的地址，这样的数据可以是数组、字符串、函数，也可以是另外的一个普通变量或指针变量。

7.2.1 指针变量的定义

（1）指针变量定义的一般形式为

```
数据类型  *指针变量名;
```

例如：

```
int   *ip;        /* 定义一个整型的指针变量 */
double *dp;       /* 定义一个 double 型的指针变量 */
float  *fp;       /* 定义一个浮点型的指针变量 */
char  *ch;        /* 定义一个字符型的指针变量 */
```

指针变量名应符合标识符命名规则。

这里，*是一个特殊符号，表明是指针变量，定义 ip、dp 为指针时必须带*。而给 ip、dp 赋值时，因为已经知道了它是一个指针变量，就没必要多此一举再带上*，后边可以像使用普通变量一样来使用指针变量。也就是说，定义指针变量时必须带*，给指针变量赋值时不能带*。

（2）指针变量只能指向它定义的数据类型，不能再指向其他类型的变量。例如：

```
int *point;
float x;
point =&x;  /*错误， point定义时指向整型，不能指向浮点型*/
```

（3）指针变量的类型：

定义指针变量的类型标识符是指针变量所指向的目标变量的类型，并不是指针变量本身的类型。

所有实际数据类型，不管是整型、浮点型、字符型，还是其他的数据类型，对应指针变量本身的类型都是一样的，都是一个代表内存地址的十六进制数。即指针变量的值是它所指向的变量的首地址，这个首地址是一个整数，如图 7-3 中，指针变量 p 的地址 0x7fff5cc109de 是一个长的十六进制整数。

7.2.2 指针变量的初始化

指针变量使用之前不仅要定义，而且必须初始化，未经赋值的指针变量的值是不确定的，是不能使用的。

1. 指针变量的初始化方法

指针变量初始化的一般形式为

```
数据类型  指针变量名 =&变量名;
```

例如：

```
int a;
int *p_a = &a;  /*在定义指针变量的同时，赋予指针变量一个初始值。*/
```

等价于：

```
int a,*p;        /*指针变量定义时暂不赋初值，随后用赋值语句予以赋值。*/
p_a = &a;
```

2. 指针变量的初始化举例

若有程序段如下：

```
int x = 10, *p = &x;
printf ("%d\n",*p);
```

分析输出的结果。

解析：该程序段中“*”出现两次，其在不同的语句场合具有不同的含义。

（1）指针变量说明语句“int x =10, *p = &x;”中的“*”是指针类型标识符，表示其后的变量 p 是一个指针类型的变量而不是一个普通的整型变量。而“p = &x;”表示指针变量 p 取得整型变量 x 的地址。

（2）语句“printf (" %d"，*p);”中的“*”则是一个指针运算符，表示获取指针变量 p 所指向的变量 x 的值。因此，*p 访问的是 x 所占用存储区域上的内容。也就是说“printf (" %d"，*p);”输出变量 x 的值 10。

指针变量和普通变量一样，也可以被多次写入，随时都能够改变指针变量的值。

7.2.3　指针变量的引用方法

指针变量的引用方法一般是：使用取地址运算符&与指针运算符*，通过指针变量访问变量。

1. 取地址运算符&

C 语言提供的地址运算符“&”是单目运算符，其结合性为自右至左，功能是取变量的地址。其一般形式为

```
&变量名;
```

例如，&n 表示变量 n 的地址，变量 n 本身必须预先说明。

2. 指针运算符*

取指针内容运算符“*”简称指针运算符，是单目运算符，其结合性为自右至左，表示获取指针变量所指向的变量值。在“*”运算符后面紧跟的变量必须是指针变量。

【例 7-3】指针变量的引用。

```
#include<stdio.h>
int main()
{
    int  i = 20;
    int  *ip;          /* 指针变量的声明 */
    ip = &i;           /* 在指针变量中存储变量i的地址 */
    printf("变量i的地址: %0x\n", &i  );
    printf("ip变量存储的地址: %0x\n", ip );    /* 在指针变量中存储的地址 */
    printf("*ip的值: %d\n", *ip );            /*间接访问 */
    return 0;
}
```

上面的代码被编译和执行后的结果如图 7-4 所示。

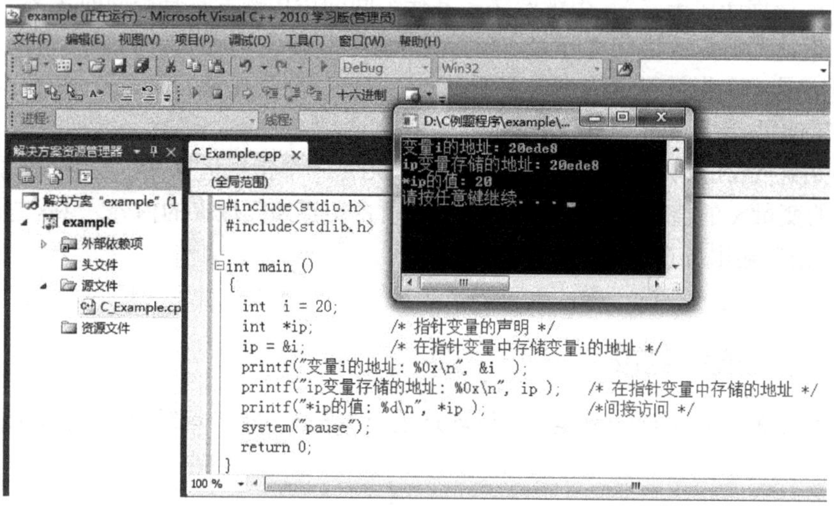

图 7-4　指针变量的引用

3. 指针变量的引用举例

```
//定义普通变量
float a = 99.5, b = 10.6;
char c = '@', d = '#';
//定义指针变量
float *p1 = &a;
char *p2 = &c;
//修改指针变量的值
p1 = &b;
p2 = &d;
```

假设变量 a、b、c、d 的地址分别为 0X1000、0X1004、0X2000、0X2004，图 7-5 反映了指针 p1、p2 指向的变化。

需要强调的是，p1、p2 的类型分别是 float*和 char*，而不是 float 和 char，它们是完全不同的数据类型，要引起注意。

指针变量也可以连续定义，例如：

```
int *a, *b, *c;
```

注意每个变量前面都要带*。如果写成下面的形式，那么只有 a 是指针变量，b、c 都是类型为 int 的普通变量：

```
int *a, b, c;
```

通过指针访问它所指向的一个变量是以间接访问的形式进行的，所以比直接访问一个变量要费时间，而且不直观。因为通过指针要访问哪一个变量，取决于指针的值（即指向）。由于指针是变量，可以通过改变它们的指向来间接访问不同的变量，这给程序员编程带来灵活性，也使程序代码编写得更为简洁和有效。

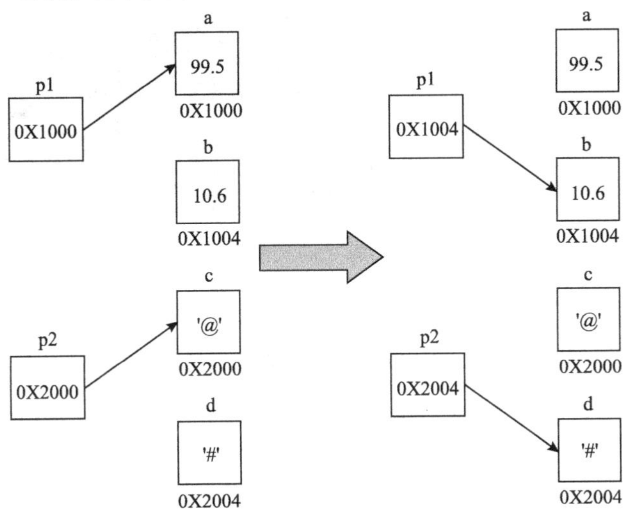

图 7-5　p1、p2 指向的变化

4. 通过指针交换两个变量的值

【例 7-4】利用指针正确交换两个变量的值。

```
#include<stdio.h>
#include<stdlib.h>

int main()
{
    int a = 100, b = 999, temp;
    int *pa = &a, *pb = &b;
```

```
    printf("a=%d, b=%d\n", a, b);
    //*****开始交换*****
    temp = *pa;  /* 将a的值先保存起来 */
    *pa = *pb;   /* 将b的值交给a */
    *pb = temp;  /* 再将保存起来的a的值交给b */
    //*****结束交换*****
    printf("a=%d, b=%d\n", a, b);
    system("pause");
    return 0;
}
```

运行结果如图 7-6 所示。

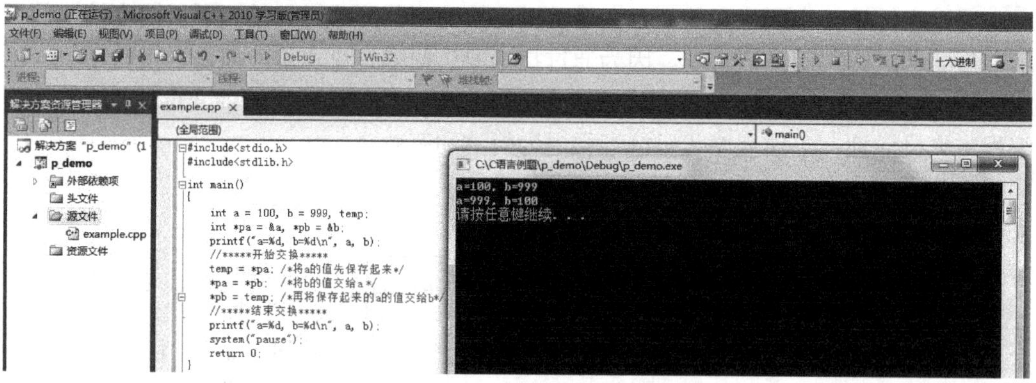

图 7-6　利用指针正确交换两个变量的值

从运行结果可以看出，a、b 的值已经发生了交换。需要注意的是临时变量 temp，它的作用特别重要，因为执行“*pa = *pb;”语句后 a 的值会被 b 的值覆盖，如果不先将 a 的值保存起来以后就找不到了。

【例 7-5】 分析下列程序不能正确交换变量值的原因。

```
void main( )
{
   int a = 7, b = 8, *p, *q, *r;
   p = &a; q = &b;
   r = p; p = q; q = r;
   printf ("%d, %d, %d, %d\n", *p, *q, a, b);
}
```

解析：程序中“r = p; p = q; q = r;”三个语句交换了指针变量 p、q 的指向。交换前如图 7-6 所示。

r 是中间变量，在语句“r = p;”执行之前保留 p 的值，在执行语句“p = q;”之后再通过“q = r;”把 r 之前保留的 p 的值赋给 q，从而完成指针变量 p、q 值的交换，实际上是交换了两个指针的指向。

这里要注意的是，变量 a 和 b 的值并没有交换。输出结果是：8, 7, 7, 8。

在进行指针数据对象的初始化时，所提供的目标数据对象必须已定义，并与指针所指向的目标数据类型一致，否则会导致错误。例如：

```
int n,a[4];
float *p=&n;  /*错误，类型不匹配，应改为：int *p=&n;*/
int *p=&a;    /*错误，a是数组名，不需要加“&”。应改为：int *p=a;*/
```

7.2.4 指针运算

指针变量保存的是地址，而地址本质上是一个整数，所以指针变量可以进行部分运算，但是，它和普通变量参加的运算有很大的区别，只能进行赋值运算和部分算术运算及关系运算。

1. 赋值运算

指针变量的赋值运算有以下几种形式。

（1）初始化赋值。

（2）把一个变量的地址赋予一个指向相同数据类型的指针变量。例如：

```
int a, *pa;   /*定义指针变量pa，是未初始化的指针 */
pa = &a;      /*为指针变量pa赋值，此时它指向变量a的首地址*/
```

（3）把一个指针变量的值赋予指向相同类型变量的另一个指针变量。例如，例 7-2 “p = q;”，由于 p、q 均为指向整型变量的指针变量，因此可以相互赋值。

（4）把字符串的首地址赋予指向字符类型的指针变量。例如：

```
char *p; p= "Hello";
```

或用初始化赋值的方法：

```
char *p = "Hello";
```

注意：这不是把整个字符串装入指针变量，而是把存放该字符串的存储区的首地址装入指针变量。

（5）把数组的首地址赋予指向数组的指针变量。例如：

```
int a[5], *p;  p = a;
```

也可采取初始化赋值的方法：

```
int a[5], *p = a;
```

数组中每个元素的地址都可以用指针变量保存。

（6）把函数的入口地址赋予指向函数的指针变量。例如：

```
int (*pf)();    /* pf是指向函数的指针变量*/
pf=fun;         /* fun是函数名*/
```

2. 算术运算

C 语言中的指针是一个用数值表示的地址。因此，可以对指针执行算术运算。可以对指针进行四种算术运算：++、--、+、-。

假设 ptr 是一个指向地址 1000 的整型指针，是一个 32 位的整数，对该指针执行下列的算术运算：

```
ptr++;
```

ptr 将指向位置 1004，因为 ptr 每增加一次，它都将指向下一个整数位置，即当前位置往后移 4 字节。这个运算会在不影响内存位置中实际值的情况下，移动指针到下一个内存位置。

指针在递增和递减时跳跃的字节数取决于指针所指向变量数据类型长度，比如 int 就是 4 个字节。

指针的算术运算一般对数组进行，而且只有指向同一数组的两个指针变量之间进行运算才具有实际意义。例如，两指针变量相减所得之差是两个指针所指向的数组元素之间相差的元素个数。实际上是两个指针值（地址）相减之差再除以该数组元素的长度（字节数）。例如，pf1 和 pf2 是指向同一浮点数组的两个指针变量，设 pf1 的值为 2016，pf2 的值为 2000，而浮点数组中每个元素占 8 个字节，所以 pf1 – pf2 为(2016–2000) / 8=2，表示 pf1 和 pf2 之间相差 2 个元素。

两个指针变量不能进行加法运算。例如，pf1 + pf2 无实际意义。

常见的指针变量对数组进行算术运算如表 7-1 所示。

表 7-1　指针对数组进行算术运算的意义

运算形式	意义
p--	指针地址值前移一个数组元素位置
p++	指针地址值后移一个数组元素位置
p+n	指针地址值后移 n 个数组元素位置
p-n	指针地址值前移 n 个数组元素位置
p-q	两指针间的数组元素个数（p>q）

指针变量可以出现在普通变量能出现的任何表达式中，例如：

```
int x, y, *px = &x, *py = &y;
y = *px + 5;     /* 表示把x的内容加5并赋给y，*px+5相当于(*px)+5 */
y = ++*px;       /* px的内容加上1之后赋给y，++*px相当于++(*px)*/
y = *px++;       /* 相当于y=*(px++)*/
py = px;         /* 把一个指针的值赋给另一个指针 */
```

【例 7-6】运用指针逆序输出数组 x[6]的元素值。

方法一：

```
#define M 6
#include<stdio.h>
int main()
{ int x[M] = {2, 4, 6, 8, 5, 7}, i,t;
  int *p = &x[0], *q = &x[M-1];
  while(p<q)
  {  t=*p;*p=*q;*q=t;
     p++;q--;
   }
  for (i = 0;  i<M;  i ++ )
       printf(" %2d ", x[i] );
  printf("\n ");
  return 0;
 }
```

方法二：

```
#define M 6
#include<stdio.h>
int main()
{ int x[M]= {2, 4, 6, 8, 5, 7}, i,t;
  int *p = &x[0], *q = &x[M-1];
  while(p<q)
  {  t=*p;*p=*q;*q=t;
     p++;q--;
   }
  for (i = 0;  i< M;  i ++ )
       printf(" %2d " ,*(p++));
  printf("\n ");
  return 0;
 }
```

方法二程序中，语句

```
for (i = 0;  i<M;  i ++ )
    printf("%2d", *(p ++ ) );
```

每循环一次，输出当前元素后，指针指向下一个元素。等价于下列两个语句：

```
printf(" %2d ", *(p + i) );
printf(" %2d ", *p ++ );
```

3. 关系运算

指向同一数组的两指针变量进行关系运算，表示它们所指数组元素之间的关系。关系运算共有 6 种：>、<、==、!=、>=、<=。例如：

```
p1 == p2          /* pf1和pf2指向同一数组元素*/
p1 > p2           /* p1处于数组高地址位置*/
```

说明：

（1）一般而言，参加关系运算的两指针变量必须是同一类型，否则无意义。

（2）关系运算的结果根据关系表达式是否成立来确定，若关系表达式成立则该表达式的值为非零，否则，值为零。

（3）指针一般不能和整常数进行关系运算，唯一例外的是：指针变量可以和 0 或常量 NULL 进行等于或不等于的关系运算，例如：

```
p == 0;     /*指针p为空，即未分配存储单元，此时指针指向的地址不确定*/
p!= 0;      /*指针p非空，即已经分配存储单元*/
```

或

```
p!= NULL;   /*指针p非空，即已经分配存储单元*/
```

4. sizeof 运算

sizeof是一种单目操作符，它不是函数。sizeof运算是用来求某个类型的变量所占的字节数，通常用来查看变量、数组或结构体等操作数所占的字节个数。

sizeof操作数可以是一个表达式或括在括号内的类型名。

sizeof的使用方法有两种：

（1）用于数据类型：使用形式为

```
sizeof(type)
```

数据类型必须用括号括住，例如：

```
sizeof(int)
```

（2）用于变量：使用形式为

```
sizeof(var_name)
```

或

```
sizeof  var_name
```

变量名可以用括号，也可以不用括号。带括号的用法更普遍，建议采用这种形式。

5. 指针运算的优先级问题

指针运算一些表达式的等价形式如表 7-2 所示，可以借此体会总结有关运算符的优先级与结合方向。

表 7-2　指针运算一些表达式的等价形式

表达式	等价表达式
y = *p ++	y = * (p ++)
y = * ++ p	y = * (++ p)
y = --*p ++	y = -- (* (p ++))

7.2.5　特殊指针

C 语言有一些很有个性的指针，例如，悬空指针、空指针、void 型指针和多级指针等，称为特殊指针。

1. 悬空指针

悬空指针又称为野指针，就是没有初始化或者赋值的指针。如果一个指针变量赋予了非地址数据或未经赋值，那么这个指针变量指向哪个存储单元是不确定的，称指针是悬空的。

如果程序含有“野指针”，调试程序时并不警告，if 语句对它不起作用。这样的问题难以被发现，从而可能为程序留下“Bug”。这种情况下对这个指针变量的操作可能会引起严重的后果，甚至会导致系统崩溃。因此，要养成良好编程习惯，在定义指针变量的同时就给它赋一个初始值。例如：

```
int *p=NULL;
```

2. 空指针

在变量声明的时候，如果没有确切的地址可以赋值，为指针变量赋一个 NULL 值。赋为 NULL 值的指针被称为空指针。空指针不指向任何目标变量或可访问的存储单元，也不指向存储器的 0 地址单元，而是一种特殊状态。

系统在 stdio.h 头文件中定义一个常量 NULL（宏），其值为 0，即

```
#define NULL 0
```

计算机中的 0 在不同的场合有四种含义：

（1）数值 0；

（2）字符串结束标志'\0'；

（3）空指针，指针变量赋 0 值或空值 NULL；

（4）内存中编号为 0 的地址（计算机规定：内存以 0 为编号的存储单元的内容不可读也不可写，对系统来说极其特殊而且重要）。

【例 7-7】 空指针示例。

```
#include<stdio.h>
#include<stdlib.h>
int main()
{
   int  *ptr = NULL;
   printf("ptr 的地址是%p\n", ptr);
   system("pause");
   return 0;
}
```

上面的代码被编译和执行后的结果如图 7-7 所示。

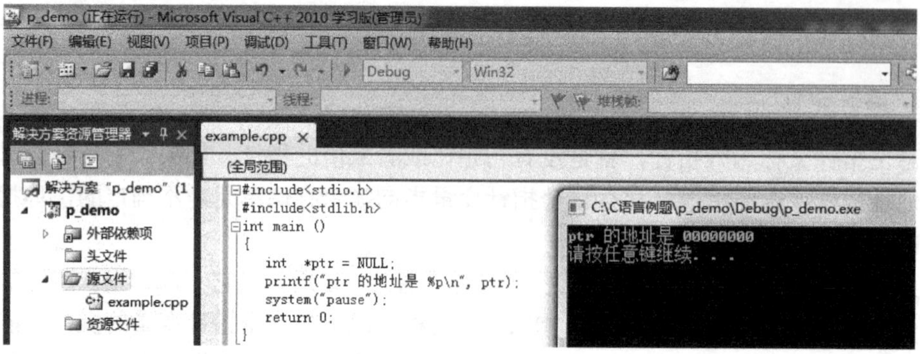

图 7-7　空指针示例

在大多数的操作系统上，程序不允许访问地址为 0 的内存，因为该内存是操作系统保留的。

3. void 型指针

void 型指针也叫做无指定类型指针，意思是指向任意类型的指针。任意类型的指针都可以直接赋给 void 指针，而不需要进行强制类型转换。反之，在将 void 指针值赋给另一变量时要进行强制类型转换。例如：

```
int *p;
void *q;
p = (int *)q;
```

void 指针最常用于内存管理。最典型的是标准库的 free( )函数。它的原型如下：

```
void free(void *ptr);
```

free( )函数的参数可以是任意类型的指针。

4. 多级指针

一级指针存放的是数据的地址，如果要存放一个地址的地址，就需要一个二级指针（又称二重指针），也就是说，二级指针存放的是一级指针的地址，三级指针存放的是二级指针的地址，依此类推。二级以上的指针称为多级指针。

二级指针的定义形式如下：

```
数据类型  ** 指针名;
```

与定义一级指针不同之处在于要用两个“*”。

通过指针访问变量称为间接访问。如果指针直接指向变量，则称为“单级间址”。如果通过指向指针的指针访问变量则构成“二级间址”，如图 7-8 所示。

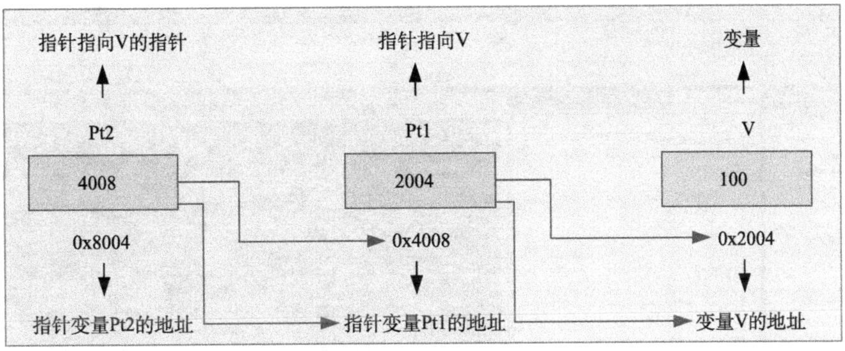

图 7-8　二级指针示意图

【例 7-8】二级指针示例程序。

```
#include<stdio.h>
#include<stdlib.h>
int main()
{
   int  v;
   int  *Pt1;
   int  **Pt2;
   v = 100;

   // 获取 v 的地址
   Pt1 = &v;

   // 使用运算符 & 获取 Pt1 的地址
   Pt2 = &Pt1;

   printf("var = %d\n", v );
   printf("Pt1 = %p\n", Pt1 );
   printf("*Pt1 = %d\n", *Pt1 );
   printf("Pt2 = %p\n", Pt2 );
   printf("**Pt2 = %d\n", **Pt2);
   system("pause");
   return 0;
}
```

上面的代码被编译和执行后的结果如图 7-9 所示。

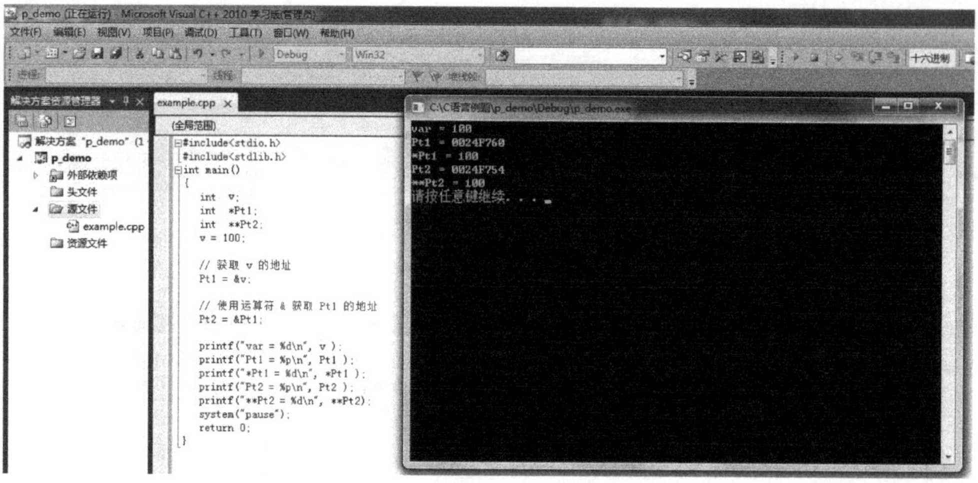

图 7-9　二级指针示意程序运行结果

7.3　指针与数组

7.3.1　指针指向一维数组

定义数组时，要给出数组名和数组长度，数组名可以认为是一个指针，它指向数组的第 0 个元素。数组名相当于一个指针。

要使指针变量指向数组的第 n 个元素，可以把 n 元素的首地址赋予它，或把数组名加 n 赋予它。使用指针访问数组使程序的结构精练，求解问题时具有更大的灵活性。

【例 7-9】指针访问数组示例程序。

```
#include<stdio.h>
#include<stdlib.h>
int main()
{
    int arr[] = { 99, 15, 100, 888, 252 };
    int *p = &arr[2];  /* 也可以写作 int *p = arr + 2; */
    printf("%d, %d, %d, %d, %d\n", *(p-2), *(p-1), *p, *(p+1), *(p+2) );
    system("pause");
    return 0;
}
```

运行结果如图 7-10 所示。

引入数组指针后，就有两种方案来访问数组元素，一种是使用下标，另外一种是使用指针。

（1）使用下标：也就是采用 arr[i]的形式访问数组元素。如果 p 是指向数组 arr 的指针，那么也可以使用 p[i]来访问数组元素，它等价于 arr[i]。使用下标法比较直观。

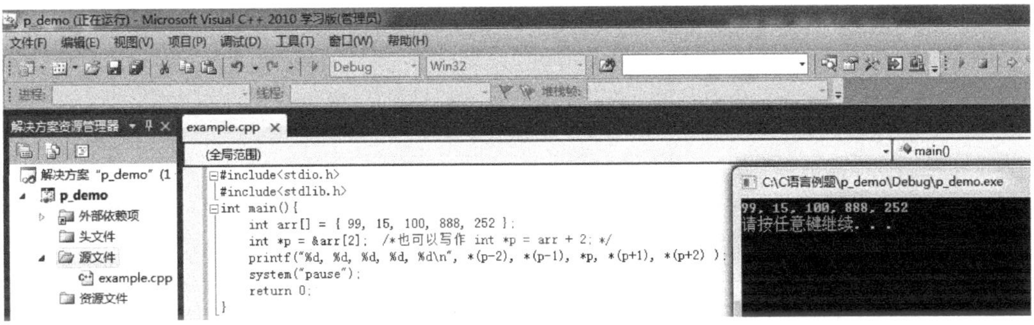

图 7-10　指针访问数组示例程序运行结果

（2）使用指针：采用*(a + i) 或*(p + i) 形式，即用间接访问方法访问数组元素。使用指针法，能使目标程序占用内存少且运行速度快。

不管是数组名还是数组指针，都可以使用上面的两种方式来访问数组元素。不同的是，数组名是常量，它的值不能改变，而数组指针是变量（除非特别指明它是常量），它的值可以任意改变。也就是说，数组名只能指向数组的开头，而数组指针可以先指向数组开头，再指向其他元素。

数组的指针变量也可以带下标，例如，p[i] 与*(p + i) 等价，因为 p + i 和 a + i 就是 a[i] 的地址；*(p + i) 或*(a + i) 就是 p + i 或 a + i 所指向的数组元素，即 a[i]。

p + 1 指向数组的下一个元素，而不是简单地使指针变量 p 的值 + 1。其实际变化为 p + 1*size（size 计算出一个元素占用的字节数）。

若有语句

```
int a[10] = {0, 1, 2, 3, 4, 5, 6, 7, 8, 9}, *p = a;
```

则可以表 7-3 所示 5 种方法输入输出数组元素（0≤i≤9）。

表 7-3　输入输出数组元素的五种方法

方法	输入	输出
1	for(i=0;i<10;i++)　scanf("%d",&a[i]);	for(i=0;i<10;i++)　printf("%d",a[i]);
2	for(i=0;i<10;i++)　scanf("%d",a+i);	for(i=0;i<10;i++)　printf("%d",*(a+i));
3	for(i=0;i<10;i++)　scanf("%d",&p[i]);	for(i=0;i<10;i++)　printf("%d",p[i]);
4	for(p=a;p<a+10;p++)　scanf("%d",p);	for(p=a;p<a+10;p++)　printf("%d",*p);
5	for(p=a,i=0;i<10;i++)　scanf("%d",p+i);	for(p=a,i=0;i<10;i++)　printf("%d",*(p+i));

【例 7-10】更改上面的代码，借助自增运算符来遍历数组元素。

```
#include<stdio.h>
int main()
{
    int arr[] = { 99, 15, 100, 888, 252 };
    int i, *p = arr, len = sizeof(arr) / sizeof(int);
```

```
    for(i=0; i<len; i++)
    {
      printf("%d", *p++ );
    }
   printf("\n");
   return 0;
}
```

上面代码中，*p++应该理解为*(p++)，每次循环都会改变 p 的值（p++使得 p 自身的值增加），以使 p 指向下一个数组元素。该语句不能写为*arr++，因为 arr 是常量，而 arr++会改变它的值，这显然是错误的。

7.3.2 指针指向二维数组

1. *二维数组的存储形式——按行存放*

二维数组的元素在计算机存储器中是按行存放的，即存放第一行后，紧接着存放第二行，依此类推，二维数组占用的是连续存储单元，若有二维数组 a[3][3]={{0,2,3}{4,5,6,}{7,8,9}}，则占用的连续存储单元示意图如图 7-11 所示。

二维数组a元素名	a[0][0]	a[0][1]	a[0][2]	a[1][0]	a[1][1]	a[1][2]	a[2][0]	a[2][1]	a[2][2]
二维数组元素值	0	2	3	4	5	6	7	8	9
二维数组首地址	2000	2004	2008	2012	2016	2020	2024	2028	2032
指针	p	p+1	p+2	p+3	p+4	p+5	p+6	p+7	p+8

图 7-11　二维数组按行存放

二维数组可以看作是一维数组的延伸展开，从物理上来说是一维的。换句话说，C 语言实际上是把二维数组当成一维数组来处理的。对于多维数组，C 语言也同样处理。

例如，可以把一个二维数组 a[3][4]抽象嵌套为一维数组 a[3]，这三个元素分别又是一维数组 a[0]、a[1]、a[2]和 a[3]。其中 a[0]是一个包含 a[0][0]、a[0][1]、a[0][2]和 a[0][3]共 4 个元素的数组，其他三个元素 a[1]、a[2]和 a[3]依此类推。

【例 7-11】阅读并分析下列程序。

```
#include<stdio.h>
void main()
{
   int a[3][6],*p, i;
   p = &a[0][0];
   for (i = 1; i < 18; i++)
       p[i] = i + 1;
   printf ("%d\n", a[1][2]);
}
```

解析： 可以把二维数组当作是一个嵌套的一维数组来处理。语句“p = &a[0][0] ;”，在循环语句中 a[0][0]并没有被赋值，从 a[0][1]开始赋值，a[1][2]是二维数组中的第 5 个元素（第二行的第三个元素），对应 for 循环中 i 的值为 5，p[5] = 5 + 1 = 6，程序执行后的输出结果是 6。

【例 7-12】 通过指针输入输出数组元素，阅读并分析该程序。

```
#include<stdio.h>
void main( )
{
   static int a[ ] = {1, 7, 3, 9, 5, 11};
   int *p = a;
   *(p + 3) + = 4;
   printf ("%d, %d", *p, *(p + 3) );
}
```

解析： 本题中 p 指向数组 a，表达式“*(p + 3) + = 4;”的等价形式是“*(p + 3) = *(p + 3) + 4”，而*(p + 3) 在数组中指向的值是 9，输出的结果为 9 + 4 = 13。该程序执行结果是 1, 13。

2. 二维数组的指针——行指针

（1）降维处理

C 语言允许把一个二维数组分解为多个一维数组来处理，称为“降维处理”。若有语句“int x[3][3];”定义的二维数组 x，则可分解为三个一维数组，即 x[0]、x[1]、x[2]；每一个一维数组又含有 3 个元素，例如，x[0]数组含有 x[0][0]、x[0][1]、x[0][2]这 3 个元素。

x 是二维数组名，代表整个二维数组的首地址，同时也是二维数组 0 行的首地址。x + 1 代表第二个一维数组的首地址，指向二维数组第二行的首地址。计算 x + 1 时，指针 x 跳过的是整个 x[0] 这一行。x 就是一个以行为单位进行控制的行指针。

行指针又称为数组指针，就是指向数组的指针，换句话说：数组指针强调的是一个指针，它只能指向一维数组，不能指向一维数组中的元素。

（2）对比分析数组与指针的定义格式

数组的定义格式为

```
数据类型　数组名[长度];
```

指针的定义格式为

```
数据类型　*指针变量名;
```

在数组定义格式中，把“数组名”换成带括号的（*指针变量名)，就变成数组指针的定义格式。

（3）行指针定义的一般形式

数据类型 (*指针变量名)[长度];

说明:

①*指针变量名两边的括号 () 一定不能漏掉,一旦漏掉含义就变了,失去原本意义,系统也不会报错。

②“长度”表示二维数组分解为多个一维数组时,一维数组的长度,也就是二维数组的列数。

例如,把二维数组 a[3][4]分解为一维数组 a[0]、a[1]、a[2]之后,设 p 为指向二维数组的指针变量。可定义为

```
int  (*p)[4]
```

表示 p 是一个指针变量,指向包含 4 个元素的一维数组。若指向第一个一维数组 a[0],其值等于 a、a[0]、或&a[0][0],而 p + i 则指向一维数组 a[i]。

从前面的分析可得出*(p + i) + j 是(列)指针值,是二维数组 i 行 j 列的元素的地址,而* (*(p + i) + j)则是 i 行 j 列元素的值。

【例 7-13】若有以下定义和语句:

```
int  s[4][5],  (*ps)[5];   ps = s;
```

则对 s 数组元素的正确引用形式是 (　　)。

A. ps + 1　　B. *(ps + 3)　　C. ps[0][2]　　D. *(ps + 1) + 3

解析: ps 实际上就是指向二维数组 s 的行指针。

选项 A,“ps + 1”指向二维数组 s 的第二行;

选项 B,“ps + 3”指向二维数组 s 的第四行,“*(ps + 3)”由行指针转为列指针,指向二维数组 s 的第四行第一个元素;

选项 C,“ps[0][2]”是对 s 数组元素的正确引用形式;

选项 D,“*(ps + 1) + 3”指向二维数组 s 的第二行第四个元素,是一个指针值。

答案选 C。

【例 7-14】若有声明语句“double a[2][3] = {1, 2, 3, 4, 5, 6};”,能正确引用 a[1][1]值的表达式是: *(a[0] + 4)、*(a[1] + 1)、*(*a + 4),这三个表达式是等价的,说明原因。

解析: 前面已经指出,a[i]不是一个具体的数组元素,它是一个代号,实际上是一个指针值,代表 i + 1 行中第一个元素的首地址。又由于二维数组在存储器中是按行连续存放的,故 a[0] + 4 指向元素 a[1][1],等价于 a[1] + 1、*a + 4。

因此&a[i]不能直接理解为 a[i]的物理地址,a[i]不是变量,不存在物理地址;&a[i]代表第 i + 1 行的行指针值,和 a + i 等价。

同样,*a[i]也不能理解为对一个数组元素进行指针运算符操作。a[i]是一个指针值,是 i + 1 行中第一个元素的首地址,那么*a[i]就是 i + 1 行中第一个元素的值,即 a[i][0]。

3. 二维数组的指针——列指针

列指针加法的单位是一列,每次跳过 a[i]中的一个数组元素。

如图 7-12 所示，a[0]是第一个一维数组（二维数组 0 行）的数组名和首地址。请注意：a[0]不是一个具体元素的值，它只是一个代号，a[0]本身也是一个指针值，即列指针。

指针 a[1]是一维数组 a[1]中第一个元素 a[1][0]的地址。对于一维数组 a[1]来说，指针 a[1] + 1 指向了 a[1]中第二个元素 a[1][1]的地址。

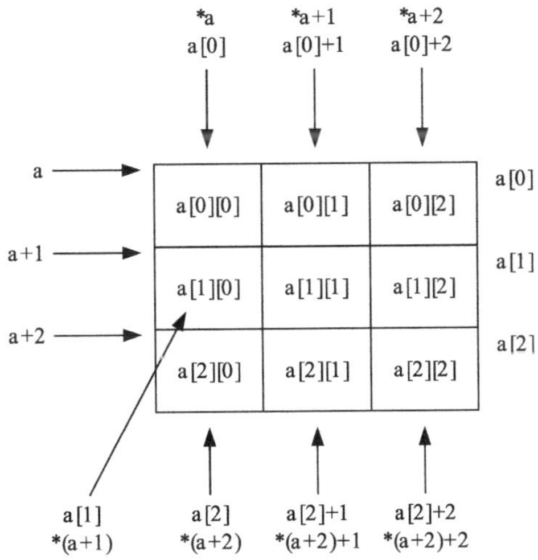

图 7-12　二维数组的指针形式

综上所述，a 是一个行指针，行指针是一个二级指针。故*a 仍为指针，可以看作是一级指针，只是控制由行转为列，是列指针，如图 7-12 所示。

a 等价于(a + 0)，即 a[0]，它表示一维数组 a[0]的 0 号元素的首地址。同理，*(a + 1)就是 a[1]，*(a + 2)就是 a[2]。

*(a + i)：（列）指针值，指向第 i 行第 0 列。

4. 引用二维数组第 i 行第 j 列的某个元素

如果要访问二维数组第 i 行第 j 列的某个元素，可以直接引用 a[i-1][j-1]，也可以使用指针的方法。

由 a[i] = *(a + i)得 a[i] + j = *(a + i) + j。

a[0]也可以看成是 a[0] + 0，是一维数组 a[0]的 0 号元素的首地址，而 a[0] + 1 则是 a[0]的 1 号元素首地址，由此可得出：a[i] + j 是一维数组 a[i]的 j 号元素首地址，它等于&a[i][j]。

由于*(a + i) + j 是二维数组 a 的 i 行 j 列元素的地址，所以，该元素的值等于*(*(a + i) + j)。因此，间接用指针引用二维数组第 i 行第 j 列的某个元素，可以表示为*(a[i] + j)或者*(*(a + i) + j)。

5. 等价表示形式

二维数组 a 的 0 行 0 列元素首地址有以下表示形式：a、a[0]、*(a + 0)、*a、&a[0][0]，它们是等价的。

同理，a + i、a[i]、*(a + i)、&a[i][0]也是等价的。

综上所述，二维数组中不存在元素 a[i]，不能把&a[i]理解为元素 a[i]的地址。

C 语言规定，&a[i]是一种地址计算方法，表示数组 a 第 i 行首地址。由此得出：a[i]、&a[i]、*(a + i)和 a + i 也都是等价的表示形式。

【例 7-15】 有以下定义和语句：

```
int a[3][2] = {1, 2, 3, 4, 5, 6}, *p[3];
p[0] = a[1];
```

则*(p[0] + 1)所代表的数组元素是 a[1][1]。

要注意语句"p[0] = a[1];"，p[0]指向的是数组 a 的第二行第一个元素，p[0] + 1 指向的是数组 a 的第二行第二个元素，这里 p[0]是列指针。二位数组的一些常见等价形式如表 7-4 所示。

表 7-4　二维数组的一些等价形式

表示形式	含义
a	二维数组名称，数组首地址
a + i，&a[i]	第 i+1 行的首地址
a[i]，*(a+i)	第 i+1 行，第 1 列元素的首地址
a[i]+j，*(a+i)+j，&a[i][j]	第 i+1 行，第 j+1 列元素的首地址
**(a+i)，*a[i]	第 i+1 行，第 1 列元素的值
(a[i]+j)，(*(a+i)+j)，a[i][j]	第 i+1 行，第 j+1 列元素的值

【随堂测试】 分析下列程序段：

```
int  i, x[3][3] = {9,8,7,6,5,4,3,2,1},  *p = &x[1][1];
for (i = 0; i < 4; i + = 2 )  printf("%d", *(p + i) );
```

输出结果是_________。

7.4　指针与字符串

7.4.1　字符型指针处理字符串

C 语言中有字符型变量，但是没有字符串变量。要在程序中存储字符串，通常是将字符串放在一个字符数组中，字符数组归根结底还是一个数组，上节讲到的关于指针和数组的规则同样也适用于字符数组。也可以把字符串的起始地址赋给一个字符型指针变量，简单高效地处理字符串。

1. 指向字符串的指针

指向字符串的指针变量的定义形式为

```
char  *变量名;
```

例如：

```
char *ps;
ps="Xuzhou University";
```

说明：

（1）ps 是字符型指针变量，不是字符串指针变量。

（2）ps 保存的是字符串“Xuzhou University”的首地址，是常量，只占 4 个字节；并不是把整个字符串的全部内容“Xuzhou University”存入 ps 中。

（3）通过“指针变量 ps++”可以使其指向下一个字符，使指针变量 ps 依次指向字符串中的每一个字符，指向一个处理一个，直到指向串尾符“\0”结束。

C 语言中的字符串，既可以用字符数组表示，也可以用字符型指针变量表示。引用时，既可以逐个字符引用，也可以整体引用。

【例 7-16】 利用字符型指针输出字符串。

```
#include<stdio.h>
#include<stdlib.h>
#include<string.h>
int main()
{
    char *str = "Xuzhou University";
    int len = strlen(str), i;
    //直接输出字符串
    printf("%s\n", str);
    //使用*(str+i)
    for(i=0; i<len; i++)
    {
        printf("%c", *(str+i));
    }
    printf("\n");

    //使用str[i]
    for(i=0; i<len; i++)
    {
        printf("%c", str[i]);
    }
```

```
    printf("\n");
    system("pause");
    return 0;
}
```

程序运行结果如图 7-13 所示。

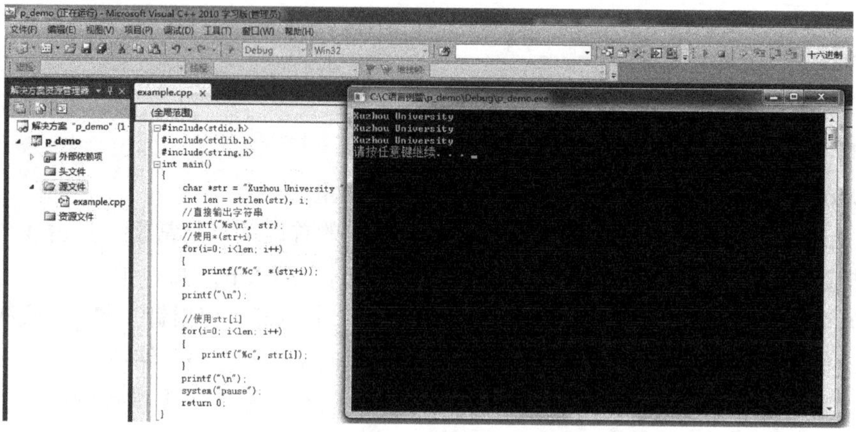

图 7-13 输出字符串程序运行结果

【例 7-17】用字符型指针变量实现两个字符串的合并。

```
#include<stdio.h>
#include<stdlib.h>
void fun(char *dest, char *s1, char *s2)
{ while (*dest++=*s1++);
  dest--;
  while (*dest++=*s2++);
}

int main()
{ char dest[256];
  char *s1="Happy Birthday! ";
  char *s2=" My great motherland !";
  fun(dest,s1,s2);
  printf("%s\n",dest);
  system("pause");
  return 0;
}
```

程序运行结果如图 7-14 所示。

图 7-14　用指针变量合并字符串示例程序

2. 字符串函数

C 语言不允许用赋值语句将一个字符串常量或字符数组直接赋给另一个字符数组。如果想把“China”放到数组 s 中，除了逐个字符输入外，还可以使用 strcpy( )、strcmp( )、strcat( )等函数。

（1）strcpy( )函数

strcpy( )函数的功能是将一个字符串复制到一个字符数组中。例如：

```
strcpy(s, " china" );
```

strcpy( )的结构形式是

```
strcpy(字符数组1,字符串2)
```

注意：字符数组 1 的长度不应小于字符串 2 的长度；“字符数组 1”必须写成数组名形式；“字符串 2” 可以是字符数组名，也可以是字符串常量。

（2）strcmp( )函数

strcmp( )函数的功能是比较两个字符串的大小。格式：

```
strcmp(字符串1，字符串2)
```

设两个字符串分别为 str1、str2，
若 str1=str2，则 strcmp( )函数返回零；
若 str1<str2，则 strcmp( )函数返回负数；
若 str1>str2，则 strcmp( )函数返回正数。

7.4.2　字符型指针作函数参数

【例 7-18】分析以下程序运行后的输出结果。

```
#include<stdio.h>
void point(char *p)
{ p + = 3;
}
void main( )
{ char  b[4] = {'a','b','c','d'},*p = b;
  point(p);
  printf(" %c\n ",*p);
}
```

注意：实参 p 和形参 p 重名，调用函数 point( )后形参 p 分配存储空间，但和实参 p 占用的存储空间不同；函数 point( )调用返回后形参 p 的存储空间即释放，对实参 p 无任何影响，语句“printf (" %c\n ",*p);”输出的是实参 p 指向的'a'，程序运行后的输出结果是 a。

7.5 指针与函数

在 C 语言中，指针和函数的关系非常紧密，较好地应用指针和函数能使程序变得简洁高效。

7.5.1 指向函数的指针变量

一个函数在编译之后，会占据一部分内存，而函数名就是这段函数的首地址（又称入口地址）。

可以把一个指针声明成为一个指向函数的指针，使指针变量指向该函数，然后通过指针变量就可以找到并调用这个函数，这就是指向函数的指针变量，称为“函数指针”。禁止对指向函数的指针进行自增运算++，禁止对函数名赋值，函数名也不能用于进行算术运算。

1. 指向函数的指针变量的定义

函数指针变量定义的一般形式为

```
类型标识符  (*指针变量名)( );
```

其中，类型标识符表示被指函数返回值的类型；(*指针变量名)中*后面的变量是定义的指针变量，这里的括号不能缺，否则成了返回指针值的函数；最后的空括号表示指针变量所指的是一个函数。例如：

```
int (*fp)( );        /* fp为指向int函数的指针变量*/
```

2. 使用指向函数的指针变量调用函数

由于函数名代表该函数的入口地址，所以，可用函数名给指向函数的指针变量赋值。函数名给指向函数的指针变量赋值的一般形式为

```
指向函数的指针变量=函数名;
```

注意：函数名后不能带括号和参数。

调用函数的一般形式为

```
(*指针变量名)(实参表);
```

【例 7-19】用函数指针实现对函数调用的方法。

设函数 fmax( )已定义为求 3 个数中的最大值。以下程序利用函数指针调用 fmax( )函数，在划线处填出正确的内容 。

```
void main( )
{   int fmax(int, int, int);
    int  (*f)( ),x,y,z,m;
    f =____________;
    scanf(" %d %d %d ",&x,&y,&z);
    m = (*f)(x,y,z);
    printf(" max = %d\n",m);
}
```

解析：划线处应填写 fmax。不能写成 fmax( )，此处加圆括号是错误的，请读者分析原因。

从上述程序可以看出，用函数指针形式调用函数的步骤如下：

（1）先定义函数指针变量，如语句“int (*f)( );”定义 f 为函数指针变量。f 是一个指向函数入口的指针变量，该函数的返回值（函数值）是整型。

（2）把被调函数的入口地址（函数名）赋予该函数指针变量，如语句“f = fmax;”。

（3）用函数指针变量形式调用函数，如语句“m = (*f)(x,y,z);”。

再次强调，函数调用中“(*指针变量名)”两边的括号不可少，其中的“*”不应该理解为一般的求值运算，它将使程序的流程转移到所指向的函数体内，相当于调用该函数。这是函数指针的特殊性。

指向函数的指针变量的主要用途就是将函数指针作参数传递到其他函数。

函数名作实参时，因为要缺省括号和参数，造成编译器无法判断它是一个变量还是一个函数，所以必须加以说明。

7.5.2　指针变量作函数参数

在 C 语言中，函数的参数不仅可以是整数、小数、字符等具体的数据，还可以是指

向它们的指针。用指针变量作函数参数可以将函数外部的地址传递到函数内部，使得在函数内部可以操作函数外部的数据，并且这些数据不会随着函数的结束而被销毁。

像数组、字符串、动态分配的内存等都是一系列数据的集合，没有办法通过一个参数全部传入函数内部，只能传递它们的指针，在函数内部通过指针来影响这些数据集合。

有时，对于整数、小数、字符等基本类型数据的操作也要借助指针，一个典型的例子就是交换两个变量的值。

【例 7-20】 如果使用下面的方法来交换两个变量的值，是不会成功的。

```
#include<stdio.h>
#include<stdlib.h>
void swap(int a, int b)
{
    int temp;
    temp = a;
    a = b;
    b = temp;
}
int main()
{
    int a = 66, b = 99;
    swap(a, b);
    printf("a = %d, b = %d\n", a, b);
    system("pause");
    return 0;
}
```

运行结果如图 7-15 所示。

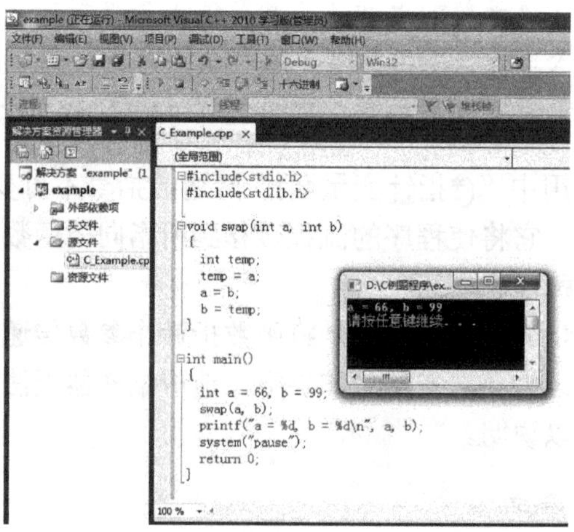

图 7-15　交换两个变量值（错误）示例程序

从结果可以看出，a、b 的值并没有发生改变，交换失败。这是因为 swap( )函数内部的 a、b 和 main( )函数内部的 a、b 是不同的变量，占用不同的内存，它们除了名字一样，没有其他任何关系，swap( )交换的是它内部 a、b 的值，不会影响它外部（main( )内部）a、b 的值。

【例 7-21】用指针互换两个整型变量的值。

```
#include<stdio.h>
#include<stdlib.h>
void swap(int *a, int *b)
{
  int t;
  t=*a;
  *a-*b;
  *b=t;
}
void main()
{
  int x = 3, y = 5, *p = &x, *q = &y;
  printf("before swapping:");
  printf("x=%d, y=%d\n", x, y);
  swap(p, q);
  printf("after swapping:");
  printf("x=%d, y=%d\n", x, y);
  system("pause");
 }
```

程序运行结果见图 7-16 所示。

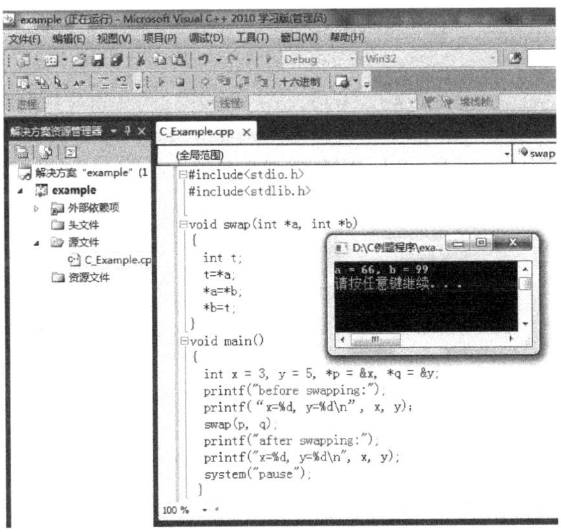

图 7-16　程序运行结果

调用 swap( )函数时，将实参 p、q 分别赋值给形参 a、b，因为实参和形参皆为指针类型，这样实参 p 和形参 a 同时指向变量 x，实参 q 和形参 b 同时指向变量 y，交换 *a、*b 的值也就是交换 x、y 的值。函数运行结束后虽然会将形参 a、b 销毁，但它对变量 x、y 造成的影响是“持久化”的，不会随着函数的结束而“恢复原样”。

需要注意的是临时变量 t，它的作用特别重要，因为执行“*a = *b;”语句后 a 的值会被 b 的值覆盖，如果不先将 a 的值保存起来以后就找不到了。

7.5.3 数组名作函数参数

数组名作函数参数，实参向形参传送数组名实际上就是传送数组的地址，形参得到该地址后也指向同一数组，类似于同一件物品有两个彼此不同的名称。这样，参数传递时并不需要传递数组的全部数据，只是传递数组的起始地址，由函数以指针的方式访问各个数组元素，程序的执行效率会大大提高。

例如，有一个实参数组，想在函数中改变此数组元素的值，实参与形参的对应关系有以下 4 种表示方法：

（1）形参和实参都是数组名；

（2）实参用数组，形参用指针变量；

（3）实参、形参都用指针变量；

（4）实参为指针变量，形参为数组名。

这 4 种形式本质上都是指针数组作函数参数。

数组是一系列数据的集合，无法通过参数将它们一次性传递到函数内部，如果希望在函数内部操作数组，必须传递数组指针。

【例 7-22】查找数组中值最大的元素。

```
#include<stdio.h>
#include<stdlib.h>
int max(int *intArr, int len)
{
    int i, maxValue = intArr[0];  /* 假设第0个元素是最大值 */
    for(i=1; i<len; i++)
    {
        if(maxValue < intArr[i])
        {
            maxValue = intArr[i];
        }
    }
    return maxValue;
}

int main()
{
```

```
    int nums[6], i;
    int len = sizeof(nums)/sizeof(int);
    //读取用户输入的数据并赋值给数组元素
    for(i=0; i<len; i++)
    {
        scanf("%d", nums+i);
    }
    printf("Max value is %d!\n", max(nums, len));
    system("pause");
    return 0;
}
```

运行结果如图 7-17 所示。

参数 intArr 仅仅是一个数组指针，在函数内部无法通过这个指针获得数组长度，必须将数组长度作为函数参数传递到函数内部。数组 nums 的每个元素都是整数，scanf( )在读取用户输入的整数时，要求给出存储它的内存地址，nums+i 就是第 i 个数组元素的地址。

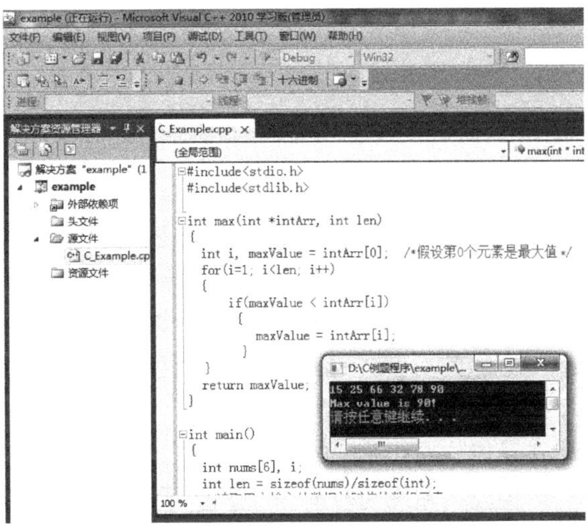

图 7-17　查找数组最大元素程序运行结果

用数组做函数参数时，参数也能够以“真正”的数组形式给出。例如，对于上面的 max( )函数，它的参数可以写成下面的形式：

```
int max(int intArr[6], int len)
{
    int i, maxValue = intArr[0];  /* 假设第0个元素是最大值 */
    for(i=1; i<len; i++)
    {
        if(maxValue < intArr[i])
        {
```

```
            maxValue = intArr[i];
        }
    }
    return maxValue;
}
```

int intArr[6]好像定义了一个拥有 6 个元素的数组，调用 max( ) 时可以将数组的所有元素“一股脑”传递进来。

也可以省略数组长度，把形参简写为下面的形式：

```
int max(int intArr[], int len)
{
    int i, maxValue = intArr[0];  /* 假设第0个元素是最大值 */
    for(i=1; i<len; i++)
    {
        if(maxValue < intArr[i])
        {
            maxValue = intArr[i];
        }
    }
    return maxValue;
}
```

int intArr[ ]虽然定义了一个数组，但没有指定数组长度，好像可以接受任意长度的数组。

实际上这两种形式的数组定义都是假象，不管是 int intArr[6]还是 int intArr[]都不会创建一个数组出来，编译器也不会为它们分配内存，实际的数组是不存在的，它们最终还是会转换为 int *intArr 这样的指针。这就意味着，两种形式都不能将数组的所有元素“一股脑”传递进来，还得规规矩矩使用数组指针。

int intArr[6]这种形式只能说明函数期望用户传递的数组有 6 个元素，并不意味着数组只能有 6 个元素，真正传递的数组可以有少于或多于 6 个的元素。

需要强调的是，不管使用哪种方式传递数组，都不能在函数内部求得数组长度，因为 intArr 仅仅是一个指针，而不是真正的数组，所以必须要额外增加一个参数来传递数组长度。

【思考】C 语言为什么不允许直接传递数组的所有元素，而必须传递数组指针?

参数的传递本质上是一次赋值的过程，赋值就是对内存进行拷贝。所谓内存拷贝，是指将一块内存上的数据复制到另一块内存上。

对于像 int、float、char 等基本类型的数据，它们占用的内存往往只有几个字节，对它们进行内存拷贝非常快速。而数组是一系列数据的集合，数据的数量没有限制，可能很少，也可能成千上万，对它们进行内存拷贝有可能是一个漫长的过程，会严重拖慢程序的效率，为了防止写出低效的代码，C 语言没有从语法上支持数据集合的直接赋值。

除了 C 语言，C++、Java、Python 等其他语言也禁止对大块内存进行拷贝，在底层都使用类似指针的方式来实现。

7.5.4　指针型函数

1. 指针型函数的定义

函数类型是指函数返回值的类型。允许一个函数的返回值是一个指针（即地址），这种返回指针值的函数称为指针型函数。

定义指针型函数的一般形式为

```
类型标识符 *函数名(形参表)
{
  语句;
  …      /*函数体*/
}
```

其中，类型标识符表示返回的指针值所指向的数据类型；*表明这是一个指针型函数，即返回值是一个指针；函数名即该指针型函数的名称，应符合标识符的命名规则。

2. 指针型函数的调用

（1）指针型函数的调用形式举例

【例 7-23】 阅读并分析以下程序。

```
int *f(int *x,int *y)
{ if(*x < *y)
    return  x;
  else
    return  y;
}
void main( )
{ int  a = 7, b = 8, *p, *q, *r;
  p = &a; q = &b;
  r = f(p,q);
  printf(" %d, %d, %d\n",*p, *q, *r);
}
```

本例中定义了一个指针型函数 f( )，它的返回值指向整型数据。

请体会指针型函数的调用形式与参数的传递。程序运行后的输出结果是：7, 8, 7。

（2）函数指针变量和指针型函数这两者在写法和意义上的区别

例如，“int (*p)( )” 和 “int *p( )” 是两个完全不同的量。

“int (*p)( )” 是一个变量说明，说明 p 是一个指向函数入口的指针变量，该函数的返回值是整型量，(*p)两边的括号不能少。

“int *p( )”则不是变量说明而是函数说明，说明 p 是一个指针型函数，其返回值是一个指向整型量的指针，*p 两边没有括号。作为函数说明，在括号内最好写入形式参数，这样便于与变量说明区别。

对于指针型函数定义，“int *p( )”只是函数头部分，一般还应该有函数体部分。

7.6 指针数组

7.6.1 指针数组的定义

1. 指针数组的定义形式

指针数组是一组有序的指针的集合，指针数组强调的是一个数组，数组中所有元素都是指向相同数据类型的指针变量。

指针数组定义的一般形式为

```
类型标识符 *数组名[数组长度];
```

其中，类型标识符为指针值所指向变量的数据类型。

【例 7-24】有以下程序体现一个指针数组的元素指向数据的简单应用，分析运行后的输出结果。

```
#include<stdio.h>
void main()
{ char *language[5] = { " c ", " vc ++ ", " visual basic", " java", " python" };
  char **p;
  p=language;
  printf(" %d\n",strlen(p[4]) );
}
```

解析：language 是一个指针数组，它的每一个元素都是一个指针型数据，其值为地址。数组名 language 代表该指针数组的首地址。p[4]指向的字符串是“python”，程序运行后的输出结果是：6。指针数组的元素只能存放地址，如图 7-18 所示。

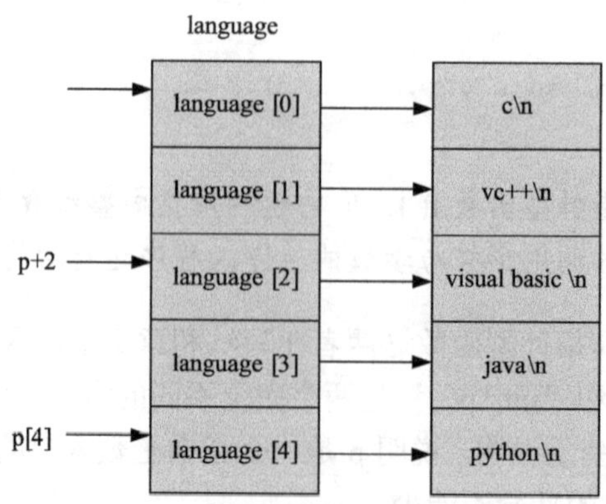

图 7-18　指针数组

初学者总是分不出数组指针与指针数组的区别，可以巧妙地通过运算符的优先级来判断是数组指针还是指针数组，例如：

```
int (*p)[5]; /*是一个数组指针，由于( )的优先级高，说明p是一个指向一维数组的指针。*/
int *p[6];   /*是一个指针数组，由于[ ]的优先级高于*，[ ]先与p结合成为一个数组，再
由int*说明这是一个整型指针数组。数组中每个元素是一个指针，指针指向哪里要根据程序来定。*/
```

数组指针：是“指向数组的指针”的简称。强调它是一个指针，指向一个数组。在 32 位系统下永远占 4 个字节，至于它指向的数组占多少字节，要根据数组定义时的长度。

指针数组：是“储存指针的数组”的简称。强调它是一个数组，数组的元素都是指针，数组占多少个字节由数组本身决定。

2. 指向指针型数据的指针变量

可以设置一个指针变量 p，使它指向指针数组元素，p 就是指向指针型数据的指针变量。

定义一个指向指针型数据的指针变量，例如：

```
char **p;
```

p 前面有两个*号，表示指针变量 p 指向一个字符指针型变量。相当于* (*p)。显然*p 是指针变量的定义形式，如果最前面没有*，那么相当于定义一个指向字符数据的指针变量。在例 7-25 中加入以下语句：

```
p = language + 2;
printf(" %o\n", *p);
printf(" %s\n", *p);
```

注意 printf 语句中的格式控制符，第一个 printf( )函数语句输出 language[2]的值（它是一个地址），第二个 printf( )函数语句以字符串形式（%s）输出的字符串是"visual basic\"。

3. 指针数组指向一个二维数组

通常可用一个指针数组指向一个二维数组。指针数组中的每个元素被赋予二维数组每一行的首地址，因此也可理解为指向一个一维数组。例如：

```
int a[3][3] = {1,2,3,4,5,6,7,8,9};
int *pa[3] = {a[0],a[1],a[2]};
```

pa 就是一个指针数组，它有 3 个元素，每个元素分别指向二维数组 a 的一行，类似于前面介绍的“行指针”。如图 7-19 所示。

4. 指针数组和二维数组指针变量的区别

（1）二维数组指针变量是单个的变量，其一般形式中 (*指针变量名)，两边的括号不可少。例如：

```
int (*pa)[3];
```

表示一个指向二维数组的指针变量。该二维数组的列数为 3，或分解为一维数组的长度为3。

（2）指针数组类型表示的是多个指针(一组有序指针)在一般形式中“*指针数组名”两边不能有括号。例如，上述的pa是一个指针数组，三个元素分别指向二维数组a的各行。

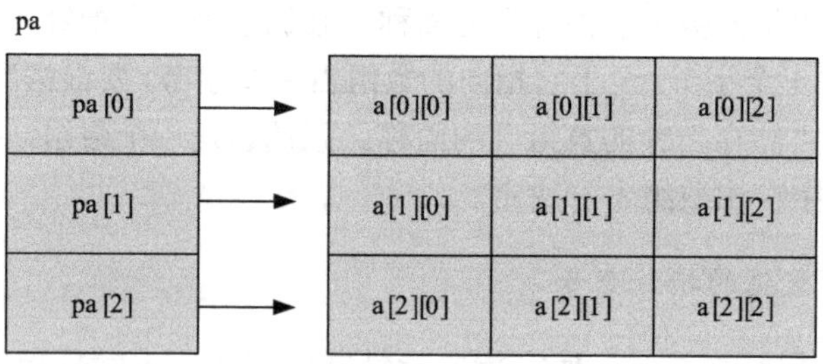

图 7-19　一个指针数组指向二维数组

5. 指针数组应用举例

【例 7-25】函数 fun( )的功能是：首先在指针数组 a 所指的 N 行 N 列的矩阵中，找出各行中的最大的数，再求这 N 个最大值中的最小数作为函数值返回。

```
#include<stdio.h>
#define N 100
int fun(int (*a[N])
{ int row, col, max, min;
  for (row = 0; row < N; row ++ )
  { for (max = a[row][0],col = 1; col < N; col ++ )
     if (max < min) max = a[row][col];
       if(row == 0) min = max;
       else if (max < a[row][col]) min = max;
  }
  return min;
}
```

7.6.2　指针数组作函数参数

【例 7-26】输入 1～7 中任意一个数字，编程给出对应的星期一至星期日的英文单词。

```
#include<stdio.h>
#include<stdlib.h>
int main( )
{
 static char *name[]={"Illegal day", "Monday", "Tuesday",
```

```
                          "Wednesday ", "Thursday ", "Friday ", "Saturday",
                          "Sunday " };
    char *ps; int i;
    char *day_name(char *name[],int n);
    printf("input Day No:\n ");
    scanf("%d " ,&i);
    if (i < 0) exit(1);
       ps = day_name(name,i);
    printf("Day No:%2d----> %s\n",i,ps);
    system("pause");
    return 0;
}

char *day_name(char *name[],int n)
{
    char *pp1,*pp2;
    pp1 = *name;
    pp2 = *(name + n);
    return((n < 1||n > 7)? pp1:pp2);
}
```

程序运行结果如图 7-20 所示。

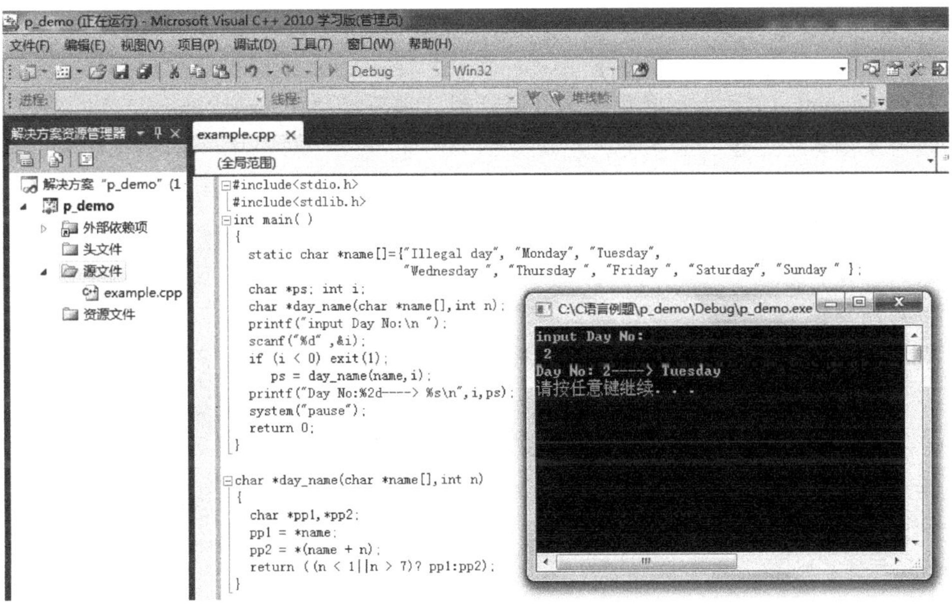

图 7-20　指针数组作函数参数示例程序运行结果

解析：主函数中定义了一个指针数组 name，并对 name 作了初始化赋值，其每个元素都指向一个字符串。然后又以 name 作为实参调用指针型函数 day_name( )，在调用时把数组名 name 赋予形参变量 name，输入的整数 i 作为第二个实参赋予形参 n。在 day_name( )函数中定义了两个指针变量 pp1 和 pp2，pp1 被赋予 name[0]的值（即*name），pp2 被赋予 name[n]的值即 *(name + n)。由条件表达式决定返回 pp1 或 pp2 指针给主函数中的指针变量 ps。最后输出 i 和 ps 的值。

exit( )是一个库函数，exit(1)表示发生错误后退出程序，exit(0)表示正常退出。字符串比较后需要交换时，只交换指针数组元素的值，而不交换具体的字符串，这样将大大减少时间的开销，提高了运行效率。

7.6.3 主函数的参数

主函数 main( )中的括号里一般是空内容，即不带参数的主函数。由于主函数 main( )不能被其他函数调用，因此，所传送的参数值不会来自程序内部，只能来自程序外部。由于 C 程序由系统命令来调用，调用时主函数 main( )可以带形式参数，其形式参数只有两个：argc 和 argv。实际参数的值是从操作系统命令行上获得的。

main( )函数的函数头应写为

```
main(int argc, char *argv[])
```

argc(argument count)必须是整型变量，表示命令行中实际参数的个数，argc 的值在输入命令行时由系统按实际参数的个数自动赋予；argv 必须是指向字符串的指针数组。

【例 7-27】下列 main( )命令行参数表示形式不合法的是（　　）。

A．main(int a，char *c[])　　　　B．main(int arc，char **arv)

C．main(int argc，char *argv)　　　D．main(int argv，char *argc[])

解析：main( )中两个形参的命名是灵活的，并不必须是 argc、argv，只要符合标识符的命名规则即可，但一般不要改动。

两个形参的类型是固定的，第二个形参 argv 必须是指向字符串的指针数组。

选项 B 中的**arv 为指向指针的指针变量。而选项 C 中的*argv 为普通的指针变量，是错误的。故答案选 C。

特别注意：

（1）系统把文件名本身也算一个参数。

（2）main( )的两个形参和命令行中的实参在位置上不是一一对应的。因为，main( )的形参只有两个，而命令行中的实参个数原则上未加限制，即可以有很多，通过 argv 引用这些实参。

【例 7-28】有以下程序：

```
#include<string.h>
main(int argc,char *argv[ ])
{  int i,len = 0;
   for (i = 1; i < argc;  i + = 2)  len + = strlen(argv[i]);
   printf("%d\n",len);
```

```
}
```

经编译链接后生成的可执行文件假设命名为 ex.exe，则运行时可以输入以下带参数的命令行：

```
ex  abcd  efg  h3  k44
```

程序运行后的输出结果是（　　）。

A. 14　　B. 12　　C. 8　　D. 6

解析：本程序的作用是累加 abcd、h3 两个字符串的长度。

由于文件名 ex 本身也算一个参数，所以共有 5 个参数，因此 argc 的值为 5。

argv 参数是字符串指针数组，指针数组的长度即为参数个数。数组元素初值由系统自动赋予，其各元素值为命令行中各字符串（参数均按字符串处理）的首地址。

指针数组 argv[ ]初始化后将是：argv[0] = "abcd"、argv[1] = "efg"、argv[2] = "h3"、argv[3] = "k44"。故答案选 D。

由此可以看出，argc 的值和 argv[ ]的元素个数取决于命令行中命令名和参数的个数。argv[ ]的下标从 0 到 argc–1。

在程序中使用 argc 和 argv[ ]可以进行命令行参数的处理，从而把用户在命令行中输入的参数字符串传递到程序内部。

7.7　指针程序案例

统计学生成绩情况。某班级（以 4 名同学为例）本学期学习 5 门课程，编程实现下列 3 个功能：

（1）求出第 5 门课程的平均分；

（2）找出有两门以上不及格的学生，输出他们的学号、全部课程成绩及平均成绩；

（3）找出平均成绩在 90 分以上或全部成绩在 85 分以上的学生。

程序代码如下：

```
#include<stdio.h>
void avcour5(char *pcou, float *psco)    /* 求第5门课程的平均成绩 */
{   int i;
    float sum, average5;
    sum = 0.0;
    for (i=0; i<4; i++)
        sum = sum + (*(psco+5*i+4));  /* 累计每个学生第5门课的得分 */
    average5 = sum/4;                 /* 计算第5门课程的平均成绩 */
    printf("第5门课程%s的平均成绩为%5.2f.\n", pcou+40, average5);
}

void avsco(float *psco, float *pave)     /* 求每个学生的平均成绩 */
```

```
{   int i, j;
    float sum, average;
    for (i=0; i<4; i++)                 /* i代表学生的序号，表示第i个学生 */
    {
        sum = 0.0;
        for (j=0; j<5; j++)             /* j代表课程的序号，表示第j门课程 */
            sum = sum + (*(psco+5*i+j));  /* 累计每个学生的各科成绩 */
        average = sum/5;                  /* 计算第i个学生平均成绩 */
        *(pave+i) = average;
    }
}
void fali2(char *pcou, int *pnum, float *psco, float *pave)
{   int i, j, k, label;
    printf("      =====两门以上课程不及格的学生=====     \n");
    printf("  学号  ");
    for (i=0; i<5; i++)
        printf(" %-8s", pcou+10*i);  /* 输出课程名称 */
    printf("  平均分\n");
    for (i=0; i<4; i++)
    {   label = 0;
        for (j=0; j<5; j++)
            if(*(psco+5*i+j) < 60.0)
                label++;           /* 计算第i个学生不及格课程的门数 */
        if(label >= 2)
        {   printf("%-8d", *(pnum+i));      /* 输出学号 */
            for (k=0; k<5; k++)
             printf("%-8.2f", *(psco+5*i+k)); /* 输出符合条件学生的各科成绩 */
            printf("  %-8.2f\n", *(pave+i));  /* 输出符合条件学生的平均分 */
        }
    }
}

// 程序结构和上一个子函数fali2类似
void excellence(char *pcou, int *pnum, float *psco, float *pave)
{   int i, j, k, label;
    printf("      =====成绩优秀学生=====\n");
    printf("  学号  ");
    for (i=0; i<5; i++)
        printf("  %-8s", pcou+10*i);
    printf("  平均分\n");
    for (i=0; i<4; i++)
    {   label = 0;
```

```
        for (j=0; j<5; j++)
            if(*(psco+5*i+j) >= 85.0)
                label++;
        if((label>=5)||(*(pave+i)>=90))
        {   printf("%-8d", *(pnum+i));
            for (k=0; k<5; k++)
                printf("  %-8.2f", *(psco+5*i+k));
            printf("  %-8.2f\n", *(pave+i));
        }
    }
}

void main()
{
    int i, j, *pnum, num[4];      /* 数组num用于存放每位学生的学号 */
    float score[4][5], aver[4], *psco, *pave;
    // 数组aver用于存放每位学生的平均分，二维数组score用于存放学生成绩
    char course[5][10], *pcou;  /* 数组course存放5门课程的名称 */
    printf("请按行输入5门功课的名称：\n");
    pcou = course[0];  /* 指针变量pcou用来存放数组course的首地址 */
                       /* 从首地址开始，每十个字节存放一个课程的名称 */
    for (i=0; i<5; i++)
        scanf("%s", pcou+10*i);   /* 以空格为间隔输入五门课程的名称 */
    printf("请按下面的格式输入4个学生的学号和各科成绩：\n");
    printf("学号");
    for (i=0; i<5; i++)
        printf(",%s", pcou+10*i);  /* 输出各门课程的名称 */
    printf("\n");

    psco = &score[0][0];  /* 指针psco指向数组score中的第一个元素 */
                          /* 即指向第一个学生第一门课程的成绩 */
    pnum = &num[0];
    for (i=0; i<4; i++)
    {   scanf("%d", pnum+i);            /* 输入学号 */
        for (j=0; j<5; j++)
            scanf(",%f", psco+5*i+j);  /* 以逗号为间隔输入学生成绩 */
    }
    pave = &aver[0];  /* 将数组aver的首地址赋给指针pave */
    printf("\n");
    avsco(psco, pave);
    avcour5(pcou, psco);
    printf("\n");
```

```
    fali2(pcou, pnum, psco, pave);
    printf("\n");
    excellence(pcou, pnum, psco, pave);
}
```

程序运行结果如图 7-21 所示。

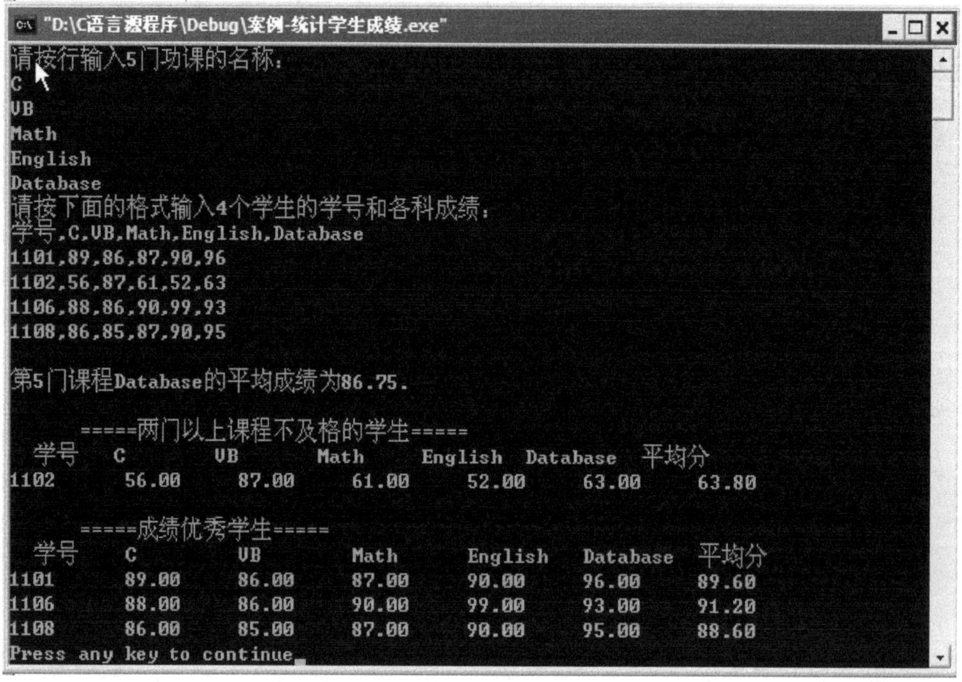

图 7-21 成绩统计案例程序运行结果

7.8 答疑解惑

1. 假设有一个 int 类型的变量 a，pa 是指向它的指针，*&a 和&*pa 分别怎样理解？

&a 可以理解为(&a)，&a 表示取变量 a 的地址（等价于 pa），*(&a)表示取这个地址上的数据（等价于*pa），绕来绕去，又回到了原点，*&a 等价于 a。

&*pa 可以理解为&(*pa)，*pa 表示取得 pa 指向的数据（等价于 a），&(*pa)表示数据的地址（等价于&a），所以&*pa 等价于 pa。

2. 假设 p 是指向数组 arr 中第 n 个元素的指针，*p++、*++p、(*p)++ 分别怎样理解？

p++等价于(p++)，表示先取得第 n 个元素的值，再将 p 指向下一个元素，上面已经进行了详细讲解。

++p 等价于(++p)，会先进行++p 运算，使得 p 的值增加，指向下一个元素，整体

上相当于*(p+1)，所以会获得第 n+1 个数组元素的值。

(*p)++就非常简单了，会先取得第 n 个元素的值，再对该元素的值加 1。假设 p 指向第 0 个元素，并且第 0 个元素的值为 99，执行完该语句后，第 0 个元素的值就会变为 100。

3. 对星号*如何做一个总结？

在目前所学到的语法中，星号*主要有三种用途：

表示乘法，例如，“int a = 3, b = 5, c; c = a * b;”，这是最常用的含义。

表示定义一个指针变量，以和普通变量区分开，例如，“int a = 100;　int *p = &a;”。

表示获取指针指向的数据，是一种间接操作，例如，“int a, b, *p = &a;　*p = 100;　b = *p;”。

4. 指针可以指向哪些内容？

指针可以指向普通变量的地址、值，可以指向字符串、数组、函数，当然它也可以作为值使用。例如：

```
int  *p;         /*p是一个指针，指向一个整数 */
int  ** pa;      /*pa是一个指针，它又指向一个指针，称为二级指针*/
int  (*pb)[3];   /*pb是一个指针，指向一个拥有3个整数的数组*/
int  (*pf)();    /*pf是一个指向函数的指针，这个函数返回一个整数*/
```

作为值的时候，指针也必须被存储在内存中占用 4 个字节，32 位。

5. 指针操作字符串看起来和字符数组很相似，是不是没有区别？

（1）最根本的区别：在内存中的存储区域不一样。指针指向的字符串存储在常量区，而常量区的字符串（包括其他数据）只有读取权限，没有写入权限。字符数组存储在全局数据区或栈区，全局数据区和栈区的字符串（也包括其他数据）有读取和写入的权限。

内存权限的不同导致的一个明显结果就是，指针指向的字符串一旦被定以后就只能读取不能修改，任何对它的赋值都是错误的；而字符数组在定义后可以读取和修改每个字符。

（2）存储内容不同：字符型指针变量本身是只占 4 个字节的常量，用于存放字符串的首地址。字符数组是由若干个数组元素组成的，它可用来存放整个字符串（数组的每个元素存放一个字符）。

（3）赋值方式不同：对字符型指针变量，可用赋值语句整体赋值，而字符数组，虽然可以在定义时初始化，但不能用赋值语句整体赋值。这里可看出使用字符型指针变量更加方便。

（4）字符型指针变量的值是可以改变的；而数组名代表数组的起始地址，是一个常量，常量是不能被改变的。

（5）对字符数组作初始化赋值，必须采用外部类型或静态类型，例如：

```
static char st[] = { "C Language " };
```

而对字符型指针变量则无此限制，例如：

```
char  *p = " abcdefgh "
```

6. 使用字符数组还是字符串常量？

在编程过程中如果只涉及对字符串的读取，那么字符数组和字符串常量都能够满足要求；如果有写入（修改）操作，那么只能使用字符数组，不能使用字符串常量。

获取用户输入的字符串就是一个典型的写入操作，只能使用字符数组，不能使用字符串常量，请看下面的代码：

```
#include<stdio.h>
int main()
{
    char str[30];
    gets(str);
    printf("%s\n", str);
    return 0;
}
```

程序中有“gets(str);”语句，运行程序时通过键盘输入：

```
C C++ Java Python JavaScript
```

则运行结果为

```
C C++ Java Python JavaScript
```

最后总结一下，C 语言有两种表示字符串的方法，一种是字符数组，另一种是字符串常量，它们在内存中的存储位置不同，字符数组可以读取和修改，而字符串常量只能读取不能修改。

7. 对于指向二维数组的指针如何正确理解？

当指针与二维数组连在一起时，情形就变得复杂。

因为数组名代表数组的起始地址，例如，“char arr[5][6];”，那么数组名 arr 就是这个二维数组的首地址。初学指针的读者对这个问题总是弄不明白，既然二维数组名 arr 是一个地址，而指针变量就是存放地址的，把二维数组的地址赋给同样数据类型的指针不就可以了吗？于是就有这样的写法：

```
char arr[5][6], *p;
```

```
p=arr;
```

这样写肯定是错误的。

有的读者误认为：一个二维数组的数组元素也表示一个地址，于是得出结论，二维数组名是一个二级指针，是地址的地址，进而引申出如下写法：

```
char arr[5][6];
char **p;
p=arr;
```

然而很遗憾，这样写同样是错误的。

错在对指针基本概念的理解停留在表面。为了把这个问题说得更清楚，把指针的类型归纳为以下两个特征：

（1）基本数据类型如（char、int、float 等）；

（2）构造数据类型（如一维数组、二维数组、结构体等）。例如：

```
int arr[4][5];  /* 定义了一个二维数组 */
int *p;         /* 定义了一个整型指针 */
```

接下来该怎样把数组的地址赋给指针？

p 是 int 类型的指针，它只能指向 int 这个基本数据类型。所以只能写为“p=arr[0];”。

有的读者或许要问，这个二维数组不也是 int 类型吗？

是的，但是这个二维数组除了是 int 之外，它的类型全称应该是 int 二维数组，arr[0]是 int 一维数组，arr[0]这个一维数组的各元素才是基本的 int 数据类型，p=arr[0]就是把这个一维数组第一个元素的地址赋给了 int 类型的指针 p，数据类型完全一样才能赋值。显而易见，可以有下面的写法：

```
char arr[4][5]={"abc","def","ghi","jkl","mno"};
char *p=arr[0];
for(i=0;i<20;i++)
printf("%c", *(p+i) );
```

因为定义的是一个字符型指针，那么：

（1）必须使这个指针指向与其对应的字符型数据类型；

（2）指针每增加一个单位的地址值，例如 p+1，表示指向下一个字符的地址。所以 printf( )语句输出的结果为：abcdefghijklmno，是逐个字符输出的。

8. 直接指向一个二维数组的指针有哪些特点？

一个二维数组，它的每一个数组元素都是一个一维数组，例如，一个整型二维数组可以写为

```
int arr[3][3];
```

即

```
{arr[0], arr[1], arr[2] }
```

现在想定义一个指针，使得这个指针有这样的特性——指针 p 指向 arr[0]、指针 p+1 指向 arr[1]、指针 p+2 指向 arr[2]。也就是指针每移动一个单位的地址就指向下一个一维数组，那么这个指针必须满足下面二个条件：

（1）必须是整型；

（2）每移动一个单位的地址时，实际上移动一个一维数组的长度，即 3 个整型量。

那么这个指针可定义为如下形式：

```
int (* p)[3]; /* 定义一个指向二维数组的指针，这个二维数组中的一维数组有3个元素 */
p=arr;         /* 把二维数组的地址赋给指针p */
```

如果二维字符数组初始化是

```
char arr[3][4]={"abc","def","ghi"};
```

那么可以写为如下形式：

```
*(p+0)   /* 数组a[0]的首地址, printf("%s", *p); 输出字符串abc */
*(p+1)   /* 数组a[1]的首地址, printf("%s", *(p+1)); 输出字符串def */
*(p+2)   /* 数组a[2]的首地址, printf("%s",*(p+2)); 输出字符串ghi */
```

如果要用这个二维数组的指针逐个输出字符可以写为

```
*(* (p+0)+0)   /* 第一个字符 a */
*(* (p+0)+1)   /* 第二个字符 b */
*(* (p+0)+2)   /* 第三个字符 c */
*(* (p+0)+3)   /* 第四个字符 d */
*(* (p+0)+4)   /* 第五个字符 e */
```

依此类推。

习 题 7

7.1 填空题

1. 给定程序如下，函数 fun( )的功能是：在形参 ss 所指字符串数组中，查找含有形参 substr 所指子串的所有字符串并输出，若没找到则输出相应信息。ss 所指字符串数组中共有 N 个字符串，且串长小于 M。程序中库函数 strstr(s1,s2)的功能是在 s1 串中查找 s2 子串，若没有，函数值为 0，若有，为非 0。

在程序的下划线处填入正确的内容并把下划线删除，使程序得出正确的结果。

注意：将源程序存放在自己创建的BLANK1.C中(BLANK1.C需自行创建，程序代码也需自行录入)。

不得增行或删行，也不得更改程序的结构！

```
#include<stdio.h>
#include<string.h>
#define N 5
#define M 15
void fun(char (*ss)[M], char *substr)
{
  int i,find=0;
  for(i=0; i<____; i++)
  if(strstr(ss[i],_____)!=NULL)
  {find=1;puts(ss[i]);printf("\n");}
  if (find==_____) printf("\nDon't found!\n");
}
main()
{
  char x[N][M]={"BASIC","C langwage","Java","QBASIC", "Access"},str[M];
  int i;
  printf("\nThe original string\n\n");
  for(i=0;i<N;i++)
     puts(x[i]);
  printf("\n");
  printf("\nEnter a  string for search : ");
  gets(str);
  fun(x,str);
}
```

2. 给定程序中，函数 fun ( )的功能是：将形参 s 所指字符串中所有 ASCII 码值小于 97 的字符存入形参 t 所指字符数组中，形成一个新串，并统计出符合条件的字符个数作为函数值返回。

例如，形参 s 所指的字符串为 Abc@1x56*，程序执行后 t 所指字符数组中的字符串应为 A@156*。

请在程序的下划线处填入正确的内容并把下划线删除，使程序得出正确的结果。

```
#include<stdio.h>
int fun(char *s, char *t)
{
    int n=0;
    while(*s)
      {
        if(*s < 97)
          {
            *(t+n)=_____; n++;
          }
        _____;
      }
    *(t+n)=0;
```

```
    /**********found**********/
    return_____;
}

main()
{
  char s[81],t[81]; int n;
  printf("\nEnter a string:\n");
  gets(s);
  n=fun(s,t);
  printf("\nThere are %d letter which ASCII code is less than 97: %s\n",n,t);
}
```

7.2 程序修改题

给定程序 MODI1.C 中函数 fun( )的功能是：根据形参 m 的值（2≤m≤9），在 m 行 m 列的二维数组中存放如下所示规律的数据，由 main( )输出。

```
例如，若输入 2           | 若输入  4
则输出：                 | 则输出：
1  2                     |   1   2   3   4
2  4                     |   2   4   6   8
                         |   3   6   9   12
                         |   4   8   12  16
```

请改正程序函数中的错误，使它能得出正确的结果。

注意：不要改动 main ( )，不得增行或删行，也不得更改程序的结构！

```
#include<conio.h>
#include<stdio.h>
#define M 10
int a[M][M] = {0};
/*************found begin*************/
void fun(int **a, int m)
{ int j, k;
   for (j = 0; j < m; j++)
  for (k = 0; k < m; k++)
  /*************found end*************/
  a[j][k] = k * j;
}
main()
{ int i, j, n;
  printf(" Enter n : ");
  scanf("%d", &n);
  fun(a, n);
```

```
  for(i = 0; i < n; i++)
  { for(j = 0; j < n; j++)
        printf("%4d", a[i][j]);
    printf("\n");
  }
}
```

实验项目 7　指针的应用

本次实验涉及指针变量的定义和初始化、引用方式，指向数组的指针变量的使用、指向字符数组的指针变量的使用、数组名作函数参数。

【实验目的】

通过实验进一步理解指针的概念，指针变量的定义初始化和引用方式。要求：

（1）熟悉指针的概念；

（2）掌握指针变量的运算与引用；

（3）能使用数组指针、字符串指针编写应用程序；

（4）熟悉数组名作函数参数和指向数组的指针作函数参数的异同；

（5）熟悉数组指针作函数参数和字符串指针作函数参数的异同；

（6）了解指针作函数参数的意义；

（7）掌握用指针变量作函数参数时函数的定义和调用方法。

【实验内容】

一、基础题

1. 用指针实现一维数组整数的输入，并统计其中偶数和奇数的个数。

```
#include<stdio.h>
int main()
{ int a[20], i, n, even=0, odd=0, *p=a;
  printf("请输入整数的个数：\n ");
  scanf("%d", &n);
  for(i=0; i<n; i++)
     scanf("%d", p+i);          /*等价于scanf("%d", &a[i]); */
  for(i=0; i<n; i++, p++)
    { if(*p%2==0)  even++;
      else  odd++;
    }
   printf("本程序输入%d个整数中有%d个偶数和%d个奇数",n,even,odd );
   return 0;
}
```

2. 编写一函数，求一个字符串的长度，要求用指针完成，但不能使用 strlen( )函数；在 main( )函数中输入字符串，并输出其长度。

【提示】在主函数中定义一个指向字符串的指针变量 pstr，并将输入的字符串的首地址赋值给 pstr，然后调用自己编写的求字符串长度的函数 strlenth(char *p)，得到字符串的长度。在函数 strlenth(char *p)中，判断*p 是否为'\0'，如果不为'\0'，则进行 len++操作，直到遇到'\0'为止。然后返回 len 值。

求字符串长度的函数 strlenth(char *p)算法如下：

（1）定义 int len=0；

（2）当*p!='\0'时，重复执行(2.1)、(2.2)，否则算法终止。

(2.1) len=len+1

(2.2) p++

（3）return(len)

参考源代码：

```
#include<stdio.h>
void main()
{  int length(char *pstr);
   int len;
   char *str[20];
   printf("please input a string:\n");
   scanf("%s",str);
   len=length(str);
   printf("the string has %d characters.",len);
}
strlenth(pstr)
char *p;
{
   int len=0;
   while(*p!='\0')
    {
       len++;
       p++;
    }
   return  len;
}
```

3. 采用指针编程，将一个 3×3 的矩阵转置，用一个功能函数实现。

【提示】

（1）在主函数中用 scanf( )函数输入矩阵元素；

（2）将数组名作为函数实参调用功能函数，在执行功能函数的过程中实现矩阵转置；

（3）函数调用结束后在主函数中输出已转置的矩阵。

二、提高题

1. 采用指针实现一个函数，调用它时，每次调用实现不同的功能：

（1）求两个数之和；

（2）求两个数之差；

（3）求两个数之积。

试编写代码，并在关键代码处加上注释。

【提示】

（1）在主函数中输入 2 个数 a、b，并输出 a、b 的和、差和乘积；

（2）分别编写函数 add( )、sub( )、mul( )计算两个数的和、差、积；

（3）编写函数 process( )，分别调用函数 add( )、sub( )、mul( )。

2．用一个函数实现两个字符串的比较，即自己写一个函数 stringcmp( )，其功能类似于系统函数 strcmp( )，系统函数 strcmp( )的原型为 int strcmp(char *p1,char *p2)。

【提示】

（1）设 p1 指向字符串 s1，p2 指向字符串 s2；

（2）当 s1=s2 时，函数返回值为 0；

（3）如果 s1!=s2，则返回它们第一个不相同字符的 ASCII 码差值（如“BOY”与“BAD”，第二个字母不同，“O”与“A”之差为 79–65＝14）；

（4）如果 s1>s2，则输出正值，如 s1<s2 则输出负值；

（5）两个字符串 s1、s2 由 main( )函数输入，stringcmp( )函数的返回值也由 main( )函数输出。

第8章　结构体、共用体、枚举及用户自定义类型

本章思维导图

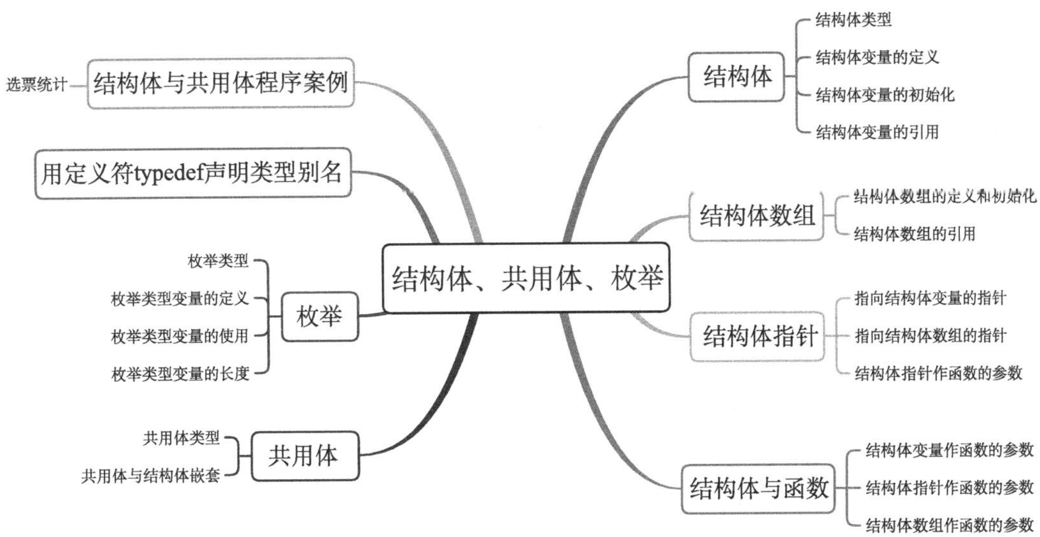

学习任务

1. 了解结构体类型的定义、引用和结构体变量的初始化方法；
2. 掌握指向结构体类型数据的指针定义和使用方法；
3. 掌握共用体类型的定义和共用体类型变量的定义及使用方法；
4. 掌握枚举类型的定义和枚举类型变量的定义及使用方法；
5. 熟悉 typedef 自定义类型。

8.1 结 构 体

在实际编程过程中，往往需要一组不同类型的数据，例如，对于学生信息登记表，学号、姓名为字符型，年龄为整型，成绩为实型，因为数据类型不同，显然不能用一个数组来存放。可以构造一个结构体数据类型，在这个结构体中包含若干个不同类型的数据。

C 语言提供一种称为结构体的构造数据类型，可以将同一个对象的不同数据类型的数据组织在一个有联系的框架里。

本章介绍的结构体、共用体（又称联合体）并不是一种基本的数据类型，而是一类构造数据类型，这些类型的数据组织完全由用户根据自己的实际需要而确定，基于这种框架定义具体的数据类型，再由数据类型定义变量。

结构体是一种构造类型，它由若干“成员”组成，它可以将若干个不同数据类型的变量组合在一起，可有效地表示类型互异而又逻辑相关的数据实体。

8.1.1 结构体类型

1. 结构体类型的定义

结构体类型在说明和使用之前必须先定义、也就是构造它。

定义结构体类型的一般格式为

```
struct 结构体名
{
   成员表列
};
```

说明：

（1）struct 是关键字，用来声明结构体类型，不能省略。结构体名应符合标识符命名规则，是用户自定义的标识符。

（2）成员表列由若干个成员组成，成员定义形式为

```
类型标识符 成员名;
```

各成员定义语句放在花括号中构成复合语句，每个成员都是该结构的一个组成部分，对每个成员也必须作类型说明。

用户自定义的成员名也应符合标识符命名规则。例如：

```
struct stu
{
    char num[10];  /* 学号 */
    char name[8];  /* 姓名 */
    char sex;      /* 性别 */
```

```
    int group;      /* 学习小组 */
    float score;    /* 成绩 */
};
```

其中，stu 为结构体名，它包含了 5 个成员，分别是 num、name、sex、group、score。结构体成员的定义方式与变量和数组的定义方式相同，只是不能初始化。

（3）成员表列不可为空，至少要有一个成员，若成员的类型相同，可以写在同一行。

（4）应注意在{ }号后的分号“;”不能缺少。

（5）一般把结构体类型声明放到文件最前面，也可以放在头文件里，若在函数内部声明结构体类型，则该函数之外无法引用此结构体类型。

（6）同一结构体的成员不能重名，而不同结构体的成员可以重名；结构体成员和其他变量可以重名，它们代表不同的对象，互不干扰。

（7）结构体可以包含多个基本类型的数据，结构体变量的成员也可以是数组，结构体定义之后，即可进行变量说明，例如，“char name[8];”，也可以包含其他的结构体，将它称为复杂数据类型或构造数据类型。

由此可见，结构体是一种派生的数据类型，是成员数目固定，类型不同的若干有序变量的集合。

2. 结构体的嵌套定义

结构体中的成员可以又是结构体，因此结构体可以嵌套定义。例如：

```
struct student
 {
    char num[10];
    char name[8];
    char sex;
    int group;
    float score;
    struct  date;
    {
        int year, month, day;
     } birthday;
};
```

其中，birthday 作为结构体 student 中的成员，同时它的类型又为 struct date，构成结构体的嵌套定义。

也可以先定义一个结构体类型，然后在另一个结构体类型中使用该结构体。

8.1.2　结构体变量的定义

可以用结构体类型定义结构体类型的变量，结构体类型和结构体类型变量的最大区别就是：结构体类型只是一种数据类型的结构描述，并不占内存空间，而结构体类型变量占一定的内存空间。

可以理解为：定义一个结构体类型，相当于画出一个二维表，确定表的结构，即表由哪几个列（字段）组成，而这张表里没有数据内容，仍然是一张空表，需要定义结构体变量并赋予一定的值，结构体变量的值就相当于二维表中具体一行的数据（记录）。

结构体类型变量的说明有以下三种方法。

1. 先定义结构体，再定义结构体变量

定义形式如下：

```
struct stu
{
    char num[10];
    char name[8];
    char sex;
    int group;
    float score;
};
struct stu stu1, stu2;  /*说明两个变量st1和st2为stu结构体类型。*/
// 具有相同类型的结构可以放在一起定义，如st1, st2
```

将变量放在结构体定义的最后即可。

也可以用宏定义使一个符号常量来表示一个结构体类型。例如：

```
#define STU struct stu    /* 符号常量STU 等价于struct stu */
STU
{
    char num[10];
    char name[8];
    char sex;
    int group;
    float score;
};
STU st1, st2;
```

2. 在定义结构体类型的同时定义结构体变量

定义形式如下：

```
struct stu
{
    char num[10];
    char name[8];
    char sex;
```

```
    int group;
    float score;
} stu1, stu2;
```

3. 省略结构体名称，直接定义结构体变量

定义形式如下：

```
struct
{
    char num[10];
    char name[8];
    char sex;
    int group;
    float score;
} st1, st2;
```

这种结构定义形式也称为无名结构，其缺点是后续要定义同样结构的变量时，必须将整个结构的组成再次重复写出来。

在实际应用中，经常使用第一种方法，不常使用第二种、第三种。

8.1.3　结构体变量的初始化

1. 结构体变量的初始化形式

结构体变量的初始化，类似其他类型变量的初始化，可以在定义结构体变量的同时进行初始化赋值。一般形式为

```
struct 结构体类型名 结构体变量 ={初值表};
```

例如，有以下程序段：

```
struct  student
{
     char num[10];
     char name[8];
     char sex;
     int group;
     float score;
     struct  date;   /* 生日 */
     {
        int year, month, day;
      } birthday;
} stud ={ "2021020122",  "LiMing","M", 12 ,85.5,{ 1993, 6, 22 } };
```

结构体变量的初始化和数组初始化相同，结构体的初始化仅限于外部的和 static 型的结构体。也就是说，在函数内部对结构体初始化时，必须指定该结构体为 static 型。对缺省存储类型的 auto 型结构体一般不要在函数内部对它们初始化。

2. 结构体变量的赋值

为结构体变量赋值有两种方式：一种方式是对每个成员分别进行赋值；另一种方式是整体赋值。

（1）对成员分别赋值

```
stud.num ="2021020116";
strcpy( stud.name, " LiWei " );
stud.sex = 'M';
stud.score = 95.0;
stud.birthday.year = 1993;
stud.birthday.month = 3;
stud.birthday.day = 19;
```

（2）对结构体变量整体赋值

例如：

```
struct stdent stud1
stud1 = stud;
```

此外，结构体作为一种数据类型，定义的结构体变量或结构体指针变量同样有局部变量和全局变量，视定义的位置而定。

8.1.4 结构体变量的引用

一般对结构体变量的引用，包括赋值、输入、输出、运算等都是通过引用结构体变量的成员来实现的。可以引用结构体变量的一个成员，也可以引用整个结构体变量。

1. 结构体变量的引用形式

引用结构体变量成员的一般形式是

```
结构体变量名.成员名
```

其中，“.”是成员运算符（分量运算符）。例如：

```
st1.name="Liuli";
printf(%s, st1.name);
```

一般情况下，不能将一个结构体变量作为整体来引用，只能引用其中的成员（分量）。如果成员本身又是一个结构体类型，即结构体中内嵌结构体，则必须找到最低级的成员逐级引用。例如，stud. birthday. month 是对 stud 中出生日期中的月份进行引用。

成员可以在程序中单独使用，则与使用普通变量完全相同。

2. 整体引用结构体变量

整体引用结构体变量类似对结构体变量的整体赋值。

整体引用结构体变量的形式为

```
结构体变量1 =结构体变量2;
```

功能：将结构体变量 2 中各个成员的值一一对应地赋给结构体变量 1。

3. 结构体变量的存储模式

理论上讲结构体的各个成员在内存中是连续存储的，和数组非常类似，各成员分量占用内存的长度之和即为结构体变量占用内存的大小。例如，上述的结构体变量内存共占用 10+8+1+4+12 = 35 个字节。

但是在编译器的具体实现中，各个成员之间可能会存在缝隙，上述的结构体变量，如在某编译器中，成员变量 group 和 score 之间存在 3 个字节（也可能大于 3 个字节）的空白填充。这样算来，上述结构体变量其实占用了 35 + 3 = 38 个字节。

关于成员变量之间存在“缝隙”的原因，涉及为提高寻址效率进行的内存对齐技术，这里不予深入探讨。

如果要整体引用结构体变量，有专门的引用格式。

4. 结构体变量的输入输出

在输入/输出结构体变量的时候，一般情况下，结构体变量不能整体引用，只能引用其成员变量。因此，需要分别输入/输出每个成员的内容，从而输入/输出结构体变量全部内容。

【例 8-1】 输入 4 名学生 3 门课程数学、英语、C 语言的成绩，并按平均成绩由高分到低分排序。

可以把问题分解为如下 5 个子问题，每个子问题用一个函数实现：

（1）结构体类型数组的输入，用 input( )函数实现。

（2）求解各学生的三科平均成绩，用 aver( )函数实现。

（3）按学生的平均成绩排序，用 sort( )函数实现。

（4）按名次输出学生成绩信息，用 output( )函数实现。

（5）定义 main( )函数，调用以上各函数。

程序代码如下：

```
#include<stdlib.h>
#include<stdio.h>

struct student
```

```
{ int num;
  char name[20];
  float score[3];
  float average;
};
// 输入n名学生的信息
void input(struct student arr[],int n)
{ int i,j;
   printf("\nInput Name,Math,English,C :\n");
   for(i=0;i<n;i++)
   { arr[i].num=i+1;
     scanf("%s",arr[i].name);
     for(j=0;j<3;j++)
          scanf("%f",&arr[i].score[j]);
   }
}
//求解各学生的三科平均成绩
void aver(struct student *arr,int n)
{ int i,j;
  float sum;
  for(i=0;i<n;i++)
  {   sum=0;
      arr[i].score[3] = 0;
      for(j=0;j<3;j++)
         sum=sum+arr[i].score[j];
      arr[i].average=sum/3;
  }
}
//按学生的平均成绩排序
void sort(struct student *arr,int n)
{ struct student temp;
  int i,j;
  for(i=0;i<n-1;i++)
   for(j=0;j<n-1-i;j++)
    if(arr[j].average<arr[j+1].average)
    {  temp=arr[j];
       arr[j]=arr[j+1];
       arr[j+1]=temp;
    }
 }
//按名次输出学生成绩信息
void output(struct student arr[],int n)
```

```
{
  int i,j;
  printf("Number Name Math English C Average\n");
  for(i=0;i<n;i++)
  { printf("%3d   %8s", arr[i].num,arr[i].name);
    for(j=0;j<3;j++)
       printf("%8.1f",arr[i].score[j]);
    printf("%8.1f\n",arr[i].average);
  }
}

void main()
{ struct student stud[4];           /* 定义结构体数组*/
  input(stud,4);                    /*依次调用自定义函数*/
  aver(stud,4);
  sort(stud,4);
  output(stud,4);
  system("pause");
}
```

程序运行结果见图 8-1 所示。

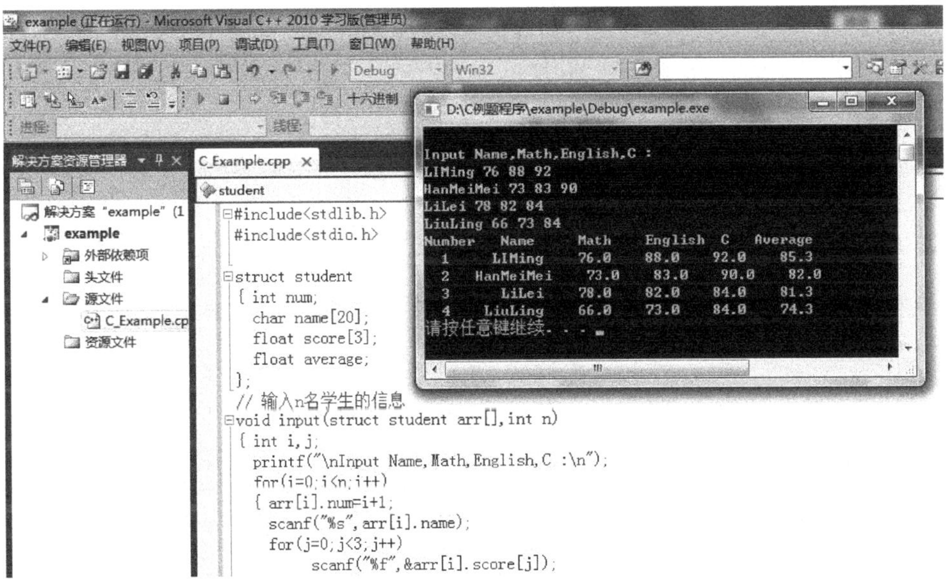

图 8-1　例 8-1 程序运行结果

8.2　结构体数组

数组的元素也可以是结构体类型，因此可以构成结构体类型数组。结构体类型数组的每一个元素都是具有相同结构体类型的下标结构体变量，均包含结构体类型的所有成员。

在实际应用中，经常用结构体类型数组来表示具有相同数据结构的一个群体。例如，一个班的学生、一个单位的职工等。

8.2.1 结构体数组的定义和初始化

1. 结构体数组的定义

结构体数组的定义方法和结构体变量相似，只需说明它为数组类型即可。

定义结构体数组的格式为

```
struct  结构体名 数组名[数组长度];
```

例如：

```
struct student
{
    char num[10];
    char name[8];
    char sex;
    int group;
    float score;
} stud[30];
```

该数组共有 30 个元素，分别是 stud[0]、…、stud[29]，表示一个班级的 30 个学生。

数组元素部分成员的引用形式如下：

```
stud[0].sex、stud[0].group、stud[0].score;
```

2. 结构体数组的初始化

既然结构体变量可以初始化，那么结构体数组也可以初始化赋值。

（1）结构体数组初始化的一般形式为

```
结构体数组[n]={ { 初值表1 },{ 初值表2 },…,{ 初值表n } };
```

（2）当对全部元素初始化赋值，也可不给出数组长度。

例如，上述结构体 struct stu，能正确定义结构体数组并赋初值的语句是

```
struct stu st[ ] = {{"2021020122", "LiMing","M",12,85.5},
                    {"2021020101","WangFang","W", 11,88.0}
                   };
```

8.2.2 结构体数组的引用

对结构体数组的引用就是引用结构体数组中的元素。

结构体数组的引用格式为

结构体数组名[下标].成员名

例如，获取某同学的成绩：

```
st[0].score;
```

【例 8-2】输入学生成绩并显示。

```
#include<stdio.h>
#include<stdlib.h>
struct student
{
    char number[6];
    char name[6];
    int  score[3];
} stu[2];

void output(struct student stu[2]);

void main()
{
    int i, j;
    for(i=0; i<2; i++)
    {
        printf("请输入学生%d的成绩: \n", i+1);
        printf("学号: ");
        scanf("%s", stu[i].number);
        printf("姓名: ");
        scanf("%s", stu[i].name);
        for(j=0; j<3; j++)
        {
            printf("成绩 %d.  ", j+1);
            scanf("%d", &stu[i].score[j]);
        }
        printf("\n");
    }
    output(stu);
    system("pause");
}

void output(struct student stu[2])
{
```

```
    int i, j;
    printf("学号  姓名  成绩1  成绩2  成绩3\n");
    for(i=0; i<2; i++)
    {
        printf("%-6s%-6s", stu[i].number, stu[i].name);
        for(j=0; j<3; j++)
            printf("%-8d", stu[i].score[j]);
        printf("\n");
    }
}
```

程序运行结果见图 8-2 所示。

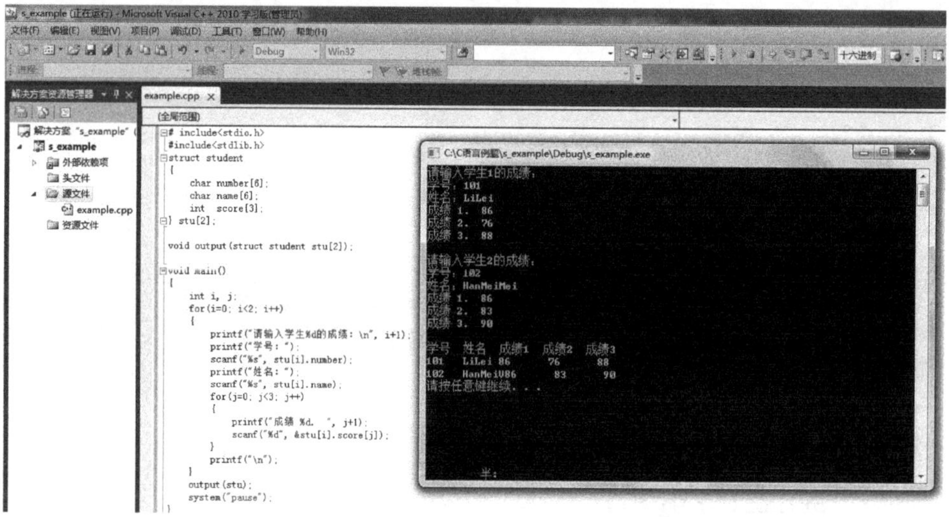

图 8-2　例 8-2 程序运行结果

8.3　结构体指针

8.3.1　指向结构体变量的指针

1. 结构体指针的定义

当把一个结构体变量的起始地址赋值给一个指针变量时，该指针称为结构体类型指针，指向这个结构体变量。

结构体类型指针与前面介绍的各种指针在特性和使用方法上完全相同。

结构体指针的定义一般形式为

```
结构体类型  *指针变量名;
```

例如：

```
struct stu
{ int  num;
  char  name[8];
  float  score;
} st, stud[3];
struct stu *p, *q;
```

定义了结构体变量 st，结构体数组 stud，结构体指针 p、q。

结构体指针的定义实际上完成两件事情：

（1）规定了指针的数据特性。

（2）为结构体指针本身分配一定的内存空间。但因其指向的内容未定，故指针所指向的内容必须在程序中加以赋值或进行初始化。

在应用时还要注意结构体指针与相应的结构体变量必须具有相同的结构体类型。

2. 结构体指针变量的赋值

与前面讨论的各类指针变量相同，结构体指针变量也必须要先赋值后使用。例如：

```
struck sk
{  int a;
   float b;
} data;
int *p;
```

赋值是把结构体变量的首地址赋予该指针变量，不能把结构名赋予该指针变量。“p = &data”是正确的，而“p = &sk”是错误的。

结构体名和结构体变量是两个不同的概念，不能混淆。结构体名只能表示一个结构形式，编译系统并不对它分配内存空间。只有当某变量被说明为这种类型的结构时，才对该变量分配存储空间。

3. 引用结构体指针的成员

（1）通过结构体指针引用结构体成员

有了指向结构体变量的指针，就可以通过结构体指针来引用结构体成员。其引用的一般形式为

```
(*结构体指针变量).成员名
```

例如：

```
(*p).num
```

（2）通过结构体指针变量访问成员

```
结构体指针变量->成员名
```

例如：

```
p->num
```

（3）通过结构体变量名访问成员

结构体变量.成员名

例如：

```
stu1.num
```

以上三种用于表示结构成员的形式是完全等效的。

例如，某程序段中已定义结构体变量 stu1 及结构体指针变量 p，语句“p = &stu1”执行后，p 指向结构体变量 stu1，如果要引用 stu1 中的元素 num，可以采用“(*p).num”或者“stu1.num”或者“p->num”。

应该注意，“(*p)”两侧的括号不可少，因为成员符“.”的优先级高于“*”。如去掉括号写作“*p.num”则等效于“*(p.num)”，这样，意义就完全不对了。

->是一个新的运算符，习惯称它为“箭头”，有了它，可以通过结构体指针直接取得结构体成员；这也是->在 C 语言中的唯一用途。

【例 8-3】解析下列程序段中 print 语句的等价形式。

```
struct student
{ int num;
  char name[10];
} stu3 = { 202103011, "Mary"},  *p = &stu3;
printf("%d", stu3 . num );
```

和“printf ("%d", stu3 . num);”等价的语句是

```
printf("%d", p->num );
```

或

```
printf("%d",  (&stu3) ->num );
```

这里要注意和->的优先级关系，运算符->的优先级大于运算符&，所以“printf ("%d", &stu3->num)”中“(&stu3)”需要加括号，否则，“&stu3->num”等价于“&(stu3->num)”，是取 num 成员的地址，含义完全不同。

8.3.2 指向结构体数组的指针

结构体指针变量可以指向一个结构体数组，这时结构体指针变量的值是整个结构体数组的首地址。

结构体指针变量也可指向结构体数组的一个元素，这时结构体指针变量的值是该结

构体数组元素的首地址。

【例 8-4】结构体数组指针的使用。

```
#include<stdio.h>
#include<stdlib.h>
struct stu
{
    char num;
    char *name;
    char sex;
    int group;
    float score;
}stus[] = {
    {"2021021002","Zhou ping an", 'M', 03,345.0},
    {"2021022021","Zhang ji xiang", 'M',01, 350.5},
    {"2021023015","Liu fang", 'W', 05,358.5},
    {"2021022022","Cheng ling", 'W', 11,339.0},
    {"2021021031","Wang ming", 'M', 09,322.5}
 }, *ps;

int main()
{
    int len = sizeof(stus) / sizeof(struct stu);
    printf("Num\t\tName\tSex\tGroup\tScore\t\n");
    for(ps=stus; ps<stus+len; ps++)
    {
       printf("%s\t%s\t%c\t%d\t%.1f\n", ps->num, ps->name, ps->sex,
             ps->group, ps->score);
    }
    system("pause");
    return 0;
}
```

程序运行结果见图 8-3 所示。

定义 ps 为指向 stu 类型的指针。main( )函数内，执行“ps = stus;”后，ps 被赋予 stus 的首地址，也就是数组中第一个元素的地址，ps 指向 stus[0]，经过自增运算后，指针指向下一个元素。如图 8-4 所示。

注意：一个结构体指针变量虽然可以用来访问结构体变量或结构体数组元素的成员，但是，不能使它指向一个成员。也就是说不允许取一个成员的地址来赋予它。

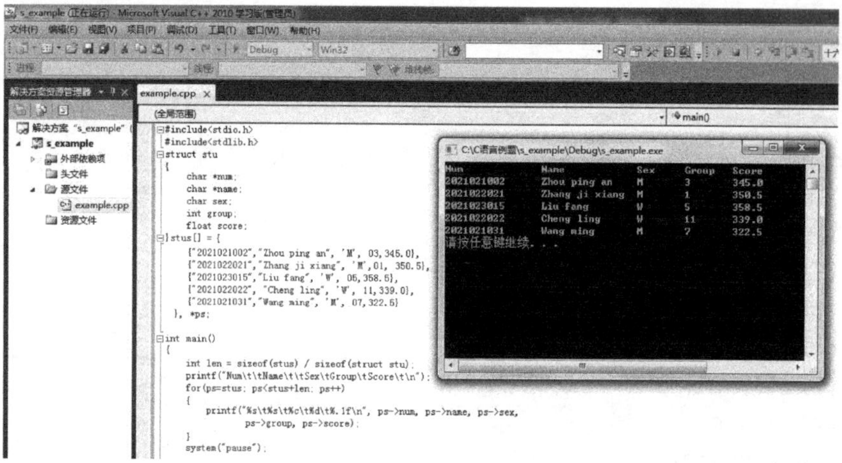

图 8-3 例 8-4 程序运行结果

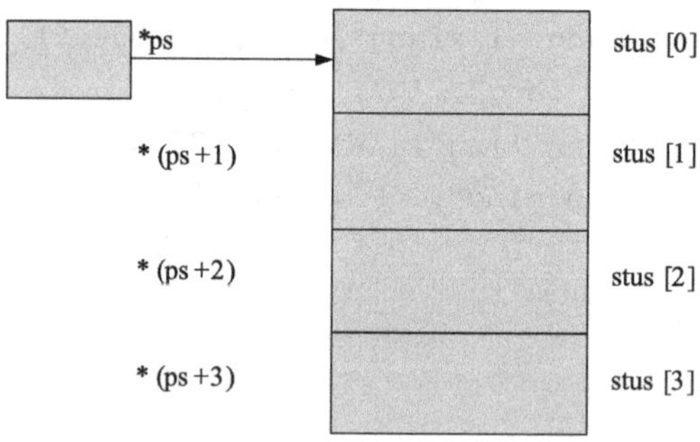

图 8-4 指向结构体数组的指针

因此，下面的赋值是错误的：

```
ps = &stus[1].num;
```

正确的赋值如下：

```
ps = stus;        /*赋予数组首地址*/
```

或

```
ps= &stus[0];    /*赋予0号元素首地址*/
```

如果指针变量 p 已指向某一结构体数组，则 p+1 指向该结构体数组的下一个元素，而不是当前元素的下一个成员。

如果指针变量 p 已经指向一个结构体变量，就不能再使之指向结构体变量的某一成员；同样，如果指针变量 p 已经指向一个结构体数组，就不能再使之指向结构体数组元素的某一成员。

8.3.3　结构体指针作函数的参数

结构体变量名代表的是整个结构体本身，作为函数参数时传递的整个结构体，也就是所有成员逐个传送，而不是像数组一样被编译器转换成一个指针。如果结构体成员较多，尤其是成员为数组时，传送的时间和空间开销会很大，影响程序的运行效率。所以最好的办法就是使用结构体指针，这时由实参传向形参的只是一个地址，非常快速。

【例 8-5】 计算全班学生的总成绩、平均成绩和 340 分以下的人数。

```
#include<stdio.h>
#include<stdlib.h>
struct stu
{
   char num;
   char *name;
   char sex;
   int group;
   float score;
}stus[] = {
   {"2021021002","Zhou ping an", 'M', 03,345.0},
   {"2021022021","Zhang ji xiang", 'M',01, 350.5},
   {"2021023015","Liu fang", 'W', 05,358.5},
   {"2021022022","Cheng ling", 'W', 11,339.0},
   {"2021021031","Wang ming", 'M', 09,322.5}};

void average(struct stu *ps, int len);

int main()
{
   int len = sizeof(stus) / sizeof(struct stu);
   average(stus, len);
   return 0;
   system("pause");
}

void average(struct stu *ps, int len)
{
   int i, num_340 = 0;
   float average, sum = 0;
   for(i=0; i<len; i++)
   {
      sum += (ps + i) -> score;
```

```
        if((ps + i)->score < 340) num_340++;
    }
    printf("sum=%.2f\naverage=%.2f\nnum_340=%d\n", sum, sum/5, num_340);
}
```

程序运行结果见图 8-5 所示。

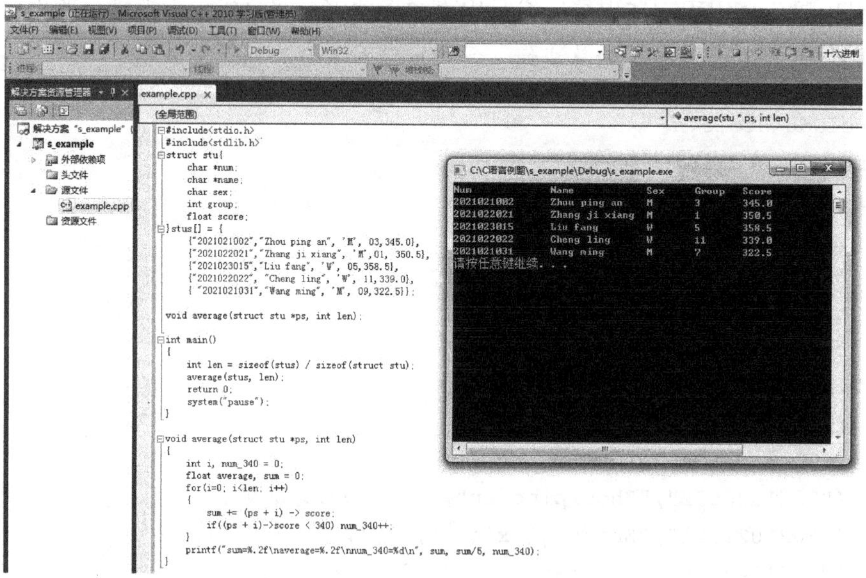

图 8-5　例 8-5 程序运行结果

8.4　结构体与函数

结构体变量可以作为函数的形参，当然，函数的形参也可以是结构体数组、结构体指针。

8.4.1　结构体变量作函数的参数

结构体变量作函数的参数，在函数调用时传递给形参的应该是同类型的结构体实参。

【例 8-6】 阅读以下程序，分析运行后的输出结果。

```
#include<stdio.h>
struct  STU
{  char name[10];
   int num;
} ;
void f1(struct STU c)
{  struct STU  b={"QianYing",2042};
```

```
  c=b;
}
void f2(struct STU *c)
{  struct STU  b={"WangWei",2044};
   *c=b;
}
void  main()
{  struct STU a={"LiLi",2041}, b={"WangYin",2043};
   f1(a);f2(&b);
   printf("%d %d\n",a.num,b.num);
}
```

程序运行后的输出结果是：2041 2044

注意：这里“f1(a);”是传值调用，“f2(&b);”是传址调用。

这种传送要将结构体变量的全部成员逐个传送，特别是成员为数组时将会使传送的时间和空间开销很大，降低了程序的效率。

8.4.2　结构体指针作函数的参数

1. 结构体指针变量作函数参数

结构体指针变量作函数参数的情况和普通变量作函数参数类似。

【例 8-7】 阅读以下程序，分析运行后的输出结果。

```
#include<stdio.h>
#include<string.h>
struct STU
{   char name[10];
    int num;};

void f( char *name, int num )
{  struct STU  s[2] = { { "WangWei", 201104 }, { "GaoXiang", 201119 } };
   num = s[0].num;
   strcpy( name, s[0].name );
}
void main( )
{  struct STU s[2] = { { "LiLi", 201123 }, { "QianYing", 201150 } },*p;
   p = &s[1];  f( p->name, p->num );
   printf( "%s  %d\n", p->name, p->num );
 }
```

解析：第一个参数是指针变量的“单向值传递”，第二个参数是普通变量的“单向值传递”。

要注意的是，指针变量的值实际上是字符串的首地址，其实质上还是传址调用。

2. 指针变量作函数参数

由实参传向形参的只是结构体变量的地址或结构体数组名，仅传递一个地址值，可以快速地传递数据，执行速度快，耗用内存小。

【例 8-8】 有以下程序：

```
struct STU
{ char name[10]; int num; float TotalScore; } ;

void f( struct STU *p )
{  struct STU  s[2] = {{ "WangWei", 201104, 620 },
                        { "GaoXiang", 201119, 611 }}, *q = s;
   ++p;  ++q;  *p = *q;
}
#include<stdio.h>
void main( )
{  struct STU s[2] = { { "LiLi", 201123, 701 }, { "QianYing", 201150, 595 } } ;
     f( s );
     printf( "%s %d %3.0f\n", s[1].name, s[1].num, s[1].TotalScore );
}
```

程序运行输出结果是：GaoXiang 201119 611，由于采用指针变量作运算和处理，故速度快，程序效率高。

➪【想一想】结构体数据作为函数的参数有哪些情况？

8.4.3 结构体数组作函数的参数

结构体数组作函数参数，进行函数调用时应传递结构体数组名给实参。此时形参和实参占用同一个存储空间，对形参的操作也是对实参的操作。

【例 8-9】 有三名候选人，姓名分别为 zhangsan、lisi、wangwu。若有五位选民，每位选民只能在三名候选人中投票选一名，编写一个统计选票的程序，输入被选人的姓名，按得票结果由高到低的顺序输出三名候选人得票结果。要求统计得票和得票结果排序分别调用函数实现。

程序代码如下：

```
#include<stdio.h>
#include<string.h>
struct vote
{
    char name[20];
```

```
   int  count;
}   candidate[3]={{"zhangsan",0},{"lisi",0},{"wangwu",0}};
void statistics(char temp[][20],int k);
void sort(struct vote temp[]);
void main()
{
    char person[5][20];
    int i;
    printf("please input five candidates' name:\n");
    for(i=0;i<=4;i++)
      scanf("%s",person[i]);
    statistics(person,5);
    sort(candidate);
    printf("***after voting,the new sequence:***\n");
    for(i=0;i<=2;i++)
      printf("%s %d\n",candidate[i].name,candidate[i].count);
}
void statistics(char temp[][20],int k)
{  int i,j;
    for(i=0;i<=k-1;i++)
     for(j=0;j<=2;j++)
       if(strcmp(temp[i],candidate[j].name)==0)
         {  candidate[j].count++;
            break;
          }
}
void sort( struct vote applicant[] )
{ int i,j;
  struct vote temp;
    for(i=0;i<=1;i++)
     for(j=0;j<=1-i;j++)
      if(applicant[j].count<applicant[j+1].count)
        {  temp=applicant[j];
           applicant[j]=applicant[j+1];
           applicant[j+1]=temp;
         }
}
```

8.5 共 用 体

所谓共用体类型是指将不同的数据项组成一个整体，它们在内存中占用同一段存储单元。一个共用体中可能有若干个不同类型的成员，但系统采用覆盖技术，实现共用体变量各成员的内存共享，所以在某一时刻，存放的和起作用的是最后一次存入的成员值。

由于所有成员共享同一内存空间，故共用体变量与其各成员的地址相同。

不能将共用体变量作函数参数，以及使函数返回一个共用体数据，但可以使用指向共用体变量的指针。

8.5.1 共用体类型

共用体定义方式与结构体类型类似。把结构体类型中的关键字struct换成union即可。定义共用体变量的一般形式为

```
union  共用体名
{
   成员表列;
};
```

例如：

```
union data
{ char  ch;
  int    i;
  float  f;
} un1, un2;
```

首先要理解结构体与共用体的区别。

可以从时间和空间上理解：结构体的各个成员在时间上是重叠的而在空间上是独立的；共用体的各个成员在时间上是独立的而在空间上是重叠的。

确切地说，结构体的每个成员各自占用独立的内存空间，它们是同时存在的，即它们占用的内存空间是同时分配同时释放的，类似于有若干个班级同时上课，每个班级各自占用一间教室；共用体的所有成员占用同一段内存空间，它们在时间上是错开的，类似于有若干个班级上课，但只有一间教室，一个班级下课了，另一个班级再进来上课。

8.5.2 共用体与结构体嵌套

共用体经常使用到的一个实例是一张关于学生信息和教师信息的表格。

设有一张表格可以供教师与学生通用，如表8-1所示。教师的数据有姓名（name）、年龄（age）、职业（job）、教研室（office）四项。学生有姓名（name）、年龄（age）、职业（job）、班级（class）四项。编程输入这两类人员的数据，再以表格形式输出。

表8-1 教师与学生通用表

编号	name	age	job	class/office
06	Xu hao	18	s	20211030
08	Ling feng	29	t	computer

【例 8-10】本例程序用一个结构体数组 personnel 存放人员数据，该结构共有 4 个成员。其中成员项 sort 是一个共用体类型，这个共用体又由两个成员组成，一个为整型量 class，一个为字符数组 office。

程序代码如下：

```
#include<stdio.h>
#include<stdlib.h>
int main()
{ struct
  { char name[10];
    int age;
    char job;
    union
    { int Class;
      char office[10];
    } sort;
   }personnel[2];
  int n, i;
  for(i=0; i<2; i++)
  { printf("input name, age, job and sortment\n");
    scanf("%s %d %c",personnel[i].name,&personnel[i].age,&personnel[i].job);
    if (personnel[i].job=='s')
        scanf("%d",&personnel[i].sort.class);
    else
        scanf("%s",personnel[i].sort.office);
  }
  printf("name\t age job  class/office \n");
  for (i=0; i<2; i++)
  { if (personnel[i].job == 's')
         printf("%s\t%3d %3c %d\n",personnel[i].name,personnel[i].age,
         personnel[i].job, personnel[i].sort.class);
    else
       printf("%s\t%3d %3c %s\n", personnel[i].name, personnel[i].age,
               personnel[i].job, personnel[i].sort.office);
   }
   system("pause");
   return 0;
}
```

在程序的第一个 for 语句中，输入人员的各项数据，先输入结构体的前 3 个成员的 name、age 和 job，然后判别 job 成员项，如为“s”则对共用体 sort.class 输入（对学生赋班级编号）；否则，对 sort.office 输入（对教师赋教研组名）。

程序中的第二个 for 语句用于输出各成员项的值。

在用 scanf 语句输入时要注意，凡为数组类型的成员，无论是结构体成员还是共用体成员，在该项前不能再加“&”运算符。如程序中 personnel[i].name 是一个数组类型，personnel[i].sort.office 也是数组类型，在这两项之间不能加“&”运算符。

程序运行结果如图 8-6 所示。

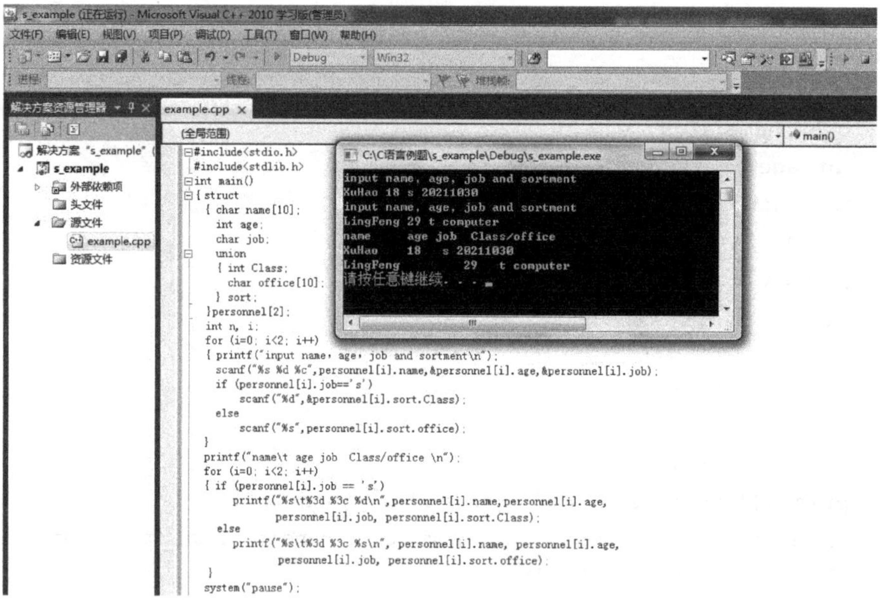

图 8-6　例 8-10 程序运行结果

8.6 枚　举

现实生活中，有些变量的取值被限定在一个有限的范围内并且取整数值，例如，一个星期有七天，一年有十二个月等。如果把这些量说明为整型、字符型或其他类型显然是不妥当的，最好为每个值都取一个名字，以方便使用。

【例 8-11】以每周七天为例，使用#define 命令来给每天指定一个名字。

```
#include<stdio.h>
#include<stdlib.h>
#define Mon 1
#define Tues 2
#define Wed 3
#define Thurs 4
#define Fri 5
#define Sat 6
#define Sun 7
```

```
int main()
{
    int day;
    scanf("%d", &day);
    switch(day)
    {
        case Mon: puts("Monday"); break;
        case Tues: puts("Tuesday"); break;
        case Wed: puts("Wednesday"); break;
        case Thurs: puts("Thursday"); break;
        case Fri: puts("Friday"); break;
        case Sat: puts("Saturday"); break;
        case Sun: puts("Sunday"); break;
        default: puts("Error!");
    }
    system("pause");
    return 0;
}
```

程序运行结果如图 8-7 所示。

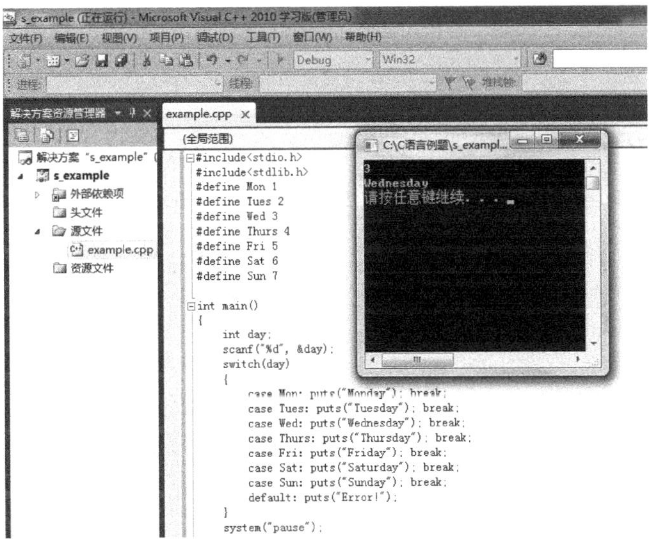

图 8-7　例 8-11 程序运行结果

#define 命令虽然能解决问题，但也带来了不小的副作用，导致宏名过多，代码松散，为此，C 语言提供了一种称为“枚举”的类型，即有意义的值组成的列表。这时，该变量就可以用枚举描述。

在“枚举”类型的定义中列举出所有可能的取值，被说明为该“枚举”类型的变量取值不能超过定义的范围。

枚举类型是一种基本数据类型，而不是一种构造类型，因为它不可分解为任何基本类型。

8.6.1 枚举类型

枚举是一种自定义的用标识符表示的集合，这个集合自动具有序号。

在枚举值表中列出所有可用的值，这些值被称为枚举元素。枚举元素本身由系统定义了一个表示序号的数值，从 0 开始，顺序定义为 0、1、2、…

（1）定义

枚举类型定义的一般形式为

```
enum 枚举标识符  {枚举元素表};
```

其中，enum 是一个新的关键字，专门用来定义枚举类型，这也是它在 C 语言中的唯一用途。

例如，列出一个星期有几天：

```
enum week{ Mon, Tues, Wed, Thurs, Fri, Sat, Sun };
```

这里仅仅给出了名字，却没有给出名字对应的值，这是因为枚举值默认从 0 开始，依次递增；也就是说，week 中的 Mon、Tues、…、Sun 对应的值分别为 0、1、…、 6。

也可以给每个名字都指定一个值：

```
enum week{ Mon = 1, Tues = 2, Wed = 3, Thurs = 4, Fri = 5, Sat = 6, Sun = 7 };
```

更为简单的方法是只给第一个名字指定值：

```
enum week{ Mon = 1, Tues, Wed, Thurs, Fri, Sat, Sun };
```

这样枚举值就从 1 开始递增，跟上面的写法是等效的。

（2）使用规定

①不能在 {} 中出现两个相同的标识符，例如：

```
enum ch {'a', 'a', 'b', 'c', 'd', 'e', 'f'};
```

这里出现了两个'a'，是不允许的。

②枚举元素由程序设计者自己指定，命名规则与标识符相同。这些名字并无固定的含义，仅仅是为了提高程序的可读性，但是 {} 中列举的标识符不允许在程序其他地方作为他用。例如：

```
#include<stdio.h>
enum days { mon = 1, tue, wed, thu, fri, sat, sun } today = tue;
void main( )
{ …
```

```
    int sun; /*不允许*/
    …
}
```

这一点同样也适用于结构体和共用体。

③枚举元素不是变量，不能改变其值。例如，下面这些赋值是不对的：

```
sun = 5;  mon = 2;  sun = mon;
```

枚举元素本身由系统定义了一个表示序号的数值，从 0 开始顺序定义为 0、1、2、… 所以枚举元素可以进行比较。例如，mon>sun 结果为真，语句“printf ("%d", sun);”输出的值是 0。

④一个枚举变量的值只能是这几个枚举常量之一，可以将枚举常量赋给一个枚举变量，但不能将一个整数赋给它。例如：

```
today = mon;
```

是正确的；而

```
today = 1;
```

是错误的。

如一定要把数值赋予枚举变量，则必须用强制类型转换。例如：

```
today = ( enum days ) 2;
```

其意义是将顺序为 2 的枚举元素赋予枚举变量 today，相当于：

```
today = tue;
```

⑤枚举元素不是字符常量也不是字符串常量，使用时不需要加单、双引号。

8.6.2　枚举类型变量的定义

（1）有了枚举类型，即可定义枚举类型的变量。可采用下述任一种方式：

```
enum days { mon = 1, tue, wed, thu, fri, sat, sun  };
enum days today;
```

或

```
enum days { mon = 1, tue, wed, thu, fri, sat, sun  } today;
```

或

```
enum { mon = 1, tue, wed, thu, fri, sat, sun  } today;
```

（2）声明枚举类型时并不分配存储空间，只有定义枚举变量后，该变量才能得到分配的存储空间。例如，程序中对枚举元素赋值：

```
mon = 5;
```

是错误的。

8.6.3 枚举类型变量的使用

枚举变量可以进行赋值（仅限于所在类型的枚举常量）或关系运算。

【例 8-12】以下程序运行后输出结果是什么?

```
#include<stdio.h>
enum days { mon = 1, tue, wed, thu, fri, sat, sun } today = tue;
void main( )
{
     printf( "%d", ( today+2 ) %7 );
}
```

该枚举名为 days，枚举值共有 7 个，即一周中的七天。today 被说明为 days 类型的变量，取值只能是七天中的某一天。程序中有 “today = tue;”，因 mon 的值为 1，则 tue 的值为 2，故 today 的值为 2，(today+2) %7 的值为 4。

【例 8-13】判断用户输入的数字是星期几。

```
#include<stdio.h>
#include<stdlib.h>
int main()
{
    enum week{ Mon = 1, Tues, Wed, Thurs, Fri, Sat, Sun } day;
    scanf("%d", &day);
    switch(day)
    {
        default: puts("Error!"); break;
        case Mon: puts("Monday"); break;
        case Tues: puts("Tuesday"); break;
        case Wed: puts("Wednesday"); break;
        case Thurs: puts("Thursday"); break;
        case Fri: puts("Friday"); break;
        case Sat: puts("Saturday"); break;
        case Sun: puts("Sunday"); break;

    }
    system("pause");
    return 0;
}
```

程序运行结果如图 8-8 所示。

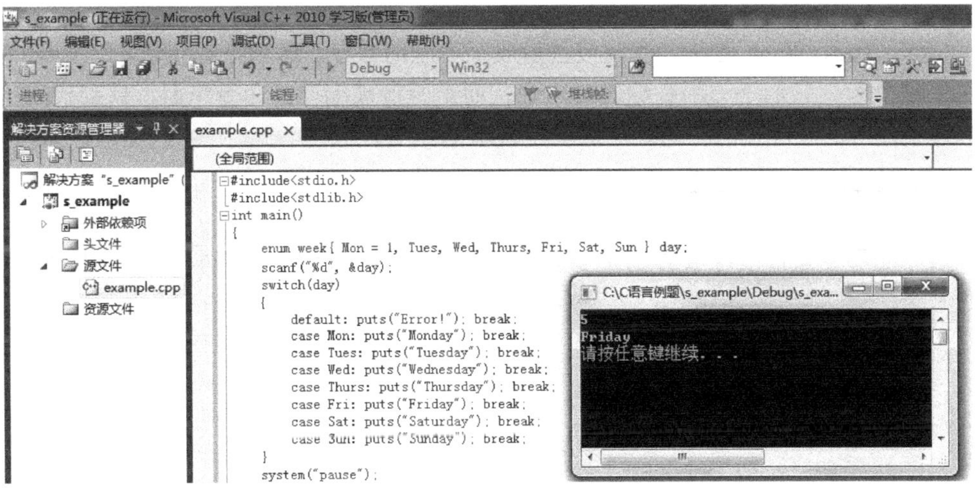

图 8-8　例 8-13 程序运行结果

需要注意的是：

（1）枚举列表中的 Mon、Tues、Wed 这些标识符的作用范围是全局的（严格来说是 main( ) 函数内部），不能再定义与它们名字相同的变量。

（2）Mon、Tues、Wed 等都是常量，不能对它们赋值，只能将它们的值赋给其他的变量。

枚举和宏其实非常类似：宏在预处理阶段将名字替换成对应的值，枚举在编译阶段将名字替换成对应的值。可以将枚举理解为编译阶段的宏。

对于例 8-13 的代码，在编译的某个时刻会变成类似下面的程序：

```
#include<stdio.h>
int main()
{
    enum week{ Mon = 1, Tues, Wed, Thurs, Fri, Sat, Sun } day;
    scanf("%d", &day);
    switch(day)
    {
        default: puts("Error!");break;
        case 1: puts("Monday"); break;
        case 2: puts("Tuesday"); break;
        case 3: puts("Wednesday"); break;
        case 4: puts("Thursday"); break;
        case 5: puts("Friday"); break;
        case 6: puts("Saturday"); break;
        case 7: puts("Sunday"); break;
    }
```

```
    return 0;
}
```

Mon、Tues、Wed 这些名字都被替换成了对应的数字。这意味着，Mon、Tues、Wed 等都不是变量，它们不占用数据区的内存，而是直接被编译到命令里面，放到代码区，所以不能用 & 取得它们的地址。这就是枚举的本质。

8.6.4 枚举类型变量的长度

枚举类型变量需要存放的是一个整数，它的长度应该和 int 相同，可以用例 8-14 验证这一点。

【例 8-14】 验证枚举型变量的长度是 4。

```
#include<stdio.h>
#include<stdlib.h>
int main()
{
    enum week{ Mon = 1, Tues, Wed, Thurs, Fri, Sat, Sun } day = Mon;
    printf("%d, %d, %d, %d, %d\n", sizeof(enum week), sizeof(day),
           sizeof(Mon), sizeof(Wed), sizeof(int) );
    system("pause");
    return 0;
}
```

程序运行结果如图 8-9 所示。

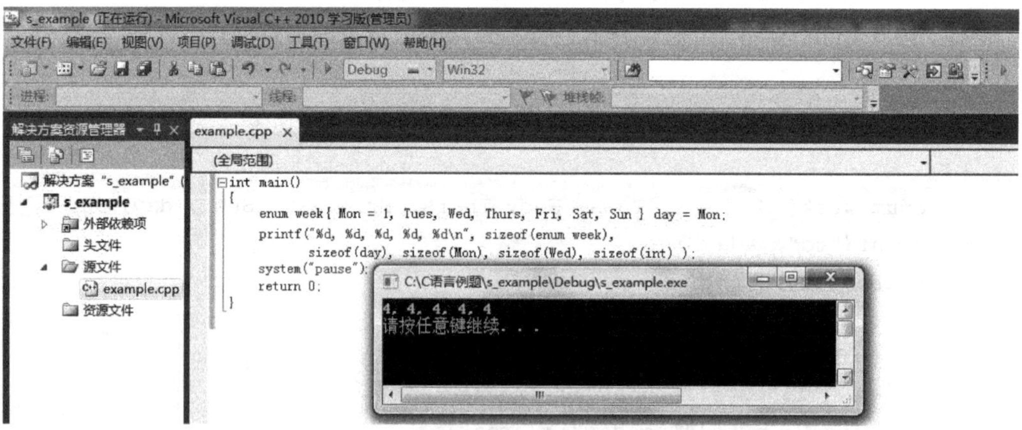

图 8-9　例 8-14 程序运行结果

8.7 用定义符 typedef 声明类型别名

结构体、共用体、枚举都是用户自定义的类型，在使用它们时，必须将关键字和用户自定义的类型标识符连用，例如：

```
struct stu { … };
union udata { … };
enum day { … };
```

加下划线的部分必须同时出现，因为它们只有同时出现作为一个整体才能代表用户定义的类型。

定义符 typedef 用于为已有的数据类型定义一个别名，以增加程序的可读性和简化程序的书写。例如，在定义结构体类型变量时，每次都要写 struct 和结构体名。如果采用 typedef 给类型定义一个别名，可使声明结构体变量的语句简洁、高效。

声明一个类型别名的格式如下：

```
typedef <已有类型名> <类型别名>;
```

其中，<已有类型名>是系统提供的标准类型或已经定义过的其他结构体、共用体、枚举类型名，typedef 的功能是给<已有类型名>取另外一个名称（简称别名），这个别名称为自定义类型名。

例如，int 的完整写法为 INTEGER，为了增加程序的可读性，可把整型说明符用 typedef 定义为

```
typedef int INTEGER;
```

之后，可用 INTEGER 代替 int 作整型变量的类型说明。例如：

```
INTEGER i, j;
```

等价于：

```
int i, j;
```

用 typedef 定义数组、指针、结构体等类型，将带来很大的方便，不仅使程序书写简单而且使意义更为明确，增强可读性。

事实上，引入类型说明的目的并非只是为了方便，而是为了便于程序的移植。

【例 8-15】 若有以下说明和定义：

```
typedef int *INTEGER;
INTEGER p, *q;
```

以下叙述正确的是（　　）。

A. p 是 int 型变量　　　　　　　B. p 是基本类型为 int 的指针变量

C. q 是基本类型为 int 的指针变量　　D. 程序中可用 INTEGER 代替 int 类型名

解析： 程序中可用 INTEGER 代替 int *，INTEGER p 等价于：int * p，故 p 是基本类型为 int *的指针变量。正确答案选 B。

【随堂测试】 设有以下语句：

```
typedef struct  S
{ int g;  char  h; } T;
```

则下面叙述中正确的是（   ）。

A. 可用 S 定义结构体变量 B. 可以用 T 定义结构体变量
C. S 是 struct 类型的变量 D. T 是 struct S 类型的变量

➩【讨论】 typedef 与#define 的区别：

（1）用 typedef 只是给已有类型增加别名，并不能创造一个新的类型。

（2）typedef 与#define 有相似之处，但二者不同：typedef 是由编译器在编译时处理的，更为灵活方便；#define 是由编译预处理器在编译预处理时处理的，而且只能作简单的字符串替换。

8.8 结构体与共用体程序案例

候选人选票统计。设公民投票后现有 10 张有效选票，编程统计 3 位候选人各得多少张票。

程序中用二维数组 s 保存选票上所填写的候选人姓名；用结构体数组 stat 保存统计结果。程序运行后的输出结果是：“LingFeng：2 XuHao：5 HongQiu：3”。

程序代码如下：

```
#include<stdio.h>
#include<stdlib.h>
#include<string.h>
typedef struct
{ char name[20];     /*候选人姓名*/
  int count;         /*候选人得票数*/
}COUNT;

int count(char x[][20], int n, COUNT *st)
{ int i, j, k=0;
  for (i=0; i<n; i++)
  {   for (j=0; j<k; j++)
      if (strcmp(st[j].name, x[i])==0)
      { st[j].count++;
        break;
      }
      if (j>=k)
      { strcpy(st[k].name, x[i]);
```

```
            st[k].count++;
            k++;
        }
    }
  return k;
}

int main()
{ char s[10][20]={"LingFeng", "XuHao", "HongQiu", "HongQiu", "XuHao",
                  "LingFeng", "XuHao", "HongQiu",  "XuHao",  "XuHao"};
  COUNT stat[5]={0};  int i, n;
  n=count(s, 10, stat);
  for (i=0; i<n; i++)
    printf("%s:%d\t", stat[i].name, stat[i].count);
  system("pause");
  return 0;
}
```

程序运行结果如图 8-10 所示。

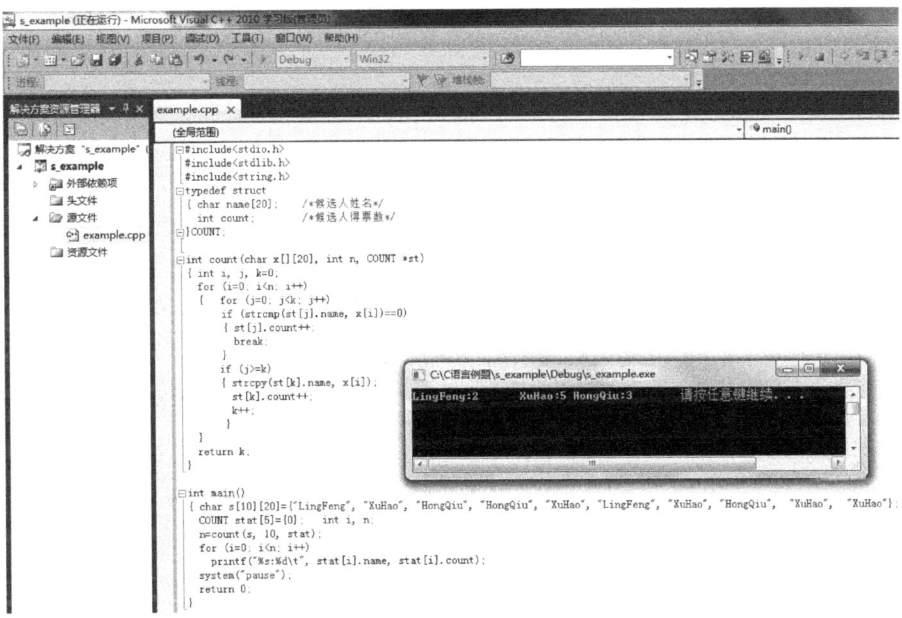

图 8-10　选票统计程序运行结果

8.9　答 疑 解 惑

1. 结构体类型及其变量的区别

首先，结构体类型是一种数据类型，与整型等数据类型一样，其作用是规定该类数据的性质及其应占内存的大小，但此时系统并未为其真正分配内存空间。结构体类型的定义只是说明一个实体相应的属性描述，实质上是通知C语言系统该结构由哪些成员组成、每个成员所具有的数据类型是什么。

既然有结构体类型，就有相应的“结构体类型变量”。只有通过定义相应的变量，并赋予一定的值才能构成实体的元素。

结构体类型和结构体类型变量的最大区别是：结构体类型变量占一定的内存空间，而结构体类型只是一种数据类型的结构描述，并不占内存空间。

2. 结构体与共用体的区别与联系

二者的联系：都属于构造数据类型，都允许有不同类型的变量，都可以用来存储多种数据类型。二者的定义语法类似但含义不同。

二者的区别，可以从时间和空间上理解：结构体的各个成员在时间上是重叠的而在空间上是独立的，即结构体的每个成员各自占用独立的内存空间，它们占用的内存空间是同时分配同时释放的。结构体所占用的内存空间为其成员所需空间总和。共用体的各个成员在时间上是独立的而在空间上是重叠的，即共用体的所有成员占用同一段内存空间，使用覆盖技术，每次只有一个能使用，在时间上是分开的。共用体所占用的空间为其所需内存最大的成员的所需空间。

习 题 8

8.1 填空题

1. 程序通过定义学生结构体变量，存储了学生的学号、姓名和3门课的成绩。函数fun( )的功能是将形参a所指结构体变量中的数据赋给函数中的结构体变量b，并修改b中的学号和姓名，最后输出修改后的数据。例如，a所指变量中的学号、姓名和3门课的成绩依次是：10001、"ZhangSan"、95、80、88，则修改后输出b中的数据应为：10002、"LiSi"、95、80、88。

请在程序的下划线处填入正确的内容并把下划线删除，使程序得出正确的结果。

```
#include<stdio.h>
#include<string.h>

struct student
{
    long sno;
    char name[10];
    float score[3];
};

void fun(struct student a)
{
```

```
  struct student b; int i;
  b = __________;
  b.sno = 10002;
  strcpy(________, "LiSi");
  printf("\nThe data after modified:\n");
  printf("\nNo: %ld Name: %s\nScores:",b.sno, b.name);
  for (i=0; i<3; i++) printf("%6.2f", b.______);
  printf("\n");
}

main()
{
  struct student s={10001,"ZhangSan",95,80,88};
  int i;
  printf("\n\nThe original data:\n");
  printf("\nNo: %ld Name: %s\nScores:",s.sno, s.name);
  for (i=0; i<3; i++) printf("%6.2f", s.score[i]);
  printf("\n");
  fun(s);
}
```

2. 给定程序中函数 fun ( ) 的功能是：将形参 std 所指结构体数组中年龄最大者的数据作为函数值返回，并在 main( ) 函数中输出。

在程序的下划线处填入正确的内容并把下划线删除，使程序得出正确的结果。

注意：将源程序存放在自己创建的 BLANK2.C 中（BLANK2.C 需自行创建，程序代码也需自行录入），不得增行或删行，也不得更改程序的结构！

```
#include<stdio.h>
typedef struct
{ char name[10];
  int age;
}STD;
STD fun(STD std[], int n)
{ STD max; int i;
  max=________;
  for(i=1; i<n; i++)
  if(max.age<______) max=std[i];
  return max;
}

main()
{   STD std[5]={"aaa",17,"bbb",16,"ccc",18,"ddd", 17,"eee",15};
```

```
    STD max;
    max=fun(std,5);
    printf("\nThe result: \n");
    printf("\nName : %s, Age : %d\n",_______,max.age);
}
```

实验项目 8　结构体与共用体的应用

本次实验主要涉及结构体类型和结构体变量的定义和使用、共用体类型、枚举类型与自定义类型的使用。

【实验目的】

（1）掌握结构体类型和结构体变量的定义和使用；

（2）掌握结构体类型数组的概念和使用；

（3）掌握共用体类型的概念和简单使用；

（4）熟悉枚举类型的概念和简单使用；

（5）熟悉自定义类型的概念和简单使用。

【实验内容】

一、基础题

1. 已知学生的记录由学号和学习成绩构成，N 名学生的数据已存入 a 结构体数组中。编写函数 fun( )的功能是：找出成绩最低的学生记录，通过形参返回主函数（规定只有一个最低分）。已给出函数 fun( )的首部，试完成该函数体语句的编写。

```
#include<stdio.h>
#include<string.h>
#define N 10
typedef struct  ss
{  char num[10]; int s;  } STU;
void fun( STU  a[], STU  *s)
{


}
void main()
{  STU  a[N]={ {"A01",81},{"A02",89},{"A03",66},{"A04",87},{"A05",77},
             {"A06",90},{"A07",79},{"A08",61},{"A09",80},{"A10",71} }, m;
   int i;
   printf("***** The original data *****\n");
   for ( i=0; i< N; i++ ) printf("No = %s  Mark = %d\n", a[i].num,a[i].s);
   fun( a, &m );
   printf("***** THE  RESULT *****\n");
   printf("The lowest :  %s, %d\n",m.num, m.s);
}
```

2. 用结构体数组建立一个简单的同学通讯录，通讯录包含以下信息：姓名、手机号码、QQ 号、微信号、E-mail。要求学生独立完成，能录入并输出通讯录信息。

二、提高题

1. 利用结构体与共用体管理学生成绩。

定义一个学生结构体，其中有5个数据成员，分别为：学号、姓名、数学成绩、外语成绩、语文成绩。编写主函数使用结构体，实现对学生数据的赋值和输出。求出总分最高学生的学号与姓名。采用结构体存储数据，输入数据时，要求学号不能相同，姓名可以相同。

【提示】

（1）定义一个学生结构体，其中有5个数据成员：学号、姓名、数学成绩、外语成绩，语文成绩；

（2）在主函数中，定义该学生结构体的一个对象同时实现数据的输入；

（3）在主函数中，求出该总分最高的学生的学号与姓名。

2. 有 n 个学生，每个学生的数据包括学号（num）、姓名（name）、三门课的成绩（score[3]）。从键盘输入学生的数据，要求计算并打印出每名学生的三门课成绩求和、平均成绩、每门课的成绩，找出平均成绩最高的学生。

【提示】

（1）数据的输入输出在 main( )函数中实现；

（2）每名学生的三门课成绩求和、平均成绩、每门课的成绩在 aver( )函数中实现；

（3）找平均成绩最高的学生及相关信息的输出在 max( )函数中实现；

（4）在定义结构体类型时应预留出准备存放计算结果的成员项。

第 9 章　文件操作方法

本章思维导图

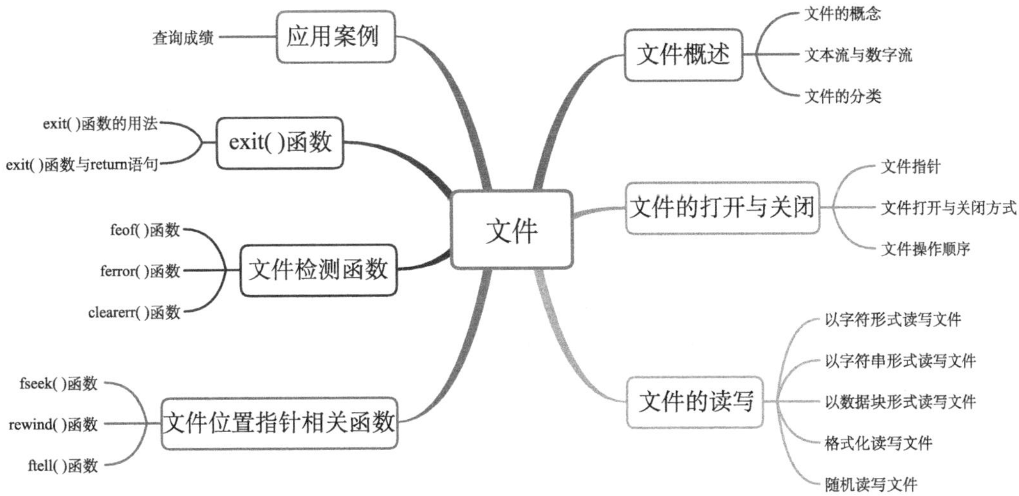

学习任务

1. 理解文件的基本概念、流和文件指针的概念；
2. 理解二进制文件与文本文件的区别；
3. 掌握文件打开与关闭的操作方法；
4. 掌握文件指针使用方法，理解文件的读写指针对读写文件内容的制约；
5. 掌握文件的读写函数，文件的定位、结束检测与出错检测函数。

9.1 文件概述

9.1.1 文件概念

在前面几章的程序设计中，无论是从键盘输入的数据，还是通过屏幕显示的程序运行结果，这些数据都是临时存放在内存中的，一旦程序运行结束，所有的数据都将消失，而在实际使用或调试程序中，经常需要重复使用大量数据。在C语言中，使用文件可以使数据持久化存储。

一般来讲，文件是指一组存放在外部存储介质上的相关信息的集合。从广义上说，文件是指信息输入和输出的对象，例如，键盘、鼠标、打印机等外设均可视为文件。例如：

通常把显示器称为标准输出文件，printf( )就是向这个文件输出数据；

通常把键盘称为标准输入文件，scanf( )就是从这个文件读取数据。

操作文件的正确流程为：打开文件→读写文件→关闭文件。文件在进行读写操作之前要先打开，使用完毕要关闭。

所谓打开文件，就是获取文件的有关信息，例如，文件名、文件状态、当前读写位置等，这些信息会被保存到一个FILE类型的结构体变量中。

在C语言中，文件有多种读写方式，可以一个字符一个字符地读取，也可以读取一整行，还可以读取若干个字节。文件的读写位置也非常灵活，可以从文件开头读取，也可以从中间位置读取。

关闭文件就是断开与文件之间的联系，释放结构体变量，同时禁止再对该文件进行操作。

9.1.2 文本流与数字流

所有保存在磁盘上的文件都要载入内存才能处理，所有的数据必须写入文件（磁盘）才不会丢失。

数据在数据源和程序（内存）之间传递的过程叫做数据流（data stream)，类似水流从一个地方流动到另一个地方。相应地，数据从数据源到程序（内存）的过程叫做输入流（input stream)，从程序（内存）到数据源的过程叫做输出流（output stream)。

输入输出是指程序（内存）与外部设备（键盘、显示器、磁盘等）进行交互的操作。几乎所有的程序都有输入与输出操作，例如，从键盘上读取数据、从本地或网络上的文件读取数据或写入数据等。通过输入和输出操作可以从外界接收信息，或者把信息传递给外界。

可以说，打开文件就是打开了一个流。

文件操作支持两种数据流：文本数据流和二进制数据流。

文本数据流：指流动的数据是以字符形式出现。

二进制数据流：指流动的数据是二进制数字序列，流中的字符以ASCII码表示，数字则用一个字节的二进制数表示。

对于含有大量数字信息的数据流，通常采用二进制流的方式；对于含有大量字符信息的流，则采用文本流的方式。

9.1.3　文件的分类

可从不同的角度，对文件进行分类：

（1）根据文件的保存内容，可分为程序文件和数据文件。

（2）根据文件的存储形式，可分为文本文件和二进制文件。

文本文件也称为 ASCII 码文件，由一系列文本行组成，每行文本包括零个以上文本信息字符与行结束标记。当输出时，数据转换成一串字符，每个字符以 ASCII 码值存储，便于对字符进行逐个处理。

例如，数据 123，如果按文本文件形式存储，则看成三个字符：'1'、'2'、'3' 的集合，文件中依次存储各个字符的 ASCII 码值，格式如表 9-1 所示。

表 9-1　数据 123 的文本存储形式

字符	ASCII（十进制）	ASCII（二进制）
'1 '	49	0011 0001
'2 '	50	0011 0010
'3 '	51	0011 0011

如果按照二进制文件形式存储，则把数据 123 看成整型数，如果该系统中整型数占 4 个字节，则数据 123 二进制存储形式的 4 个字节如下：

```
0000 0000 0000 0000 0000 0000 0111 1011
```

一般来说，二进制文件可以节省存储空间，并且由于在输入时不需要把字符代码先转换成二进制形式再送入内存，输出时也不需要把数据由二进制形式转换为字符代码，因而输入输出速度较快。

（3）根据文件的存取方式，可分为顺序存取文件和直接存取文件。

顺序存取文件的特点是：每当打开文件进行读或写操作时，总是从文件的开头开始，从头到尾顺序地读或写，也就是说当顺序存取文件时，要读第 N 个字节时，先要读取前 N–1 个字节，而不能一开始就读到第 N 个字节；同理，要写第 N 个字节时，也要先写前 N–1 个字节。

直接存取文件又称随机存取文件，指定开始读或写的字节号，然后直接对此位置上的数据进行读或写操作。

（4）根据文件是否使用缓冲区，可分为标准文件和非标准文件。

缓冲区是系统在内存中为各个文件开辟的一片存储区。这片“缓冲区”为程序中的每一个文件使用，当执行读文件操作时，从磁盘文件将数据先读入内存“缓冲区”，装满后再从内存“缓冲区”依次读入接收的变量；执行写文件操作时，先将数据写入内存“缓冲区”，待内存“缓冲区”装满后再写入文件。由此可见，内存“缓冲区”的大小，影响着实际操作外存的次数，内存“缓冲区”越大，则操作外存的次数越少，执行速度越快、效率越高。

利用缓冲区将对磁盘文件的频繁逐次访问变为批量访问的方法称为标准文件操作；不使用缓冲区的磁盘文件系统称为非标准文件，也称为非缓冲文件系统。

9.2 文件的打开与关闭

9.2.1 文件指针

系统给每个打开的文件都在内存中开辟一个区域，用于存放文件的有关信息（例如，文件名、文件位置等），这些信息保存在一个结构类型变量中，该结构体类型由系统定义，取名为 FILE。可以用 FILE 类型来定义变量或指针，称为文件指针，以便管理文件的状态信息。

定义文件指针的一般形式为

```
FILE  *指针变量标识符;
```

注意：其中“FILE”必须大写。它实际上是由系统定义的一个结构体，该结构体中含有文件名、文件状态和文件当前位置等信息。FILE 结构体定义在 stdio.h 头文件中。

在 C 语言中，操作文件都是通过文件指针来实现的，因此，在程序中必须定义一个文件指针变量，文件指针变量的一般形式为

```
FILE  *变量名;
```

例如：

```
FILE *fp;
```

其中，fp 是指向 FILE 结构的指针变量，通过 fp 即可查找存放某个文件信息的结构体变量，然后按结构体变量提供的信息找到该文件，实施对文件的操作。通常把 fp 称为指向一个文件的指针。

通过使用文件指针，文件结构体的实现细节被完全隐藏起来，普通程序员无须关心它。C 标准库提供的丰富函数保证了用户通过这些函数就能够对文件进行细致完整的操作。

9.2.2 文件打开与关闭方式

打开文件的实质是建立文件的各种有关信息，并使文件指针指向该文件，以便进行操作。关闭文件则是断开指针与文件之间的联系，禁止对该文件进行再操作。

1. 文件的打开函数 fopen( )

不同的操作需要不同的文件权限。例如，只想读取文件中的数据，“只读”权限就够了；既想读取又想写入数据，“读写”权限就必须有。另外，文件也有不同的类型，按照

数据的存储方式可以分为文本文件和二进制文件，它们的操作方式是不同的。在调用 fopen( )函数时，这些信息都必须提供，称为“文件打开方式”。

fopen( )函数原型：

```
FILE *fopen(const char *filename, const char *mode);
```

其中，filename 是要打开的文件名称，mode 表示文件打开的方式。

函数功能：返回一个指向指定文件的指针。

返回值：若成功，返回指向被打开文件的指针；若出错，返回空指针 NULL（0）。

在调用 fopen( )函数时，“文件打开方式”必须提供。最基本的文件打开方式有以下几种，如表 9-2 所示。

表 9-2　控制文件打开方式的字符串

打开方式	说明	
"r"	以“只读”方式打开文件。只允许读取，不允许写入。文件必须存在，否则打开失败	控制读写权限的字符串（必须指明）
"w"	以“写入”方式打开文件。如果文件不存在，那么创建一个新文件；如果文件存在，那么清空文件内容（相当于删除原文件，再创建一个新文件）	
"a"	以“追加”方式打开文件。如果文件不存在，那么创建一个新文件；如果文件存在，那么将写入的数据追加到文件的末尾（文件原有的内容保留）	
"r+"	以“读写”方式打开文件。既可以读取也可以写入，也就是更新文件。文件必须存在，否则打开失败	
"w+"	以“写入/更新”方式打开文件，相当于 w 和 r+叠加的效果。既可以读取也可以写入，也就是更新文件。如果文件不存在，那么创建一个新文件；如果文件存在，那么清空文件内容（相当于删除原文件，再创建一个新文件）	
"a+"	以“追加/更新”方式打开文件，相当于 a 和 r+叠加的效果。既可以读取也可以写入，也就是更新文件。如果文件不存在，那么创建一个新文件；如果文件存在，那么将写入的数据追加到文件的末尾（文件原有的内容保留）	
"t"	文本文件。如果不写，默认为"t"	控制读写方式的字符串（可以不写）
"b"	二进制文件	

整体来说，文件打开方式由 r、w、a、t、b、+ 六个字符组合成，各字符的含义是

r（read）：读

w（write）：写

a（append）：追加

t（text）：文本文件

b（binary）：二进制文件

+：读和写

“r(b)+”与“a(b)+”的区别：使用“r(b)+”打开文件时，读写位置指针指向文件头；使用“a(b)+”时，读写指针指向文件尾。

调用 fopen( )函数时必须指明读写权限，但是可以不指明读写方式（此时默认为"t"）。

读写权限和读写方式可以组合使用，但是必须将读写方式放在读写权限的中间或者

尾部（换句话说，不能将读写方式放在读写权限的开头）。例如，将读写方式放在读写权限的中间："rb+"、"wt+"、"ab+"；将读写方式放在读写权限的末尾："rb"、"wt"、"ab"、"r+b"、"w+t"、"a+t"。

为增强程序的可靠性，常用下面的方法打开一个文件：

```
if ((fp=fopen("文件名","操作方式"))==NULL)
{
  printf("can not open this file\n");
  exit(0);
}
```

程序中的 exit( )函数用于关闭所有文件，结束程序，并返回操作系统。当程序状态值为 0（假）时，表示程序正常退出；非 0 值（真）时，表示程序出错退出。

2. 文件的关闭函数 fclose( )

文件一旦使用完毕，应该用 fclose( )函数把文件关闭，以释放相关资源，避免数据丢失。关闭文件之后，不可以再对该文件进行读写操作。

fclose( )函数原型：

```
int  fclose(FILE  *文件指针);
```

函数功能：关闭“文件指针”所指向的文件。

返回值：如果正常关闭文件，函数返回值为 0；否则，返回值为非 0。

例如：

```
int fclose(FILE *fp);
```

其中，fp 为文件指针。

【例 9-1】 打开和关闭一个可读写的二进制文件。

程序代码如下：

```
#include<stdio.h>
int main()
{   FILE *fp1;
    if ((fp1=fopen("D:\\ data1.dat","r"))==NULL)
     {
       printf("can't open the file .\n");
       exit(0);
     }
    else
     {
         ;      /*空语句，可在此写文件读写操作语句*/
     }
```

```
    if (fcolse())
      {
        printf("ffile close error !\n");
      }
    return 0;
}
```

9.2.3 文件操作顺序

对文件操作的一般顺序是：定义→打开→处理→关闭。C 语言还提供了一个关闭所有打开文件的函数 fcloseall( )。

9.3 文件的读写

C 语言提供了下面几组读写函数。

9.3.1 以字符形式读写文件

以字符形式读写文件时，每次可以从文件中读取一个字符，或者向文件中写入一个字符。主要使用两个函数，分别是 fgetc( )和 fputc( )。

1. 单字符读函数 fgetc( )

fgetc 是 file get char 的缩写，意思是从指定的文件中读取一个字符。

（1）函数格式

```
int fgetc(FILE *fp);
```

其中，fp 是文件指针。

函数功能：从文件指针 fp 所指向的文件中读入一个字符，同时将读写位置指针向前移动 1 个字节（即指向下一个字符）。

返回值：若成功，返回输入的字符；若失败或文件结束，返回 EOF。

（2）fgetc( )函数用法举例

```
char ch;
FILE *fp = fopen("D:\\demo.txt", "r+");
ch = fgetc(fp);
```

表示从 D:\\demo.txt 文件中读取一个字符，并保存到变量 ch 中。

在文件内部有一个位置指针，用来指向当前读写到的位置，也就是读写到第几个字节。在文件打开时，该指针总是指向文件的第一个字节。使用 fgetc( )函数后，该指针会向后移动一个字节，所以可以连续多次使用 fgetc( )读取多个字符。

注意：这个文件内部的位置指针与 C 语言中的指针不是一回事。位置指针仅仅是一个标志，表示文件读写到的位置，也就是读写到第几个字节，它不表示地址。文件每读写一次，位置指针就会移动一次，它不需要在程序中定义和赋值，而是由系统自动设置，对用户是隐藏的。

【例 9-2】在屏幕上显示 D:\\demo.txt 文件的内容。

```
#include<stdio.h>
#include<stdlib.h>
int main()
{
    FILE *fp;
    char ch;

    //如果文件不存在，给出提示并退出
    if( (fp=fopen("D:\\demo.txt","rt")) == NULL )
    {
        puts("Fail to open file!");
        exit(0);
    }
    //每次读取一个字节，直到读取完毕
    while( (ch=fgetc(fp)) != EOF )
    {
        putchar(ch);
    }
    putchar('\n');  /* 输出换行符 */
    fclose(fp);
    system("pause");
    return 0;
}
```

在 D 盘下创建 demo.txt 文件，输入“Xuzhou University”内容并保存，如图 9-1 所示。

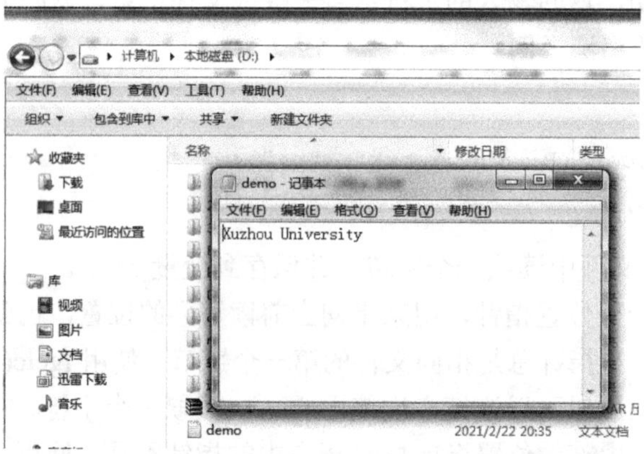

图 9-1　在 D 盘下创建 demo.txt 文件并输入内容

运行程序，就会看到刚才输入的内容全部都显示在屏幕上。该程序的功能是从文件中逐个读取字符，在屏幕上显示，直到读取完毕。如图 9-2 所示。

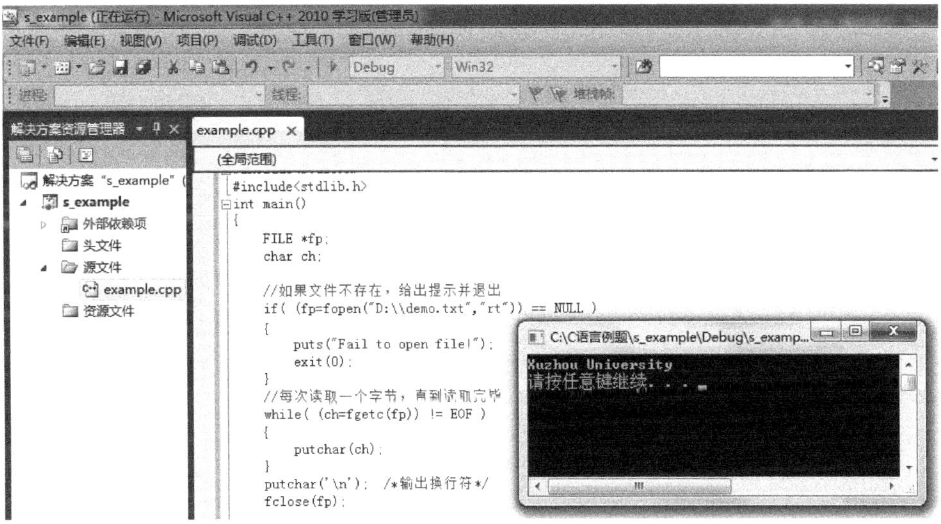

图 9-2　将 D 盘下 demo.txt 文件内容读取并显示

while 循环的条件为“(ch=fgetc(fp)) != EOF”。fget( )每次从位置指针所在的位置读取一个字符，并保存到变量 ch，位置指针向后移动一个字节。当文件指针移动到文件末尾时，fget( )就无法读取字符，于是返回 EOF①，表示文件读取结束。

（3）feof( )函数

用来判断文件内部指针是否指向文件末尾的 feof( )原型是

```
int feof( FILE *fp );
```

当指向文件末尾时返回非零值，否则返回零值。

（4）ferror( )函数

用来判断文件操作是否出错的 ferror( )原型是

```
int ferror( FILE *fp );
```

出错时返回非零值，否则返回零值。

需要说明的是，文件出错是非常少见的情况，上面的示例基本能够保证将文件内的数据读取完毕。如果追求完美，也可以加上判断并给出提示。

---

① EOF 是 end of file 的缩写，表示文件末尾，是在 stdio.h 中定义的宏，它的值是一个负数，通常是–1。fgetc( )的返回值类型之所以为 int，就是为了容纳这个负数（char 不能是负数）。

EOF 本来表示文件末尾，意味着读取结束，但是很多函数在读取出错时也返回 EOF，那么当返回 EOF 时，到底是文件读取完毕还是读取出错？可以借助 stdio.h 中的两个函数来判断，分别是 feof( )和 ferror( )。

【例 9-3】读取文件中的内容，如果文件不存在，给出提示信息。

```
#include<stdio.h>
int main()
{
    FILE *fp;
    char ch;

    //如果文件不存在，给出提示信息并退出
    if( (fp=fopen("D:\\demo.txt","rt")) == NULL )
    {
        puts("Fail to open file!");
        exit(0);
    }
    //每次读取一个字节，直到读取完毕
    while( (ch=fgetc(fp)) != EOF )
    {
        putchar(ch);
    }
    putchar('\n');  /* 输出换行符 */
    if(ferror(fp))
    {
        puts("读取出错");
     }
    else
    {
        puts("读取成功");
    }
    fclose(fp);
    return 0;
}
```

2. 单字符写函数 fputc( )

fputc 是 file output char 的缩写，意思是向指定的文件中写入一个字符。

fputc( )的用法为

```
int fputc( int ch, FILE *fp );
```

ch 为要写入的字符，fp 为文件指针。fputc( )写入成功时返回写入的字符，失败时返回 EOF，返回值类型为 int 也是为了容纳这个负数。例如：

```
fputc('a', fp);
```

或者

```
char ch = 'a';
fputc(ch, fp);
```

表示把字符'a'写入 fp 所指向的文件中。

说明：

（1）被写入的文件可以用写、读写、追加方式打开，用写或读写方式打开一个已存在的文件时将清除原有的文件内容，并将写入的字符放在文件开头。如需保留原有文件内容，并把写入的字符放在文件末尾，就必须以追加方式打开文件。不管以何种方式打开，被写入的文件若不存在时则创建该文件。

（2）每写入一个字符，文件内部位置指针向后移动一个字节。

【例 9-4】 从键盘输入一行字符，写入文件。

```
#include<stdio.h>
int main()
{
    FILE *fp;
    char ch;
    //判断文件是否成功打开
    if( (fp=fopen("D:\\demo.txt","wt+")) == NULL )
    {
        puts("Fail to open file!");
        exit(0);
    }
    printf("Input a string:\n");
    //每次从键盘读取一个字符并写入文件
    while ( (ch=getchar()) != '\n' )
    {
        fputc(ch,fp);
    }
    fclose(fp);
    return 0;
}
```

运行程序，输入一行字符并按回车键结束，打开 D 盘下的 demo.txt 文件，就可以看到刚才输入的内容。

程序每次从键盘读取一个字符并写入文件，直到按下回车键，while 条件不成立，结束读取。

9.3.2 以字符串形式读写文件

fgetc( )和 fputc( )函数每次只能读写一个字符，速度较慢；实际开发中往往是每次读写一个字符串或者一个数据块，这样能明显提高效率。

1. 读字符串函数 fgets( )

fgets( )函数用来从指定的文件中读取一个字符串，并保存到字符数组中，它的用法为

```
char *fgets( char *str, int n, FILE *fp );
```

其中，str 为字符数组，n 为要读取的字符数目，fp 为文件指针。

返回值：读取成功时返回字符数组 str 的首地址，读取失败时返回 NULL；如果开始读取时文件内部指针已经指向了文件末尾，那么将读取不到任何字符，也返回 NULL。

注意：读取到的字符串会在末尾自动添加'\0'，n 个字符也包括'\0'。也就是说，实际只读取到了 n–1 个字符，如果希望读取 100 个字符，n 的值应该为 101。例如：

```
#define N 101
char str[N];
FILE *fp = fopen("D:\\demo.txt", "r");
fgets(str, N, fp);
```

表示从 D:\\demo.txt 中读取 100 个字符，并保存到字符数组 str 中。

需要重点说明的是，在读取到 n–1 个字符之前如果出现了换行，或者读到了文件末尾，则读取结束。这就意味着，不管 n 的值多大，fgets( )最多只能读取一行数据，不能跨行。在 C 语言中，没有按行读取文件的函数，可以借助 fgets( )将 n 的值设置得足够大，每次就可以读取到一行数据。

【例 9-5】利用 fgets( )函数一行一行地读取文件。

```
#include<stdio.h>
#include<stdlib.h>
#define N 100
int main()
{
    FILE *fp;
    char str[N+1];
    if( (fp=fopen("D:\\demo.txt","rt")) == NULL )
    {
        puts("Fail to open file!");
        exit(0);
    }
```

```
    while(fgets(str, N, fp) != NULL)
    {
        printf("%s", str);
    }
    fclose(fp);
    return 0;
}
```

fgets( )遇到换行时，会将换行符一并读取到当前字符串。该示例的输出结果之所以和 demo.txt 保持一致，该换行的地方换行，就是因为 fgets( )能够读取到换行符。而 gets( )会忽略换行符。

2. 写字符串函数 fputs( )

fputs( )函数用来向指定的文件写入一个字符串，它的函数原型为

```
int fputs( char *str, FILE *fp );
```

其中，str 为要写入的字符串，fp 为文件指针。写入成功返回非负数，失败返回 EOF。例如：

```
char *str = "www.xzit.edu.cn";
FILE *fp = fopen("D:\\demo.txt", "at+");
fputs(str, fp);
```

表示把字符串 str 写入到 D:\\demo.txt 文件中。

【例 9-6】向例 9-5 中建立的 D:\\demo.txt 文件中追加一个字符串。

```
#include<stdio.h>
int main()
{
    FILE *fp;
    char str[102] = {0}, strTemp[100];
    if( (fp=fopen("D:\\demo.txt", "at+")) == NULL )
    {
        puts("Fail to open file!");
        exit(0);
    }
    printf("Input a string:");
    gets(strTemp);
    strcat(str, "\n");
    strcat(str, strTemp);
    fputs(str, fp);
    fclose(fp);
    return 0;
}
```

9.3.3 以数据块形式读写文件

fgets( )有局限性，每次最多只能从文件中读取一行内容，因为fgets( )遇到换行符就结束读取。如果希望读取多行内容，需要使用fread( )函数，相应地写入函数为fwrite( )。

对于Windows系统，使用fread( )和fwrite( )时应该以二进制的形式打开文件。

fread( )函数用来从指定文件中读取数据块。所谓数据块，也就是若干个字节的数据，可以是一个字符，可以是一个字符串，可以是多行数据，并没有什么限制。

fread( )函数原型为

```
size_t fread( void *ptr, size_t size, size_t count, FILE *fp );
```

fwrite( )函数用来向文件中写入数据块，它的函数原型为

```
size_t fwrite( void * ptr, size_t size, size_t count, FILE *fp );
```

其中，ptr为内存区块的指针，它可以是数组、变量、结构体等，fread( )中的ptr用来存放读取到的数据，fwrite( )中的ptr用来存放要写入的数据；size表示每个数据块的字节数，count表示要读写的数据块的块数，理论上，每次读写size*count个字节的数据；fp表示文件指针；size_t是在stdio.h和stdlib.h头文件中使用typedef定义的数据类型，表示无符号整数，也即非负数，常用来表示数量。

返回值：返回成功读写的块数，也即count。如果返回值小于count：对于fwrite( )来说，肯定发生了写入错误，可以用ferror( )函数检测；对于fread( )来说，可能读到文件末尾，可能发生错误，可以用ferror( )函数或feof( )函数检测。

【例9-7】从键盘输入一个数组，将数组写入文件再读取出来。

```
#include<stdio.h>
#include<stdlib.h>
#define N 5
int main()
{
    //从键盘输入的数据放入a，从文件读取的数据放入b
    int a[N], b[N];
    int i, size = sizeof(int);
    FILE *fp;
    if( (fp=fopen("D:\\demo.txt", "rb+")) == NULL )
    {
       //以二进制方式打开
        puts("Fail to open file!");
        exit(0);
    }

    //从键盘输入数据 并保存到数组a
```

```
    for(i=0; i<N; i++)
    {
        scanf("%d", &a[i]);
    }
    fwrite(a, size, N, fp);        /* 将数组a的内容写入到文件 */
    rewind(fp);                    /* 将文件中的位置指针重新定位到文件开头 */
    fread(b, size, N, fp);         /* 从文件读取内容并保存到数组b */
    //在屏幕上显示数组b的内容
    for(i=0; i<N; i++)
    {
        printf("%d ", b[i]);
    }
    printf("\n");
    fclose(fp);
    system("pause");
    return 0;
}
```

运行结果如图 9-3 所示。

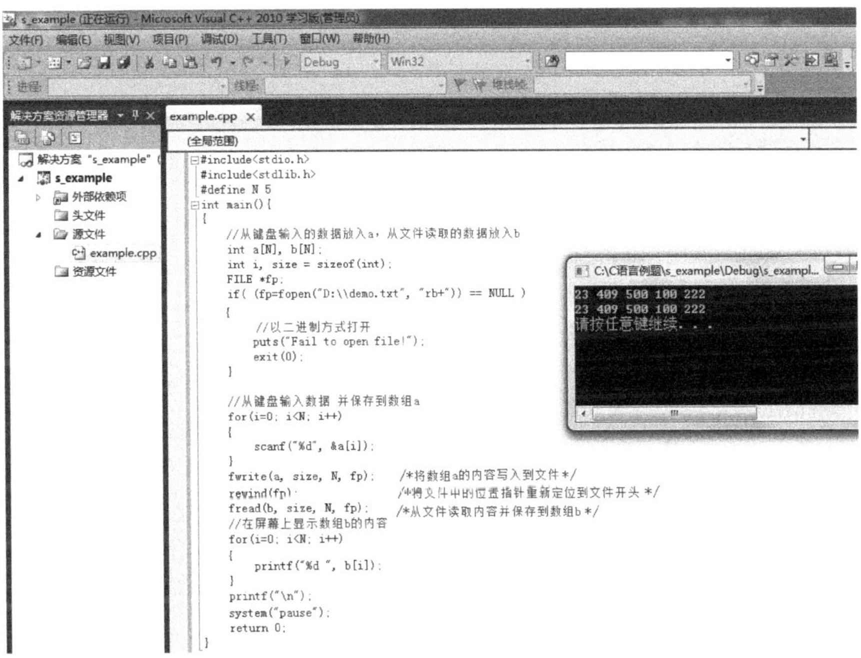

图 9-3　例 9-7 程序运行结果

打开 D:\\demo.txt，发现文件内容根本无法阅读，如图 9-4 所示。这是因为使用"rb+"方式打开文件，数组会原封不动地以二进制形式写入文件，一般无法阅读。

数据写入完毕后，位置指针在文件的末尾，要想读取数据，必须将文件指针移动到文件开头，这就是“rewind(fp);”的作用。

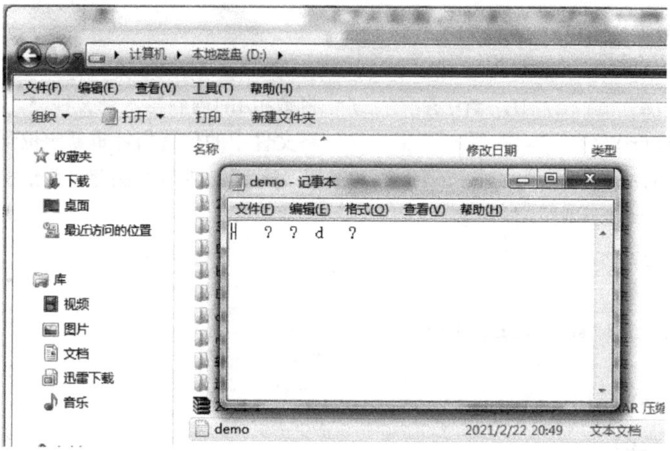

图 9-4　二进制形式写入文件，无法阅读

文件的后缀不一定是.txt，它可以是任意合法的后缀，例如 demo.ddd、demo.doc、demo.diy 等。

【例 9-8】从键盘输入两个学生数据，写入一个文件中，再读出这两个学生的数据显示在屏幕上。

```
#include<stdio.h>
#include<stdlib.h>
#define N 2
struct stu
{
    char name[10];
    int num;
    int age;
    float score;
}boya[N], boyb[N], *pa, *pb;
int main()
{
    FILE *fp;
    int i;
    pa = boya;
    pb = boyb;
    if( (fp=fopen("D:\\demo.txt", "wb+")) == NULL )
    {
        puts("Fail to open file!");
        exit(0);
    }
```

```
    //从键盘输入数据
    printf("Input data:\n");
    for(i=0; i<N; i++,pa++)
    {
       scanf("%s %d %d %f",pa->name, &pa->num,&pa->age, &pa->score);
    }
    //将数组 boya 的数据写入文件
    fwrite(boya, sizeof(struct stu), N, fp);
    //将文件指针重置到文件开头
    rewind(fp);
    //从文件读取数据并保存到数据 boyb
    fread(boyb, sizeof(struct stu), N, fp);
    //输出数组 boyb 中的数据
    for(i=0; i<N; i++,pb++)
    { printf("%s  %d  %d  %f\n", pb->name, pb->num, pb->age, pb->score);
    }
    fclose(fp);
    system("pause");
    return 0;
}
```

运行结果如图 9-5 所示。

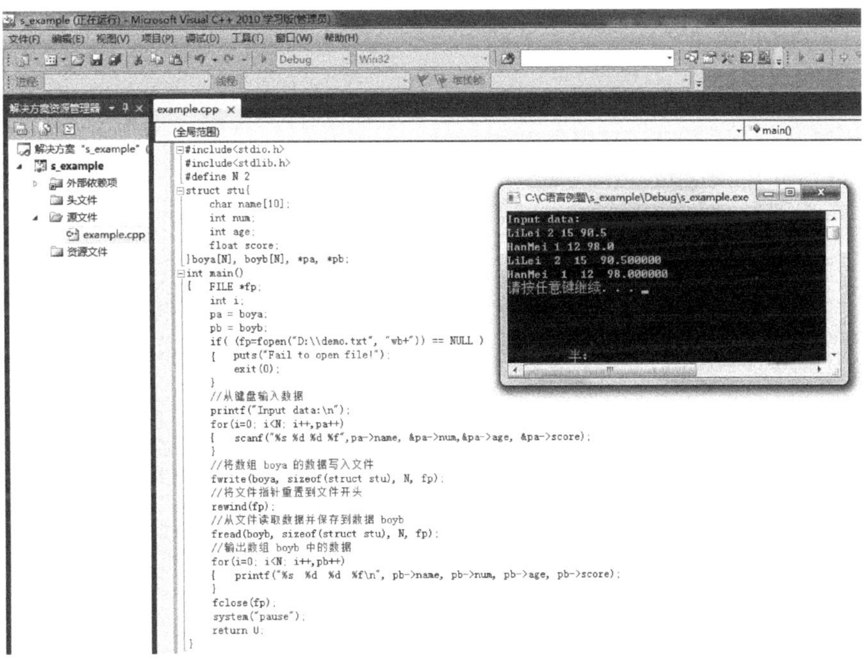

图 9-5　例 9-8 程序运行结果

9.3.4 格式化读写文件

fscanf( )函数和 fprintf( )函数与前面使用的 scanf( )和 printf( )功能相似，都是格式化读写函数，两者的区别在于 fscanf( )和 fprintf( )的读写对象不是键盘和显示器，而是磁盘文件。

这两个函数的原型为

```
int fscanf( FILE *fp, char *format, 参数列表);
int fprintf( FILE *fp, char *format, 参数列表);
```

其中，fp 为文件指针；format 为格式控制字符串。与 scanf( )和 printf( )相比，它们仅仅多了一个 fp 参数。例如：

```
FILE *fp;
int i, j;
char *str, ch;
fscanf(fp, "%d %s", &i, str);
fprintf(fp,"%d %c", j, ch);
```

fprintf( )返回成功写入字符的个数，失败则返回负数。fscanf( )返回参数列表中被成功赋值的参数个数。

【例 9-9】 用 fscanf( )函数和 fprintf( )函数来完成对学生信息的读写。

```
#include<stdio.h>
#include<stdlib.h>
#define N 2
struct stu
{
    char name[10];
    int num;
    int age;
    float score;
} boya[N], boyb[N], *pa, *pb;
int main()
{
    FILE *fp;
    int i;
    pa=boya;
    pb=boyb;
    if( (fp=fopen("D:\\demo.txt","wt+")) == NULL )
    {
        puts("Fail to open file!");
        exit(0);
    }
```

```
    //从键盘读入数据，保存到boya
    printf("Input data:\n");
    for(i=0; i<N; i++,pa++)
    {
       scanf("%s %d %d %f", pa->name, &pa->num, &pa->age, &pa->score);
    }
    pa = boya;
    //将boya中的数据写入到文件
    for(i=0; i<N; i++,pa++)
    {
       fprintf(fp,"%s %d %d %f\n", pa->name, pa->num, pa->age, pa->score);
    }
    rewind(fp);      /* 重置文件指针 */
    //从文件中读取数据，保存到boyb
    for(i=0; i<N; i++,pb++)
    {
       fscanf(fp, "%s %d %d %f\n", pb->name, &pb->num, &pb->age,
              &pb->score);
    }
    pb=boyb;
    //将boyb中的数据输出到显示器
    for(i=0; i<N; i++,pb++)
    {
       printf("%s  %d  %d  %f\n", pb->name, pb->num, pb->age, pb->score);
    }
    fclose(fp);
    system("pause");
    return 0;
}
```

运行结果如图 9-6 所示。

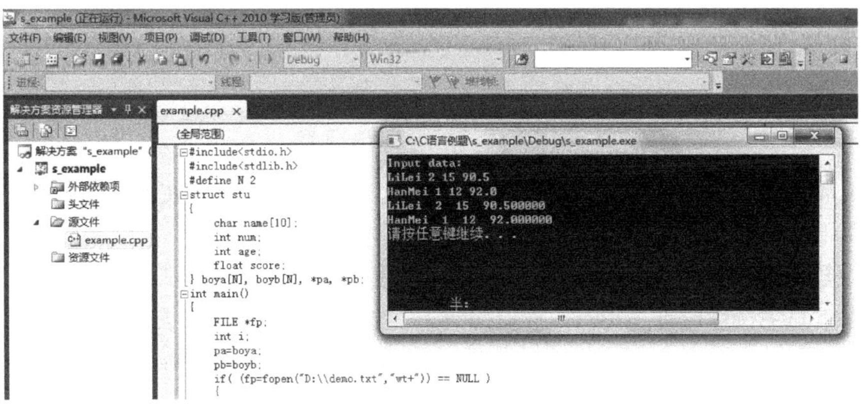

图 9-6　例 9-9 程序运行结果

打开 D:\\demo.txt，发现文件的内容是可以阅读的，格式非常清晰，如图 9-7 所示。

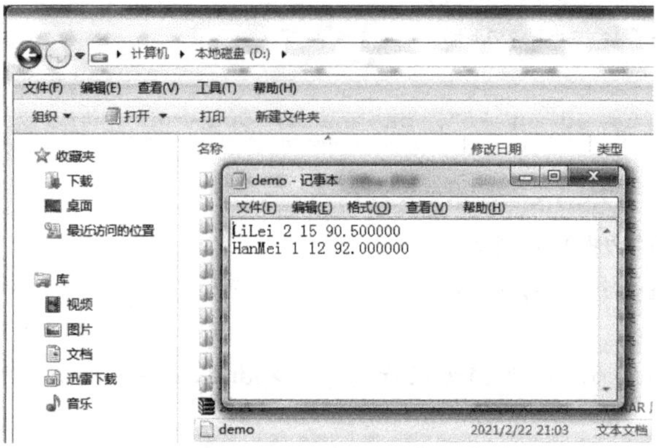

图 9-7　demo 文件内容可阅读

用 fprintf( )函数和 fscanf( )函数读写配置文件、日志文件会非常方便，不但程序能够识别，用户也可以看懂，还可以手动修改。

如果将 fp 设置为 stdin，那么 fscanf( )函数将会从键盘读取数据，与 scanf( )的作用相同；设置为 stdout，那么 fprintf( )函数将会向显示器输出内容，与 printf( )的作用相同。例如：

```
#include<stdio.h>
int main()
{
    int a, b, sum;
    fprintf(stdout, "Input two numbers: ");
    fscanf(stdin, "%d %d", &a, &b);
    sum = a + b;
    fprintf(stdout, "sum=%d\n", sum);
    return 0;
}
```

运行结果：

```
Input two numbers: 10 20
sum=30
```

读函数 fread( )和写函数 fwrite( )从功能角度来说，可以完成文件的任何读写操作。为了方便起见，文件读写函数选用原则如下：

（1）读写一个字符（或字节）时选用 fgetc( )和 fputc( )，也可对二进制文件进行读写。

（2）读写字符串时选用 fgets( )和 fputs( )，对二进制文件操作无意义。

（3）读写一个或多个不含格式的数据时选用函数 fread( )和 fwrite( )，主要对二进制文件进行读写，也可对文本文件进行读写。

（4）读写一个或多个含格式的数据时选用 fscanf( )和 fprintf( )，主要对文本文件进行读写，对二进制文件操作无意义。

9.3.5　随机读写文件

前面介绍的文件读写函数都是顺序读写，即读写文件只能从头开始，依次读写各个数据。但在实际开发中经常需要读写文件的中间部分，要解决这个问题，就得先移动文件内部的位置指针，再进行读写。这种读写方式称为随机读写，也就是说从文件的任意位置开始读写。

实现随机读写的关键是要按要求移动位置指针，这称为文件的定位。

1. 文件定位函数：rewind( )和 fseek( )

移动文件内部位置指针的函数主要有两个，即 rewind( )和 fseek( )。

rewind( )用来将位置指针移动到文件开头，它的原型为

```
void rewind( FILE *fp );
```

fseek( )用来将位置指针移动到任意位置，它的原型为

```
int fseek( FILE *fp, long offset, int origin );
```

例如，把位置指针移动到离文件开头 100 个字节处：

```
fseek(fp, 100, 0);
```

2. 文件的随机读写

在移动位置指针之后，就可以用前面介绍的任何一种读写函数进行读写了。由于是二进制文件，因此常用 fread( )和 fwrite( )读写。

【例 9-10】从键盘输入三组学生信息，保存到文件中，然后读取第二个学生的信息。

```
#include<stdio.h>
#include<stdlib.h>
#define N 3
struct stu
{
    char name[10];
    int num;
    int age;
    float score;
}boys[N], boy, *pboys;
int main()
{
```

```
    FILE *fp;
    int i;
    pboys = boys;
    if( (fp=fopen("D:\\demo.txt", "wb+")) == NULL )
    {
        printf("Cannot open file, press any key to exit!\n");
        getch();
        exit(1);
    }
    printf("Input data:\n");
    for(i=0; i<N; i++,pboys++)
    {
        scanf("%s %d %d %f", pboys->name, &pboys->num, &pboys->age,
        &pboys->score);
    }
    fwrite(boys, sizeof(struct stu), N, fp);     /* 写入三条学生信息 */
    fseek(fp, sizeof(struct stu), SEEK_SET);     /* 移动位置指针 */
    fread(&boy, sizeof(struct stu), 1, fp);      /* 读取一条学生信息 */
    printf("%s  %d  %d %f\n", boy.name, boy.num, boy.age, boy.score);
    fclose(fp);
    system("pause");
    return 0;
}
```

运行结果如图 9-8 所示。

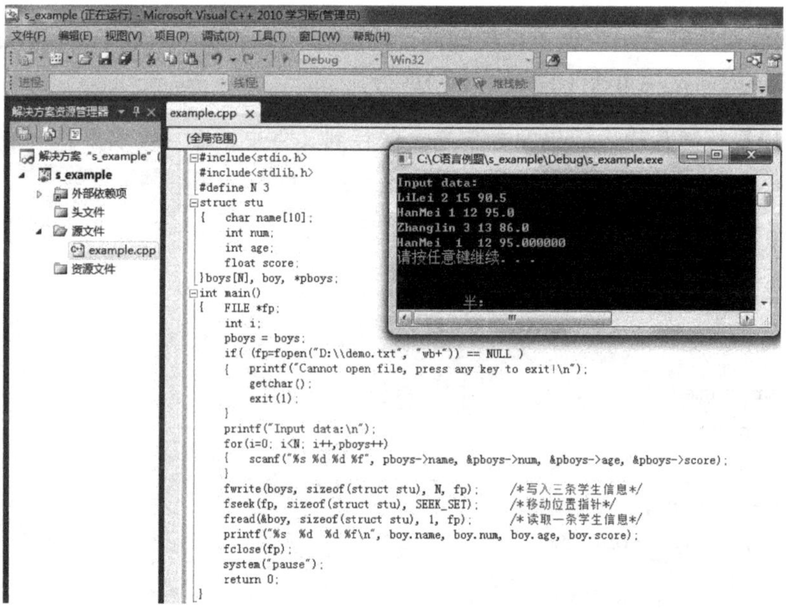

图 9-8　例 9-10 程序运行结果

9.4　文件位置指针函数

1. 文件指针与文件位置指针

文件指针与文件位置指针是两个完全不同的概念。

文件指针：是指在程序中定义的 FILE 类型的变量，通过调用 fopen( )函数给文件指针赋值，使文件指针和某个文件建立联系，C 程序中通过文件指针实现对文件的各种操作。

文件位置指针：文件中有一个读写位置指针，指向当前读写的位置。当通过 fopen( )函数打开文件时，可以认为文件位置指针总是指向文件的开头、第一个数据之前。当文件位置指针指向文件的末尾时，表示文件结束。当进行读操作时，总是从文件位置指针所指位置开始，读其后的数据，然后位置指针移到尚未读的数据之前，以备指示下一次的读或写操作。当进行写操作时，总是从文件位置指针所指位置开始写，然后移到刚写入的数据之后，以备指示下一次输出的起始位置。

2. 文件的定位

通常，如果顺序读写一个文件，每次读写 1 个（或 1 组）数据后，该位置指针自动移到下一个读写位置上，称为顺序读写文件。而随机存取文件，可以使用文件指针定位函数 rewind( )、fseek( )、ftell( )强制使位置指针指向其他指定的位置，然后再进行读写操作。

9.4.1　fseek( )定位函数

在访问文件时，定位文件中的指定位置，读写该位置上的数据，可通过调用 fseek( )函数，将位置指针移动到文件中的任何一个地方。fseek( )函数一般用于二进制文件。

fseek( )函数原型：

```
int fseek(FILE *fp, long offset, int whence);
```

其中，fp 为文件指针；offset 为偏移量；whcnce 表示起始位置，也可用 origin 表示。

函数功能：随机改变文件的位置指针，即指定文件的位置指针，从参照点开始，移动指定的字节数。

（1）偏移量（offset）：以参照点为起点，向前（当偏移量>0 时）或后（当偏移量<0 时）移动的字节数。在 ANSI C 标准中，要求偏移量为 long int 型数据。

（2）起始位置（whence）参照点：用 0（文件头）、1（当前位置）和 2（文件尾）表示。

在 ANSI C 标准中，还规定了以下名字：

SEEK_SET(0)：文件头

SEEK_CUR(1)：文件当前位置

SEEK_END(2)：文件尾

9.4.2 rewind( )复位函数

将文件指针复位，可调用 rewind( )函数。

rewind( )函数原型：

```
void rewind(FILE *fp);
```

其中，fp 为文件指针。

函数功能：使文件位置指针重新返回文件开头。

【例 9-11】读者自行创建一个磁盘文件，第一次读它的内容并在屏幕上显示，第二次把它复制到另一个文件上。

程序代码如下：

```
#include<stdio.h>
void main()
{
  FILE  *fp1, *fp2;
  fp1 = fopen("datafile1.c", "r");
  fp2 = fopen("datafile2.c", "w");
  while  (!feof(fp1)
    putchar(getc(fp1));
  rewind(fp1);
  while  (!feof(fp1)
      putc(getc(fp1),fp2);
  fclose(fp1);
  fclose(fp2);
}
```

在第一次读取文件内容并显示在屏幕上时，文件 file1.c 的位置指针已指到文件末尾，feof 的值为非 0（真）值。执行函数 rewind( )使文件的位置指针重新定位于文件开头，并使 feof( )函数的值恢复为 0（假）。

9.4.3 ftell( )查询函数

ftell( )函数原型：

```
long ftell(FILE *fp);
```

其中，fp 为文件指针。

返回值：若成功，返回当前文件指针位置（用相对于文件头的偏移量表示）；若出错，返回–1L（“L”表示偏移量是长整型）。

在程序中，通过 ftell( )获得文件指针位置后，如果认为需要前后移动一段距离再读写文件，可以使用 fseek( )函数再进行文件指针的定位。

9.5　文件检测函数

9.5.1　feof( )文件结束检测函数

feof( )函数原型：

```
int  feof(FILE *fp)
```

该函数接受文件指针作为参数，并在文件结束时返回 0（假），在文件已结束时返回真。其常见的使用情况如下：

```
FILE  *fp;
fp = fopen("filename","w+");
if (!fp)
  {  printf("Failed in  opening  file %s.\n", "filename ");
     exit(1);}
  while(!feof(fp))        /*若文件还没有结束，则一直循环*/
  {
     …                    /*对文件具体的操作语句*/
   }
flolse(fp)
```

9.5.2　ferror( )文件出错检测函数

ferror( )函数原型：

```
int  ferror(FILE  *fp);
```

函数功能：如果函数返回值为 0，表示读取文件时未出错；否则，表示出错。该函数接受文件指针作为参数，并在文件结束时返回 0（假），在文件已结束时返回真。

函数用法：

```
if  (ferror(fp))       /*检测是否发生文件访问错误*/
 { … }                 /*若发生错误，则执行此处的错误处理代码*/
```

相当多的文件访问函数在遇到文件结束标志和文件访问错误时返回同样的值，因此程序必须调用 ferror( )或 feof( )函数检测究竟是到达文件结尾还是发生了错误。

说明：

（1）对同一文件，每次调用输入输出函数均产生一个新的 ferror( )函数值。因此在调用输入输出函数后，应立即检测，否则出错信息会丢失。

（2）在执行 fopen( )函数时，系统将 ferror( )的值自动置 0。

9.5.3 clearerr( )清除函数

clearerr( )函数用于清除出错标志和文件结束标志，使它们为0值。该函数的调用形式为

```
clearerr(FILE *stream );
```

其中，stream为指向文件的指针。

假设在调用一个输入输出函数时出现错误，ferror( )函数值为一个非 0 值。在调用clearerr(fp)后，ferror(fp)的值变成0，只要出现错误标志，就一直保留，直到对同一文件调用clearerr( )或rewind( )函数，或任何一个输入输出函数为止。

9.6 exit( )函数

9.6.1 exit( )函数定义与使用

exit( )函数所在头文件为stdlib.h。

exit( )函数功能：使程序立即终止执行，同时将缓冲区中剩余的数据输出，关闭所有已经打开的文件。

返回值：无。

exit( )函数原型：

```
void exit(int status)
```

其中，参数 status 为程序退出的返回值。status为0值表示程序正常终止，为非0值表示异常退出。

exit( )的参数会被传递给操作系统，以供其他程序使用。

9.6.2 exit( )函数与return语句的比较

（1）exit( )是一个函数；return语句返回函数值，其中return是关键字。

（2）exit( )是系统调用级别的，是进程的退出；return是语句级别的，是函数的退出（返回）。

（3）在main( )函数中调用exit( )函数和执行return语句，多数情况下结果都是一致的，两者区分度并不高。而在非main( )函数中调用exit( )函数和执行return语句结果明显不同。

9.7 文件程序案例

输入100名学生的“C语言程序设计”课程的期中考试成绩和期末考试成绩，总评成绩的计算方法是：总评成绩=期中成绩×30%+期末成绩×70%，同时为每名学生增加一个数据项，根据总评成绩给出评语：90～100 excellent（优），70～89 satisfactory（良），

60～69 pass（合格），0～59 failure（不及格），根据这项数据统计全班的分数段情况，输出分数段情况并要求能根据给定的学生姓名进行查询。所有计算结果不在屏幕上显示，而是将 100 名学生的情况存入文件 student.dat 中，并将分数段统计情况存入文件 GRADE.dat 中。

程序代码如下：

```
#include<stdio.h>
#include<string.h>
#include<process.h>
#define SIZE  100

typedef struct student
{
  char name[20];
  int  score[4];
} STUDENT;

typedef  enum section
{
  failure=2,pass,satisfactory,excellent
} SECTION;

typedef  enum  boolen
{
  False, True
} FLAG;

int accept_data(STUDENT stu[],int grade[]);
int subsecet(int score, int grade[]);
void write_data(STUDENT stu[],int sum);
void write_grade(int grade[]);

void main()
{
  int  sum;
  int grade[6]={0};
  STUDENT  stu[SIZE];
  sum=accept_data(stu,grade);    /*输入数据，其中 sum 为总人数*/
  write_data(stu,sum);
  write_grade(grade);
}
```

```
int accept_data(STUDENT stu[],int grade[])
{
  int i=0,sum=0,temp;
  FLAG flag;
  while (i<SIZE)
  {
     printf("请输入学生的姓名：");
     scanf("%s",stu[i].name );                  /*输入学生的姓名 */
     if (strcmp(stu[i].name), "***")==0)        /*若是"***"跳出循环 */
      {
         sum=i;
         break;
      }
      printf("请输入学生的期中、期末两项成绩：");
      flag=True;
      while (flag==True)              /*重复读入两项成绩，读到正确的为止 */
      {
        scanf("d%d%",&stu[i].score[0],&stu[i].score[1]);
        if  (stu[i].score[0])<=100&&stu[i].score[0]>=0&&\
            stu[i].score[1]<=100&&stu[i].score[1]>=0)
               flag=False;
        else
              printf("\007错误数据！请再次输入学生的两项成绩：");
      }
     temp=(int)(.3*stu[i].score[0]+.7* stu[i].score[1] ); /*计算总评成绩 */
     stu[i].score[2]=temp;
     stu[i].score[3]= subsect(stu[i].score[2],grade); /*赋值给评语对应的枚举值 */
     i++;
  }
  return sum;
}

int subsect(int score, int grade[])
 {
   int  s;
   SECTION  se;
   s=score/10;
   switch(s)
   {
     case 0:  case 1:  case 2:  case 3:  case 4:
     case 5:  se=failure;grade[2]= grade[2]+1;break;
     case 6:  se=pass;grade[3]= grade[3]+1;break;
```

```
    case 7:  case 8:  se=satisfactory; grade[4]= grade[4]+1;break;
    case 9:  case 10 : se=excellent; grade[5]= grade[5]+1;break;
   }
  return se;
 }

void write_data(STUDENT stu[],int sum )
{
   FILE *f;
   int  temp;
   if ((f=fopen("C:\\STUDENT.dat", "wb")==NULL) /*打开文件 STUDENT.dat */
    {
      printf("文件 STUDENT.dat 打开错误\n");
      exit(1);
    }
   temp=fwrite(stu,sizeof(STUDENT),sum,f);  /*将数组 stu 的 sum 数据一次写入文件*/
   if (temp!=sum)
    {
      printf("文件 STUDENT.dat 写错误\n");
      exit(1);
    }
  fclose(f);
}

void write_grade(int grade[])
{
  FILE *f;
  if ((f=fopen("C:\\GRADE.dat", "wb"))==NULL)  /*打开文件 GRADE.dat */
  {
    printf("文件 GRADE.dat 打开错误\n");
    exit(1);
  }
 if ((fwrite(grade,sizeof(int),6,f)!=6)  /*将数组 grade 的 6 个整数一次写入文件*/
 {
    printf("文件 GRADE.dat 打开错误\n");
    exit(1);
 }
fclose(f);

}
```

根据上述程序产生的文件，输出分数段情况并能根据给定的学生姓名进行查询。

```
#include<stdio.h>
```

```
#include<string.h>
#include<process.h>
#define SIZE 100

typedef struct student
{
   char name[20];
   int score[4];
} STUDENT;

typedef  enum section
{
   failure=2,pass,satisfactory,excellent
} SECTION;

typedef  enum  boolen
{
   False, True
} FLAG;

void show_data(STUDENT stu[], int grade[], int sum);
void query(STUDENT stu[], int sum);
void read_data(STUDENT stu[], int sum);
int read_grade(int grade[]);

void main()
{
   int sum;
   int grade[6]={0};
   STUDENT  stu[SIZE];
   sum=read_grade(grade);         /*从文件中读 grade 数组， sum 为总人数*/
   printf("总人数为%d",sum);
   read_data(stu,sum);
   show_grade(stu,grade,sum);     /*输出所有学生的姓名、期中、期末和总评成绩*/
   query(stu,sum);                /*查询某个学生的总评成绩*/
}

 void show_data(STUDENT stu[],int grade[],int sum)
 {
  int i,j;
  char *sub_string[]={"  ", "  ", "不及格", "合格", "良", "优"  };
  for (i=0;i<sum;i++)             /*输出所有学生的姓名、期中、期末和总评成绩*/
```

```
  {
    printf("%20s ", stu[i].name );
    for (j=0;j<3;j++ )
       printf("%4d ", stu[i].score[j] );
    printf("%s ", sub_string(stu[i].score[3]));
    printf("\n ");
  }
  printf(" 本班学生人数为%d. ", sum);   /*显示全部学生数 */
  for (i=2; i<=6; i++ )                /*显示分数段人数 */
    printf("分数为是%s 的人数有", sub_string[i],grade[i]);
}
void query(STUDENT stu[],int sum)
{
    char  temp_name[80];
    int  i;
    printf("请输入需要查询的学生姓名: "); /*显示全部学生数 */
    scanf(" %s ",temp_name );
    for  (i=0; i<sum; i++ )
    {
      if(strcmp(stu[i].name, temp_name)==0 )
       {
         printf("%s  %d\n", stu.name,stu[i].score[2]] ); /*显示成功输出总评成绩 */
         break;    /*跳出循环*/
       }
    }
    if  (i==sum)  printf("抱歉，未找到!\n");
}
void read_data(STUDENT stu[],int sum)
{
    int  i;
    FILE *f;
    if((f=fopen("C:\\STUDENT.dat", "rb"))==NULL)
      {
        printf("文件 STUDENT.dat 打开失败!\n");
        exit(1);
      }
    for  (i=0;i<sum:i++)
      if  (fread(&stu[i],sizeof(STUDENT),1,F)!=1)   /*一次读 入一个结构体*/
     {
       pintf("文件 STUDENT.dat 读错误\n");
       exit(1);
      }
```

```
    fclos(f);
  }

  int read_grade( int grade[])
    {
      int  i, sum=0;
      FILE  *f;
      if ( f=fopen("C:\\ GRADE.dat", "rb")==NULL ) /*打开文件 GRADE.dat */
       {
         pintf  ("文件 GRADE.dat 打开失败! \n");
         exit(1);
       }
    }
  if  ((fread, (grade, sizeof(int),6,f)!= 6 )  /*读入数据到 grade 数组*/
    {  printf("文件 GRADE.dat 读错误! \n");
       exit(1);
    }
  for  (i=2; i<6; i++)
     sum=sum+grade[i];       /*计算总人数*/
  fclose(f);
  return  sum;
}
```

9.8 答疑解惑

1. 二进制文件与文本文件在换行规则有没有区别?

C 程序与文件的访问中，经常涉及换行操作。二进制文件与文本文件在换行规则上略有差别。

在 Unix 和 Linux 系统中，无论是二进制文件还是文本文件，均是以单字节 LF Line-feed 作为文件中的换行符。

由于 C 语言是在 Unix 系统上提出并发展起来的，故 C 语言中的换行规则与 Unix 系统文件中的换行规则是一致的，使用 LF 即'\n'表示换行。因此 C 语言程序访问 Unix/Linux 系统中的文件时，可直接访问，不需要转换。而在 Windows 系统中，文本文件使用 ASCII 值为 13（0x0D）的回车符 CR（carriage-return）以及 ASCII 值为 10（0x0A）的换行符 LF 这两个符号，即双字节 CR-LF（0x0D 0x0A）的'r'、'\n'作为文本文件的换行符。与 C 语言程序中的换行符不一致。

因此，若使用 C 语言程序访问 Windows 系统中的文本文件，针对换行符的差异，就必须多一层转换。如果把 C 程序中数据以文本的方式写入文件时，需要把 C 程序中的'\n'转换为'r'和'\n'这两个字符后，再写入文本文件；当 C 程序以文本方式读取文本文件中的数据时，需要把文本文件中连续出现的两个字符'r'、'\n'转换为一个字符'\n'后，送给 C 程序。

说明：Windows 系统的文本文件中，回车'\r'和换行'\n'的含义如下：

回车'\r'：表示光标回到该行的行首处；

换行'\n'：表示光标从当前行该列位置移动到下一行对应的该列位置。

2. stdin、stout、stderr 是指什么？

stdin、stout、stderr 是在 stdio.h 头文件中定义的三个文件指针，在 C 程序开始运行时，系统将它们指向 3 个自动打开的标准文件，stdin 指向标准输入文件，通常是指键盘；stout 指向标准输出文件，通常是指显示器；stderr 指向标准错误文件。

因此，从终端输入或输出都不需要打开终端文件，这是由系统自动完成的。注意：这三个文件指针是常量指针，不能被重新赋值。

3. 为什么下列操作无法打开文件？

```
#include<stdio.h>
void main()
{  FILE * fp=fopen("C:\test.txt","w"); }
```

程序的原意是打开 C 盘根目录下的文件 test.txt。但在 C 语言中“\”是转义字符，因此文件路径中的“\”应该换用“\\”表示，否则将会出现错误。按照程序原意，应修改为

```
#include<stdio.h>
void main()
{  FILE * fp=fopen("C: \\test.txt","w");
}
```

4. 缓冲和非缓冲文件系统

C 语言中文件系统可分为两大类，一种是缓冲文件系统也称为标准文件系统，另一种是非缓冲文件系统。ANSI C 标准中只采用缓冲文件系统。

缓冲文件系统：系统自动为每个打开的文件在内存开辟一块缓冲区，缓冲区的大小一般由系统决定。当程序向文件中输出（写入）数据时，程序先把数据输出到缓冲区，待缓冲区满或数据输出完成后，再把数据从缓冲区输出到文件；当程序从文件输入（读取）数据时，先把数据输入到缓冲区，待缓冲区满或数据输入完成后，再把数据从缓冲区逐个输入到程序。

非缓冲文件系统：系统不自动为打开的文件开辟内存缓冲区，由程序设计者自行设置缓冲区及大小。

带缓冲区文件系统的好处是减少对磁盘等外存文件的操作次数，先把数据读取（写入）到缓冲区中，相当于把缓冲区中的数据一次性与内存交互，提高了访问速度和设备利用率。

一般把带缓冲文件系统的输入输出称作标准输入输出（标准 I/O），而非缓冲文件系

统的输入输出称为系统输入输出（系统 I/O）。

ANSI C 为正在使用的每个文件分配一个文件信息区，该信息区中包含文件描述信息、 该文件所使用的缓冲区大小及缓冲区位置、该文件当前读写到的位置等基本信息。这些信息保存在一个结构体类型变量中，该结构体类型为 FILE 在 stdio.h 头文件中定义，不允许用户改变。

每个 C 编译系统 stdio.h 文件中的 FILE 定义可能会稍有差别，但均包含文件读写的基本信息。

习 题 9

9.1 填空题

1. 给定程序的功能是调用 fun( )函数建立班级通讯录。通讯录中记录每位学生的编号、姓名和电话号码。班级人数和学生信息从键盘读入，每个人的信息作为一个数据块写到名为 myfile1.dat 的二进制文件中。

请在程序的下划线处填入正确的内容并把下划线删除，使程序得出正确的结果。

```
#include<stdio.h>
#include<stdlib.h>
#define N 5
typedef struct
{  int num;
   char name[10];
   char tel[10];
}STYPE;

void check();
int fun(______   *std)
{
            ______   *fp; int i;
  if((fp=fopen("myfile1.dat","wb"))==NULL)
  return(0);
  printf("\nOutput data to file!\n");
  for(i=0; i<N; i++)
    fwrite(&std[i],  sizeof(STYPE),1,    ______);
  fclose(fp);
  return (1);
}

void main()
{ STYPE s[10]={ {1,"aaaaa","111111"},{1,"bbbbb","222222"},{1,"ccccc","333333"},
                {1,"ddddd","444444"},{1,"eeeee", "555555"}};
```

```
 int k;
 k=fun(s);
 if (k==1)
 { printf("Succeed!");   check();}
 else
   printf("Fail!");
}

void   check()
{ FILE *fp; int i;
  STYPE s[10];
  if((fp=fopen("myfile5.dat","rb"))==NULL)
  { printf("Fail !!\n"); exit(0);}
    printf("\nRead file and output toscreen :\n");
    printf("\n   num   name   tel\n");
  for(i=0;   i<N;   i++)
   { fread(&s[i],sizeof(STYPE),1, fp);
     printf("%6d  %s  %s\n",s[i].num,s[i].name,s[i].tel);
   }
   fclose(fp);
}
```

2. 给定程序中，函数 fun( )的功能是：将自然数 1 ～ 10 以及它们的平方根写到名为 myfile2.txt 的文本文件中，然后再顺序读出显示在屏幕上。

请在程序的下划线处填入正确的内容并把下划线删除，使程序得出正确的结果。

```
#include<math.h>
#include<stdio.h>
Int fun(char *fname)
{  FILE *fp;int i,n; float x;
   if((fp=fopen(fname, "w"))==NULL)
      return 0;
   for(i=1;i<=10;i++)
     fprintf(______,"%d %f\n",i, sqrt((double)i));
       printf("\nSucceed!! \n");
         ______;
         printf("\nThe data in file:\n");
         if((fp=fopen(______,"r"))==NULL)
            return 0;
         fscanf(fp,"%d%f",&n,&x);
         while(!feof(fp))
           {   printf("%d %f\n",n,x);
               fscanf(fp, "%d%f",&n,&x);}
```

```
        fclose(fp);
    return 1;
}
main()
{ char fname[]="myfile2.txt";
  fun(fname);
}
```

实验项目 9　文件操作

【实验目的】

（1）理解文件类型指针的概念和定义方法；

（2）理解文件操作的顺序：打开→读写→关闭；

（3）熟悉字符、字符串、数据块、格式化读写函数的使用方法；

（4）了解常用文件函数的使用方法。

【实验内容】

一、基础题

1. 首先阅读并理解如下程序，然后输入程序代码，最后调试运行程序并分析运行结果。

```
#include<stdio.h>
#include<stdlib.h>
int main()
{
    FILE *fp;
    char ch,c;
    if((fp=fopen("备忘录.txt","a+"))==0)
    {
        printf("Can't open this file\n");
        exit(0);
    }
    printf("是否查看原文件内容？Y  or  N\n");
    ch=getchar();
    if(ch=='Y'||ch=='y')
    while((c=fgetc(fp))!=EOF)
      putchar(c);
    printf("\n");
    getchar();
    printf("是否添加新内容？Y  or  N\n");
    ch=getchar();
    printf("请输入新内容：\n");
    if(ch=='Y'||ch=='y')
        getchar();
    while((c=getchar())!='\n')
        fputc(c,fp);
    fclose(fp);
    return 0;
}
```

2. 有两个磁盘文件 A 和 B，各存放一行字母，要求把这两个文件中的信息合并（按字母顺序排列），输出到一个新文件 C 中。

【提示】先读取 A、B 两个文件里面的内容分别存入两个数组中，然后再将两个数组中的字符串进行拼接使用 strcat( )函数，最后对拼接后的字符串进行排序。

二、提高题

1. 按下述结构自行新建一个磁盘文件 emp.dat 存放职工记录，并自行录入若干条记录。记录结构如下：

```
struct emp{char no[6];       /* 工号 */
           char name[8];     /* 姓名 */
           char gender;      /* 性别 ('0': 女,'1': 男) */}
```

编写程序，统计男女人数及百分比。

2. 按以下要求编写程序：

（1）编写函数 int flag(int x0,int x1,int d[],int *p)，其功能是：找出 x0 至 x1 之间所有能被 4 整除且至少有一位数字是 6 的整数，并把这些整数依次存入 d 指向的数组中。统计这些整数中数字 6 出现的次数，并将统计结果存入 p 指向的变量中。函数返回值为 d 数组中整数的个数。

（2）编写 main( )函数调用函数 flag( )，求出 24 至 100 之间所有满足条件的整数，并将这些整数以及在这些整数中数字 6 出现的次数写入结果文件 myf2.out 中。

参 考 文 献

蔡苏北, 范志军. 2020. 大话 C 语言. 北京: 清华大学出版社.

陈付龙, 李杰. 2020. C 语言程序设计教程. 北京: 科学出版社.

郭伟青, 赵建锋, 何朝阳, 等. 2021. C 程序设计(微课版). 北京: 清华大学出版社.

郭晓利, 朱剑锋. 2015. C 语言程序设计实用教程. 西安: 西安电子科技大学出版社.

何钦铭, 颜晖. 2021. C 语言程序设计. 4 版. 北京: 高等教育出版社.

吉根林, 陈波. 2018. C 语言程序设计实践教程. 北京: 科学出版社.

教育部考试中心. 2020. 全国计算机等级考试二级教程——C 语言程序设计(2021 年版). 北京: 高等教育出版社.

鞠慧敏, 李红豫, 梁爱华. 2021. C 语言程序设计. 4 版. 北京: 清华大学出版社.

李丽娟. 2019. C 语言程序设计教程. 5 版. 北京: 人民邮电出版社.

李丽娟. 2019. C 语言程序设计教程实验指导与习题解答. 5 版. 北京: 人民邮电出版社.

刘白林. 2013. C 语言程序设计基础. 北京: 北京航空航天大学出版社.

刘兆宏, 温荷, 王会. 2017. C 语言程序设计案例教程. 3 版. 北京: 清华大学出版社.

刘振安, 刘燕君. 2014. C 语言解惑. 北京: 机械工业出版社.

刘振安, 刘燕君. 2016. C 语言解惑——指针、数组、函数和多文件编. 北京: 机械工业出版社.

孟东霞. 2019. C 语言程序设计习题与实验指导. 北京: 人民邮电出版社.

苏小红, 王甜甜, 赵玲玲, 等. 2019. C 语言程序设计学习指导. 4 版. 北京: 高等教育出版社.

苏小红, 赵玲玲, 孙志岗, 等. 2019. C 语言程序设计. 4 版. 北京: 高等教育出版社.

谭浩强. 2017. C 程序设计. 5 版. 北京: 清华大学出版社.

谭浩强. 2017. C 程序设计实验指导. 5 版. 北京: 清华大学出版社.

熊锡义, 林宗朝. 2018. C 语言程序设计案例教程. 4 版. 大连: 大连理工大学出版社.

徐国华, 王瑶, 侯小毛. 2021. C 语言程序设计(慕课版). 2 版. 北京: 人民邮电出版社.

颜晖, 张泳, 张高燕, 等. 2020. C 语言程序设计实验与习题指导. 4 版. 北京: 高等教育出版社.

杨东芳. 2018. C 语言程序设计项目教程. 上海: 上海交通大学出版社.

杨宏霞, 赵彩, 江若玫, 等. 2021. C 语言程序设计实践教程. 北京: 清华大学出版社.

雍俊海. 2017. C 程序设计. 北京: 清华大学出版社.

张莉. 2019. C 程序设计案例教程. 北京: 清华大学出版社.

赵彩, 杨宏霞, 丁凰, 等. 2021. C 语言程序设计(微课版). 北京: 清华大学出版社.

钟家民, 周晏, 张珊靓. 2018. C 程序设计案例教程. 北京: 清华大学出版社.

Etter D M. 2017. 工程问题 C 语言求解. 4 版. 宫晓利, 周阳, 张金 译. 北京: 机械工业出版社.

Feuer A R. 2016. C 语言解惑. 杨涛, 王建桥, 杨晓云 译. 北京: 人民邮电出版社.

Kernighan B W, Ritchie D M. 2013. C 程序设计语言. 2 版. 徐宝文, 李志 译. 北京: 机械工业出版社.

Prata S. 2016. C Primer Plus. 6 版. 姜佑 译. 北京: 人民邮电出版社.

Reek K A. 2020. C 和指针. 徐波 译. 北京: 人民邮电出版社.

附录　C 语言常见编译错误信息

C 语言程序常见编译错误信息分三类：致命错误、一般错误、警告信息。

（1）致命错误（fatal error）：很少出现，它通常是内部编译出错。在发生致命错误时，编译立即停止，必须采取一些适当的措施并重新编译。

（2）一般错误（error）：指程序的语法错误以及磁盘、内存或命令行错误等。编译程序将完成现阶段的编译，然后停止。编译程序在每个阶段（预处理、语法分析、优化、代码生成）将尽可能多地找出源程序中的错误。

（3）警告信息（warning）：不阻止编译继续进行。它指出一些值得怀疑的情况，而这些情况本身又可以作为源程序的一部分。一旦在源文件中使用与机器有关的结构，编译程序就将产生警告信息。

编译程序给出这三类出错信息，指出源文件名和发现出错的行号，输出出错原因。

注意出错信息处有关行号的一个细节：编译程序仅产生检测到的信息。因为 C 语言不限定在正文的某行设置语句，这样，真正产生错误的行可能在指出行号的前一行或前几行。下面按字母顺序分别列出这三类出错信息。

1. 致命错误

（1）`irreducible expression tree`

这种错误是指源文件行中的表达式太复杂。编译系统中的代码生成程序不能为它产生代码，因此，这种表达式应避免使用。

（2）`bad call of in-line function`

在使用一个宏定义的内部函数时，未能正确调用。一个内部函数以两个下划线（_ _）开始和结束。

（3）`register allocation failure`

寄存器分配失败。源文件中的表达式太复杂，代码生成程序无法为它生成代码。此时应简化这种烦琐的表达式或干脆避免使用它。

2. 一般错误

（1）`#operator not followed by macro argument name`

“#”运算符后没有跟宏变量名。在宏定义中，“#”用来标识一宏变量名。

（2）`xxxxxxxx not an argument`

xxxxxxxx 不是函数参数。在源程序中将该标识符定义为一个函数参数，但此标识符没有在函数的参数表中出现。

（3）`argument # missing name`

参数 # 名丢失。参数名已脱离用于定义函数的函数原型。如果函数以原型定义，则该函数必须包含所有的参数名。

(4) argument list syntax error

参数表出现语法错误。函数调用的一组参数中间必须以逗号隔开，并以一右括号结束。若源文件中含有一个其后不是逗号也不是右括号的参数，则出现此错误。

(5) array bound missing

数组的界限符“]”丢失。在源文件中定义了一个数组，但此数组没有以一右方括号结束。

(6) array size too large

数组长度过大。若定义的数组太大，则可用内存不够。

(7) assembler statement too long

汇编语句太长。直接插入的汇编语句最长不能超过 480 字节。

(8) bad configuration file

配置文件不正确。配置文件命令选择项必须以一短横线（-）开始。

(9) bad file name format in include directive

包含命令中文件名格式不正确。包含文件名必须用引号（"filename.h"）或尖括号（<filename.h>）括起来，否则将产生此类错误。

(10) bad file size syntax

位字段长语法错误。一个位字段长必须是 1 ～ 16 位的常量表达式。

(11) call of non-function

调用未定义的函数。通常是由于不正确的函数声明或函数名拼写错引起的。

(12) can not modify a constant object

不能修改一个常量对象。对定义为常量的对象进行不合法操作（例如，常量的赋值）将引起本错误。

(13) case outside of switch

case 出现在 switch 外面。编译程序发现 case 语句出现在 switch 语句外面，通常是由于括号不配对引起的。

(14) case statement missing :

case 语句漏掉“:”。case 语句可能是丢了冒号或冒号前多了别的符号。

(15) case syntax error

case 语法错误。case 中有一些不正确的符号。

(16) character constant too long

字符常量太长。字符常量只能是一个或两个字符长。

(17) compound statement missing }

复合语句漏掉“}”。通常是由于花括号不配对引起的。

(18) constant expression required

要求常量表达式数组的大小必须是常量。本错误通常由#define 常量的拼写出错引起。

(19) could not find file'xxxxxxxx.xxx'

找不到 xxxxxxxx.xxx 文件。编译程序找不到命令行上给出的文件。

（20）`declaration missing ;`

声明漏掉“;”。

（21）`declaration needs type or storage class`

声明必须给出类型或存储类。

（22）`declaration syntax error`

声明出现语法错误。在源文件中，某个声明丢失了某些符号或有多余的符号。

（23）`default outside of switch`

default 在 switch 外出现。通常是由于括号不配对引起的。

（24）`define directive needs an identifier`

define 命令必须有一个标识符。define 后面的第一个非空格符必须是一标识符。

（25）`division by zero`

除数为零。源文件的常量表达式中，出现除数为零的情况。

（26）`do statement must have while`

do 语句中必须有 while。源文件中含有一无 while 关键字 do 语句时，出现本错误。

（27）`do-while statement missing (`

在 do 语句中，编译程序发现 while 关键字后无左括号。

（28）`do-while statement missing )`

do-while 语句中漏掉了右括号。

（29）`do-while statement missing ;`

do-while 语句中漏掉了分号。

（30）`duplicate case`

case 的情况值不唯一。switch 语句的每个 case 必须有一个唯一的常量表达式值。

（31）`enumeration constant syntax error`

枚举常量语法错。赋给 erum 类型变量的表达式值不为常量，产生本错误。

（32）`error writing output file`

写输出文件错。通常是由于磁盘空间引起的，可能要删除一些不必要的文件，重新编译。

（33）`expression syntax`

表达式语法错。通常是由两个连续操作符、括号不配对，以及前一语句漏掉了分号等引起的。

（34）`extra parameter in call`

调用函数时出现多余参数。调用函数时，其实际参数个数多于函数定义中的参数个数。

（35）`extra parameter in call to xxxxxxxx`

调用 xxxxxxxx 函数时出现了多余的参数。

（36）`file name too long`

文件名太长。#include 命令给出的文件名太长，编译程序无法处理。

（37）`for statement missing (`

for 语句漏掉“(”。

(38) for statement missing)

for 语句缺少“)”。

(39) function definition out of place

函数定义位置错。函数定义不可出现在另一函数内。

(40) function doesn't take variable of argument

函数不接受可变的参数个数。

(41) if statement missing (

if 语句缺少“(”。

(42) if statement missing)

if 语句缺少“)”。

(43) illegal character'c'(0xXX)

非法字符'c'(0xXX)。编译程序发现输入文件中有一些非法字符，即以十六进制形式打印的字符。

(44) illegal initialization

非法初始化。初始化必须是常量表达式，或是一个全局变量 extern，或是 static 的地址加减一常量。

(45) illegal octal digit

非法八进制数。编译程序发现一个八进制常数中包含了非八进制数字(例如 8 或 9)。

(46) illegal pointer subtraction

非法指针相减。这是由于试图以一个非指针变量减去一个指针变量而造成的。

(47) illegal structure operation

非法结构操作。结构只能使用“.”、取地址“&”和赋值“=”操作符，或作为函数的参数传递。

(48) illegal use of floating point

非法浮点运算。浮点运算分量不允许出现在移位运算符、按位逻辑运算符、条件运算符“? :”、间接运算符“*”以及其他一些运算符中。编译程序发现上述运算符中使用了浮点运算分量时，出现本错误。

(49) improper use of a typedef symbol

typedef 符号使用不当。源文件中使用了一个 typedef 符号，符号变量应出现在一个表达式中。

(50) incompatible storage class

不相容的存储类。

(51) incorrect command line argument : xxxxxxxx

不正确的命令行参数“: xxxxxxxx”。编译程序视此命令行参数是非法的。

(52) incorrect configuration file argument : xxxxxxxx

不正确的配置文件参数“: xxxxxxxx”。编译程序视此配置文件是非法的。

(53) incorrect number format

不正确的数据格式。

(54) `incorrect use of default`

default 使用错误。编译程序发现 default 关键字后缺少分号。

(55) `initialize syntax error`

初始化语法错误。初始化过程缺少或多出了运算符，或出现括号不匹配及其他不正常情况。

(56) `invalid indirection`

间接运算符错。间接运算符“*”要求非空指针作为运算分量。

(57) `invalid macro argument separator`

无效的宏参数分隔符。在宏定义中，参数必须用逗号分隔。

(58) `invalid pointer addition`

无效的指针相加。源程序中试图把两个指针相加。

(59) `invalid use of arrow`

箭头使用错误。在箭头运算符后必须跟一标识符。

(60) `invalid use of dot`

点使用错误。在点“.”运算符后必须跟一标识符。

(61) `macro argument syntax error`

宏参数语法错误。宏定义中的参数必须是一个标识符。

(62) `macro expansion too long`

宏扩展太长。一个宏扩展不能多于 4096 个字符。当宏递归扩展自身时，常出现本错误。

(63) `may complied only one file when an output file name is given`

给出一个输出文件名时，只编译一个文件。

(64) `mismatch number of parameters in definition`

函数定义中参数个数不匹配。函数定义中的参数和函数原型中提供的信息不匹配。

(65) `misplaced break`

break 位置错误。编译程序发现 break 语句在 switch 语句或循环结构之外。

(66) `misplaced continue`

continue 位置错误。编译程序发现 continue 语句在循环结构之外。

(67) `misplaced decimal point`

十进制小数点位置错误。编译程序发现浮点常数的指数部分有一个十进制小数点。

(68) `misplaced else`

else 位置错误。编译程序发现 else 语句缺少与之相匹配的 if 语句。本错误的产生，除了由于 else 多余外，还有可能由于多余的分号或漏写了大括号及前面的 if 语句出现语法错误而引起。

(69) `misplace else directive`

else 命令位置错。编译程序找不到与 else 命令相匹配的#if、#ifdef 或#ifndef 命令。

(70) `misplaced endif directive`

endif 命令位置错。编译程序找不到与#endif 命令相匹配的#if、#ifdef 或#ifndef 命令。

（71）must be addressable

必须是可编址的。取址运算符“&”作用于一个不可编址的对象，如寄存器变量。

（72）must take address of memory location

取址运算符“&”作用于不可编址的表达式。源文件中对不可编址的表达式使用了取址运算符“&”，例如，对寄存器变量。

（73）no file name ending

无文件名终止符。在#include 语句中，文件名缺少正确的闭引号“"”或右尖括号“>”。

（74）no file name giver

未给出文件名。

（75）non-portable pointer assignment

不可移植指针赋值。源程序中将一个指针赋给一个非指针或相反。但作为特例，允许把常量零值赋给一个指针。

（76）non-portable pointer comparison

不可移植指针比较。源程序中将一个指针和一个非指针（常量零除外）进行比较。

（77）non-portable pointer conversion

不可移植返回类型转换。在返回语句中的表达式类型与函数说明中的类型不同。

（78）not an allowed type

不允许的类型。在源文件中声明了几种禁止的类型，如声明函数返回一个函数或数组。

（79）out of memory

内存不够。所有工作内存耗尽，应把文件放到一台有较大内存的机器去执行或简化源程序。

（80）pointer required on left side of ->

“->”操作符左边须是一指针。在“->”的左边未出现指针。

（81）redeclaration of 'xxxxxxxx'

xxxxxxxx 重定义。此标识已经定义过。

（82）size of structure or array not known

结构体或数组大小不确定。有些表达式（例如，sizcof 或存储说明）中出现一个未定义的结构体或一个空长度数组。如果结构长度不需要，则在定义之前就可引用，如果数组不申请存储空间或者初始化时给定了长度，那么就可以定义为空长。

（83）structure of union syntax error

结构体或共用（联合）语法错误。编译程序发现在 struct 或 union 关键字后面没有标识符或左花括号“{”。

（84）structure size too large

结构体太大。源文件中说明了一个结构体，它所需的内存区域太大以致内存不够。

（85）subscripting missing]

下标缺少“]”。可能是由于漏掉、多写操作符或括号不匹配引起的。

(86) `switch statement missing (`

switch 语句缺少“(”。

(87) `switch statement missing )`

switch 语句缺少“)”。

(88) `too few parameters in call`

函数调用参数太少。对带有原型的函数调用要求给出所有参数。

(89) `too few parameter in call to 'xxxxxxxx'`

调用 xxxxxxxx 时参数太少。调用指定的函数（该函数用一原型声明）时，给出的参数太少。

(90) `too many cases`

case 太多。switch 语句最多只能有 257 个 case。

(91) `too many default cases`

default 情况太多。编译程序发现一个 switch 语句中有不止一个 default 语句。

(92) `too many initializers`

初始化太多。编译程序发现初始化比声明所允许的要多。

(93) `too many storage classes in declaration`

声明中存储类型太多。一个声明只允许有一种存储类别。

(94) `too many types in declaration`

声明中类型太多。一个声明只允许有一种基本类型：char、int、float、double、struct、union、enum 或 typedef。

(95) `too much auto memory in function`

函数中自动存储太多。当前函数声明的自动存储超过了可用的内存空间。

(96) `too much code define in file`

文件定义的代码太多。当前文件中函数的总长度超过 64K 字节。可以移去不必要的代码或把源文件分开来写。

(97) `too much global data define in file`

文件中定义的全局数据太多。全局数据声明的总数超过 64K 字节。检查一些数组的定义是否太长。如果所有的声明都是必要的，考虑重新组织程序。

(98) `two consecutive dots`

两个连续点。因为省略号包含三个点“...”，而十进制小数点和选择运算符使用一个点“.”，所以在 C 程序中出现两个连续点是不允许的。

(99) `type mismatch in parameter #`

参数“#”类型不匹配。通过一个指针访问已由原型说明的参数时，给定参数#N（从左到右 N 逐个加 1）不能转换为已声明的参数类型。

(100) `type mismatch in parameter # in call to 'xxxxxxxx'`

调用 xxxxxxxx 时参数类型不匹配。

(101) `type mismatch in redeclaration of 'xxx'`

重定义类型不匹配。源文件中把一个已经声明的变量重新声明为另一种类型。如果一个函数被调用，而后又被声明成非整型也会产生本错误。发生这种情况时，必须在第一次调用函数前给函数加上 extern 声明。

(102) `unable to create output file 'xxxxxxxx.xxx'`

不能创建输出文件 xxxxxxxx.xkx。当工作盘已满或有写保护时产生本错误。

(103) `unable to execute command 'xxxxxxxx'`

不能执行 xxxxxxxx 命令。

(104) `unable  to  open  include  file 'xxxxxxxx.xxx'`

不能打开包含文件 xxxxxxxx.xxx。编译程序找不到该包含文件。

(105) `undefined structure 'xxxxxxxx'`

结构体 xxxxxxxx 未定义。可能是由于结构体名拼写错或缺少结构体说明而引起。

(106) `undefined symbol 'xxxxxxxx'`

符号 xxxxxxxx 未定义。标识符无定义，可能是由于说明或引用处有拼写错误，也可能是由于标识符说明错误引起。

(107) `unexpected end of file in comment started on line`

源文件在某个注释中意外结束。通常是由于注释结束标志“*/”漏掉引起的。

(108) `unexpected end of file in conditional stated on line #`

源文件在 # 行开始的条件语句中意外结束。在编译程序遇到#endif 前源程序结束，通常是由于#endif 漏掉或拼写错误引起的。

(109) `unknown preprocessor directive 'xxx'`

不认识的预处理命令。xxx 编译程序在某行的开始遇到“#”字符，但其后的命令名不是下列之一：define、undef、line、if、ifdef、ifndef、include、else 或 endif。

(110) `unterminated character constant`

未终结的字符常量。编译程序发现一个不匹配的省略符。

(111) `unterminated string`

未终结的串。编译程序发现一个不匹配的引号。

(112) `unterminated string or character constant`

未终结的串或字符常量。编译程序发现串或字符常量开始后没有终结。

(113) `while statement missing (`

while 的表达式语句漏掉“(”。

(114) `while statement missing )`

while 语句漏掉“)”。

(115) `wrong number of arguments in of 'xxxxxxxx'`

调用 xxxxxxxx 时参数个数错误。源文件中调用某个宏时，参数个数不对。

3. 警告信息

(1) `'xxxxxxxx' declared but never used`

声明了 xxxxxxxx 但未使用。在源文件中说明了此变量，但没有使用。当编译程序遇到复合语句或函数的结束处括号时，发出本警告。

(2) `'xxxxxxxx' is assigned a value which is never used`

xxxxxxxx 被赋予一个不使用的值。此变量出现在一个赋值语句里，但直到函数结束都未使用过。

(3) `'xxxxxxxx' not part of structure`

xxxxxxxx 不是结构体的一部分。

(4) `ambiguous operators need parentheses`

歧义运算符，需要括号。当两个位移、关系或按位操作符在一起使用而不加括号时，发出本警告；当加法或减法操作符不加括号与一位移操作符出现在一起时，也发出本警告。程序员常常混淆这些操作符的优先级，因为它们的优先级不太直观。

(5) `both return and return of a value used`

既使用返回又使用返回值。编译程序发现一个与前面定义的 return 语句不一致的 return 语句，发出本警告。当某函数只在一些 return 语句中返回值时一般会产生错误。

(6) `call to function 'xxxx' with prototype`

调用无原型的函数 xxxx。如果“原型请求”警告可用，且又调用了一个原先没有原型的函数 xxxx，就发出本警告。

(7) `code has no effect`

代码无效。当编译程序遇到一个含有无效操作符的语句时，发出本警告。例如，语句“a+b”对每一个变量都不起作用，无需操作，且可能引起一个错误。

(8) `constant is long`

常量是 long 类型，其后没有字母“l”或“L”，把此常量当作 long 类型处理。

(9) `constant out of range in comparison`

比较时常量超出了范围。如一个无符号量与–1 比较就没有意义。可以在常量前加上 unsigned（例如，(unsigned)65535）或在常量后加上字母“u”或“U”（例如，65535u）。

(10) `conversion may loss significant digits`

转换可能丢失高位数字。在赋值操作或其他情况下，源程序要求把 long 或 unsigned long 类型转变成 int 或 unsigned int 类型。在有些机器上，因为 int 型和 long 型变量具有相同长度，这种转换可能改变程序的输出特性。无论本警告何时发生，编译程序仍将产生代码来做比较。

(11) `function should return a value`

函数应该返回一个值。源文件中声明的当前函数的返回类型既非 int 型也非 void 型，但编译程序未发现返回值。

(12) `mixing pointers to signed and unsigned char`

混淆 signed 和 unsigned 字符指针。没有通过显式的强制类型转换，就把一个字符指针转变为无符号指针，或把一个无符号指针转变为字符指针。

(13) `no decaration for function 'xxxxxxxx'`

函数 xxxxxxxx 没有声明。当“声明请求”警告可用，而又调用了一个没有预先声明的函数时，发出本警告。

(14) `non-portable pointer assignment`

不可移植指针赋值。源文件中把一个指针赋给另一个非指针或相反。作为特例，可以把常量零赋给一指针。如果合适，可以强行抑制本警告。

(15) `non-portable pointer comparison`

不可移植指针比较。源文件中把一个指针和另一非指针（非常量零）进行比较。

(16) `non-portable return type conversion`

不可移植返回类型转换。return 语句中的表达式类型和函数声明的类型不一致。作为特例，如果函数或返回表达式是一个指针，这是可以的。在此情况下返回指针的函数可能返回一个常量零，而零被转变成一个适当的指针值。

(17) `parameter 'xxxxxxxx' is never used`

参数 xxxxxxxx 从未使用。函数说明中的某参数在函数体里从未使用。通常是由于参数名拼写错误而引起。如果在函数体内，该标识符被重新定义为一个自动（局部）变量，也将产生本警告。此参数被标识为一个自动变量但未使用。

(18) `possible use of 'xxxxxxxx' before definition`

在定义 xxxxxxxx 之前可能已使用它了。源文件的表达式中使用了未经赋值的变量，编译程序对源文件进行简单扫描以确定此条件。如果该变量出现的物理位置在对它赋值之前，就会产生本警告。

(19) `possible incorrect assignment`

可能的不正确赋值。当编译程序遇到赋值操作符作为条件表达式（例如，if、while 或 do-while 语句的一部分）的操作符时，发生本警告。通常是由于把赋值号当作等号使用了。如果希望禁止此警告，则可把赋值语句用括号括起来，并且把它与零作显式比较。例如，“if(a==b)”应写成“if((a==b)!=0)”。

(20) `structure passed by value`

结构体按值传送。如果“结构体按值传送”警告可用，则在结构体作为参数按值传送时产生本警告。通常是在编制程序时，把结构体作为参数传递，而又漏掉了地址操作符“&”。因为结构体可以按值传送，所以这种遗漏是可接受的。本警告只起一个提示作用。

(21) `superfluous & with function or array`

在函数或数组中有多余的“&”号。取址运算符“&”对一个数组或函数名是不必要的，应该去掉。

(22) `suspicious pointer conversion`

可疑的指针转换。编译程序遇到一些指针转换，这些转换引起指针指向不同的类型。如果合适，应强行抑制本警告。

(23) `undefined structure 'xxxxxxxx'`

结构体 xxxxxxxx 未定义。在源文件中使用了该结构体，但未定义，可能是由于结构体名拼写错误或忘记定义而引起的。

(24) `unreachable code`

不可达代码。break、continue、goto 或 return 语句后没有跟标号或循环函数的结束符。编译程序使用一个常量测试条件来检查 while、do 和 for 循环，并试图知道循环没有失败。

（25）`void function may not return a value`

void 函数不可以返回值。源文件中的当前函数说明是 void，但编译程序发现一个带值的返回语句，该返回语句的值将被忽略。

（26）`zero length structure`

结构体长度为零。在源文件中定义了一个总长度为零的结构体，对此结构体的任何使用都是错误的。